好人品才是每个人的金字招牌

学历决定起点，人品决定高度

Ren Pin

人品比学历重要

RENPIN BI XUELI ZHONGYAO

刘彦明／编著

好人品，掌控人生的利器
好名声，事业成功的法宝

人品
是一个人成功的重要资本
是人最核心的竞争力

内蒙古人民出版社

图书在版编目(CIP)数据

人品比学历重要/《人品比学历重要》编委会主编;刘彦明编著.—呼和浩特:内蒙古人民出版社,2020.8

ISBN 978-7-204-16408-0

Ⅰ.①人… Ⅱ.①人… ②刘… Ⅲ.①成功心理—通俗读物 Ⅳ.①B848.4—49

中国版本图书馆 CIP 数据核字(2020)第 169172 号

人品比学历重要

作　　者	刘彦明
责任编辑	晓　峰
出版发行	内蒙古人民出版社
地　　址	呼和浩特市新城区中山东路 8 号波士名人国际 B 座 5 楼
印　　刷	唐山楠萍印务有限公司
开　　本	710mm×1000mm　1/16
印　　张	20
字　　数	350 千
版　　次	2020 年 12 月第 1 版
印　　次	2021 年 1 月第 1 次印刷
印　　数	1—6000 册
书　　号	ISBN 978-7-204-16408-0
定　　价	59.80 元

如发现印装质量问题,请与我社联系。联系电话:(0471)3946120

网址:http://www.impph.com

前言

有一个哲人说:“有什么样的思想,就有什么样的行为;有什么样的行为,就有什么样的习惯;有什么样的习惯,就有什么样的性格;有什么样的性格,就有什么样的命运。”一个人人品如何,通过他的素质修养鲜明地反映出来。如果说性格决定命运,那么,人品则决定了一个人的素质和修养。

人品好的人有一个很大的特征,就是凡事严格要求自己,对待别人却十分宽容。一个人能否认识自己和理解他人,不仅能充分反映出一个人的品格和修养,还能培养与人之间的良好关系。认清自我的人,能不断提升自我;理解别人的人,也会得到别人的理解。这种人的人生,会得到令人艳羡的成功和快乐。

人生在世,能够获得他人真心的人就是成功的人,这也是你的核心竞争力。德行高于才华。现如今,许多人才济济的单位同样面临惨遭淘汰的局面,因为员工的人品起着决定性的作用。缺乏忠诚敬业、自制担当的团队,往往更容易陷入假公济私、结党营私、尔虞我诈的内部争斗中。要知道,能力合格的人不一定是人才,而人品不合格的人一定是危险品。一个人的人品不好,即使有天大的才能,也不可能为公司创造盈利,甚至会威胁公司的发展,而他的能力越大,公司的损失也会越大。人品几乎决定着整个组织与个人的方向与前途。在经营事业的道路上,要想获得成功、取得成就,就必须把人品放在第一位。商道即人道,做生意要先学会做人,只有具有好的人品才能做出好的品牌和信誉,才能预防和抵制一切不道德的手段;手中握好良知这副牌,才能做到取舍有度,达成互惠互利的双赢局面。

这个世界到处都是有才华却穷困潦倒的人,要想获得成功,不仅要有能力,还要有品德。

品德常常能弥补智慧的缺陷,然而,智慧却永远填补不了品德的空白。

是的,人品才是一个人最高的学历,占据了比能力更重要的位置,从而形成一个人无形的竞争力。所以，仅有高学历是不够的，我们还需要培养自己良好的人品，爱岗敬业，积极进取，乐于奉献，忠诚于企业……优秀的人品，加上良好的能力，才是一个优秀企业的用人标准。

古人云："才者，德之资也；德者，才之帅也。""德器深厚，所就必大；德器浅薄，虽成亦小。"德，即品德，也就是一个人的人品；才，即才能，也就是能力。通俗地说，人品比能力更重要。

知名企业家牛根生先生有这样一个观点：有德有才，破格重用；有德无才，培养使用；有才无德，限制录用；无德无才，坚决不用。这是因为，好的人品，足以弥补能力上的不足，而人品上的问题，是多强的能力也弥补不了的。

一个人有再高的学历，也需要优秀人品做基础，只有这样，才能做到德才兼备，成为企业争抢的人才。想要成就自我，实现人生的价值，就需要时刻牢记：人品，才是最高学历。

目录

第一章

谦逊是良好的人际关系的基础

为人处世中的言行，能体现一个人的人品。谦逊地与人交往的人，总是谨言慎行，任何时候都不会自我膨胀，自满自大，目中无人。这样的人往往容易受到别人的欢迎，得到别人的信任，他的人际关系也显得十分融洽。

满招损，谦受益

“满招损，谦受益”是至理名言，包含深刻的道理，这句话里面的“满”是自满，骄傲。“谦”是谦虚，大概的意思是说自满招来的是损失，谦虚受到的是益处。

“满招损，谦受益”是纵观古今而得出的经验之谈，项羽未竟帝业，曹操夜遁华容，刘备败退白帝，这些都是满招损的实例。“满”会使你听不进忠告，而让谗言灌入；“满”会使你压制新秀，唯我独尊；“满”会给你的敌人以可乘之机。总之，“满”会招来损，大满大损，小满小损。

大凡人品好的人，都是谦逊的；大凡取得一番成就的人，也是谦逊的。孔子曾经说过：“知之为知之，不知为不知。”有“西方孔子”之称的大思想家苏格拉底也自称无知；发现了万有引力定律的物理学家牛顿，把自己比成在海边拾贝壳的顽童。正是由于无数这样的人虚心以求，才使浩如烟海的历史长河灿若星辰。

国学大师陈寅恪一生博学多才，虽然在生活处世上偶尔显得孤僻乖张，但在学问上却是异常地谦逊严谨。

陈寅恪说自己“思想囿于咸丰同治之世，议论近乎湘乡南皮之间”。他在赠蒋秉南序中说自己：“默念平生，固未尝侮食自矜，曲学阿世，似可告慰友朋。”

陈寅恪的学生王永兴回忆，1946 年到 1948 年，西南联大和历史系三次要陈寅恪填表，表的栏目为“教课研究专业范围”。陈寅恪口授王永兴只填了一项内容：中国中古文史之学。对他熟悉的二十多种外语，包括一些已经死亡的语种，他也从不炫耀。在履历表上“懂何种外语”一栏，只简单地写着“德语”二字。关于历史，陈寅恪自称：“寅恪不敢观三代两汉之书，而喜谈中古以降民族文化之史。”

历史学家方豪曾谈到亲身经历的一件事：“另一个印象是他（陈寅恪）太

谦虚，我那时常以后辈自视，因为听说他研究过梵文和几种中亚古文字，也通拉丁文，一心想向陈先生请教……我便一连串提出许多中西交通史方面的疑问，请求解答，陈先生是一问九不知，一再谦称对此实在毫无所知云云。”这正反映出一代宗师谦逊严谨的治学态度。

陈寅恪这种谦虚治学的态度，无论在治学上，还是在为人上都是不可或缺的。

古时候有一个佛学造诣很深的人，听说某个寺庙里有位德高望重的老禅师，便去拜访。老禅师的徒弟接待他时，他态度傲慢，心想：我是佛学造诣很深的人，你算老几？后来老禅师十分恭敬地接待了他，并为他沏茶。可在倒水时，明明杯子已经满了，老禅师还不停地倒。他不解地问：“大师，为什么杯子已经满了，你还要往里倒？”老禅师说：“是啊，既然已满了，为什么还要倒呢？”老禅师的意思是，既然你已经很有学问了，为什么还要到我这里求教？这就是“空杯心态”的起源。

空杯心态，其实是一种谦虚向下，永不自满的心态。俗话说：虚心万事能成，自满十事九空。一个人、一个地方、一个单位如果自满，就会像一只装满水的杯子，再也装不下别的东西。要实现新发展，必须坚决抛掉过去成绩和荣誉的包袱，虚心以待，一切从零开始，树立“天无尽头，业无止境”的思想，以永不满足、永不懈怠的精神开创新的发展局面。

谦虚不仅是一种美德，更是一种人生的智慧，是一个人建功立业的前提和基础。不论你从事何种职业，担任什么职务，只有谦虚谨慎，才能保持不断进取的精神，才能增长更多的知识和才干。因为谦虚谨慎的品格能够帮助你看到自己的差距。永不自满，不断前进可以使人能冷静地倾听他人的意见和批评，谨慎从事。否则，骄傲自大，满足现状，停步不前，主观武断，轻者使工作受到损失，重者会使事业半途而废。

谦虚谨慎的品格，还能使一个人面对成功、荣誉时不骄傲，把它视为一种激励自己继续前进的力量，而不会陷在荣誉和成功的喜悦中不能自拔，把荣誉当成包袱背起来，沾沾自喜于一得之功，不再进取。

居里夫人以她谦虚谨慎的品格和卓越的成就获得了世人的称赞，她对荣誉的特殊见解，使很多喜欢居功自傲、浅尝辄止的人汗颜不已。也正因为她的高尚品格的影响，她的女儿和女婿也踏上了科学研究之路，并再次获得了诺贝尔奖，成为令人敬仰的两代人三次获诺贝尔奖的家庭。

谦虚是一种美德，是一种难能可贵的品德。自古以来，我国人民就有谦虚的美德，人们有许多这方面的格言警句启迪后人。如“谦受益，满招损”，“谦虚使人进步，骄傲使人落后”，“虚心竹有低头叶，傲骨梅无仰面花”，“百尺竿头，还要更进一步”等。

事实也是如此，没有一个人能够有骄傲的资本，因为任何一个人，即使他在某一方面的造诣很深，也不能够说他已经彻底精通，无所不知了。“生命有限，知识无穷”，任何一门学问都是无穷无尽的海洋，都是无边无际的天空，所以，谁也不能够认为自己已经达到了最高境界而停步不前、趾高气扬。如果是那样的话，则必将很快被同行赶上，很快被后人超过。

老舍先生曾经说过：“骄傲自满是我们一座可怕的陷阱；而且，这个陷阱是我们亲手挖掘的。”要想在学问上取得成绩，在生活中受人欢迎，那么，无论在什么时候，一个人都不要过高估计自己，过低估计别人，都要懂得“满招损，谦受益”的道理。

人品好的人，在任何时候都能看到自己的不足，他们不因自己的成绩而沾沾自喜，他们懂得把满字从头脑中摒弃出去，无论在哪个方面，他们都会多方汲取，虚心以求，这样，他们也就不断地完善自我，更好地发挥自我，在知识的追求上放开思想去接纳，在待人接物上敞开心胸去包容。

谦虚向下的学习心态

谦虚地向别人请教和学习，不仅是对别人的一种尊重，更是对其学识的一种认可；也体现了一个人谦虚为学的品格，谦逊做人的品质。

子曰：“三人行，必有我师焉。择其善者而从之，其不善者而改之。”孔子的这句话，几乎家喻户晓。它充分体现出孔子修身养性、虚心好学的精神。它包含了两个方面：一方面，择其善者而从之，见人之善就学，是虚心好学的精神；另一方面，其不善者而改之，见人之不善就引以为戒，反省自己，是自觉修养的精神。这样，无论同行相处的人善与不善，都可以为师。

正如俗话所说，“金无足赤，人无完人”，我们每个人既有长处也都有自己的短处，虚心向他人学习，我们的长处就会变得越来越多，才能事业有成。

人们常说：“尺有所短，寸有所长。”应当学习他人的经验，学习他人的智慧，学习他人的教训，学习他人一切可以作为借鉴的东西。实践告诉我们，善借外智，才能思路开阔；善借外力，才能攀上高峰。否则，结果只能有一个：停滞不前。

学习别人的长处，就是要保持低调。对于我们大多数的人来说，说得容易，做起来很难。人都有虚荣心，不愿意低下身子，这些虚荣心就变成了你学习别人路上的最大障碍，如果你认为自己多么有本事，怎么有才能，写的文章都能被称为经典，那么你就离遭到别人疏远的时间不远了。相反，如果你能低调做人，遇事能请教朋友，得到朋友的帮助和支持，引起好友的共鸣和好感。低调做人，你会获得意想不到的收获，这种收获一定有助你创造成功的人生。

学习别人的长处，就是要倾听声音。俗话说：“山外有山，人外有人。”“忠言逆耳利于行。”倘若我们都能放下多余的自尊心，认真地听取别人意见，肯定能够从别人的意见当中发现自己的许多弊端，这些弊端又是成功人生所必须克服的缺点，“以铜为镜，以人为镜，以古为鉴”说的就是这个道理。

那么，我们该如何倾听别人的声音呢？开启别人的心扉是人生的一大学问。人的能力是有限的，在人生的过程中，我们肯定有许多知识未曾掌握或者根本无法了解，通过倾听他人的声音，我们可以获得意想不到的信息，只要你善于倾听从而得到别人的好感和支持，任何人都乐意将自己的知识与朋友分享。

学会倾听不是一言不发，那样会让对方感到你是一个索然无味的家伙，因此你要饶有兴趣地引导谈话，诱导他说出自己对问题的真实看法。在交谈中，有许多人害怕别人知道自身的不足，虚荣心作祟，从而会遭到拒绝。因此，要想对方开启心扉，就应该让对方消除顾虑，一旦对方觉得与你交谈很安全，而你又对他欣赏和佩服时，他就会乐意向你敞开心扉。每个人实际上都需要有人与他分享自己的感受，但又害怕向别人表白，得不到共鸣。这就要求自己与他站在同一起跑线上，即使不能接受对方的观点，也不要横加指责，要随声附和。因为人的思想情感都基本相似，接受这些观点并不可怕，要站在人性的角度来考虑，如果做到了这一点，赢得了对方的好感，对方的情感有人理解，便会全心地支持你。这将对你的成功起到不可估量的作用。

学习别人的长处，就是要肯定他人的长处。当我们认真学习别人的长处时，首先要肯定对方的长处。一个人无论身份地位如何，都会有他的闪光点，例如，一个人不会写故事，他会写诗歌；不会写散文，他会写杂文；不会写小说。在生活中他知地理，不会处世；他知天文，不会家事；他会做生意，不会管理等。每个人都期待别人发现他的闪光点。你做到了这一点，相信他会把这些东西展现给你。因为人们都有一个共同的心理，就是得到别人的肯定和赞赏。你做到了这一点，他肯定会把自己的长处淋漓尽致地展现，你就得到了他许多的智慧，这将会对你的一生有着极大的帮助。

随着社会的不断发展，人人都在不断向前迈进。我们都要树立活到老、学到老的观念，学无止境，放下架子，丢掉面子，虚心地向他人请教。见先进就学，见好经验就学，这样才能不断提高，不断进步，实现自己的人生理想与追求。

做人不可锋芒太露

人生在世，如果过于隐藏自己的锋芒，也许永远也不会得到他人的欣赏和重用。可是，如果一个人过于锋芒外露，就有可能遭到他人的嫉妒、陷害和设防。

古人云：“毁或无妨，誉则可怕。”过于锋芒毕露，不能正确对待名利，是相当危险的。因此那些人品好的人，往往懂得谦虚谨慎，不让自己的锋芒去掩盖别人，去招人嫉妒，甚至伤到别人，从而为自己埋下隐患。

纵观历史长河，锋芒太露而惹祸上身的典型例子可谓是数不胜数。李广，是汉朝的将军，是令匈奴兵闻之丧胆的大将，但最终却以自刎结束了自己的生命。他的结局，与他平日的处世作风有很大关系。他在战场上能够与将士同甘共苦，在生活中，更是视军士如子弟，真正做到了“吃苦在前，享乐在后”，得到众勇士的拥戴，而且门生故吏遍布天下。但他却有一个致命的弱点，凡事都是锋芒毕露，不知韬光养晦，让汉家军几乎成了他的李家军，不遭到皇帝的猜忌才怪。而且性格自负，不善于与人交往，为人处世与那些官场上的人大不相同。

从某种意义上来讲，一个人，如果太锋芒毕露，大都不会善终，不能融于集体，就不能算是一个成功的人。李广之死，究根结底，与其锋芒毕露的性格和名声很有关系。对于一位具有非凡勇敢和机智，且能与士卒同甘共苦的将领而言，如果得不到皇帝的认可、赞同，且被官宦形成的圈子所排斥，那么，他所获得的民心和名声，也许他自己很引以为荣，但事实上对他是相当不利的。

李广一生与匈奴进行七十多次战争，也立下了汗马功劳，却未被封侯，就是最好的证明。做人虽然应该正派，刚正不阿，但大丈夫亦需要审时度势，要有心机，善于把握机会，使自己不至于为社会所不容。

正所谓“枪打出头鸟”，所以做人一定不要锋芒太露。尤其是在当今社会的职场中，与领导交往时不要炫耀自己的聪明才智，不要轻易反驳对方所说的话。

王先生毕业于某名牌大学，有过硬的管理才能和游刃有余的公关能力，但有一个缺点：争强好胜且易冲动。毕业后，他就南下“淘金”，到了珠海。

由于他的学历和能力，很快就在珠海市一中型合资企业找到了工作。他主要负责公司的宣传工作，当时他自己只是一心在想应该好好干出一番事业来。刚进企业，写出来的文件颇受老总喜欢，老总多次当众夸奖他。但半年后，与他一起进来的两个同事都提升了，只有他的位置没有动，于是，他心里不免有了点不平衡，最后他与人事部经理当面冲撞起来。

按他的说法：“我豁出去了，不成功，便走人。”冲撞之后，老总也知道他是有能力的人才，不想损失，就单独找他谈话，意味深长地对他说：“小王，请给我一个认识和了解你的机会。”老总准备再考察他一年半载，便提拔他为公司的公关部经理。年中薪资调整，他的工资翻了将近一番。这一变化带来的成功和喜悦没能维持多久，王先生又有了新的不平衡。因为与他一起进来的同事又有了新变化，要么升职要么跳槽，而他仍旧原地踏步。

一个人，纵使你才华横溢，也要一步步向上攀。如果你显露张狂的个性，企图一步登天，那么，你将摔得惨重。一个成熟的职业人应该懂得把握自己，懂得不断地修整自己的个性。

在一个公司里，如果一个人总是特意地在领导和别人面前表现自己，或者是才能方面，或者是财富方面，它只能导致两个结果：或者是使别人倍加自卑，不愿同你来往；或者是使别人倍加生气，决定要杀一杀你的威风。显然，无论哪种结果都是我们不想要的。

生活中，像王先生这样自命不凡、锋芒毕露的人大有人在。任何事情的存在都有其存在的道理，不要看任何人都不如你，人一定要学会适应社会，既然我们不能够改变什么，就一定要学会适应。比尔·盖茨曾经说过：社会本身就是不公平的，你一定要学会忍耐。

有一句古语说得好："木秀于林，风必摧之；堆高于岸，流必湍之。"现实的生活就是这样，过分的张扬极易遭受嫉妒和陷害，更容易树敌太多。真正聪明的人，往往是小事糊涂，大事睿智，为人低调，从不争功。做人要做水，水善利万物又不争。只有那些藏争于不争之人，方能笑到最后，做一个真正的赢家。

这种处事之智直接影响着我们的人生。收起锋芒，善于利用锋芒对工作有很大的帮助。在这个时代，我们无法视名利为烟云，无法做名利场中的过客，但若能在名利场上运用智慧游刃有余地游走，那得到就远远要比失去的多。

当然，不要锋芒毕露不是说完全不要显示自己的才华。现代社会是一个竞争的社会，有时候不显示自己的才华是吃不上饭的。但千万要记住的是，你可以展示才华，但不要"炫耀"；你可以表现得很聪明，但不要认为别人就是"傻子"。

总之，满桶水不响，半桶水晃荡，绝不能做"半桶水"，要知道，要明白天外有天、人外有人，需要一种谦逊的态度。

为人处世不锋芒太露，体现了一个人的涵养和人品。纵观那些令人仰慕的成功者，大多都为人低调，与人相处温文尔雅，让你无法看到他的任何锋芒之光。相反，会让你看到一个真正的成功者的境界。

平等待人，不要轻视别人

当今社会是一个自由平等的社会，但平心而论，不管我们是多么的崇尚众生平等，在我们的心灵深处，总会有一些高与低、贵与贱的评判，总会因某些原因轻视过他人或被他人轻视过。

马克·吐温，美国批判现实主义文学的奠基人，世界著名的短篇小说大师。

有一天他在书房，突然门响了，一个老妇人走了进来，手里拿着一个作文本，对他说："先生，你看看这个孩子的作文，他想成为一名作家。"马克·吐温接过作文本，翻了两页便回答说："这个孩子语言幼稚，作文写得繁冗拖沓，毫无前途可言。"说着，他顺手翻到作文本皮，看到上面用幼稚的字体写着自己的名字，不禁用惊愕的眼神看着老妇人。原来这个老妇人是他小学时候的语文老师，是专程来拜访他的。

假若当初小学老师的评价同现在的马克·吐温一样，他幼小的心灵将会受到多大的打击？老师的轻视会毁灭他的那个作家梦，当今文坛则会少了一位著名作家。

轻视与被轻视的现象的确无处不在，无时不在。城里人对乡下人，开小汽车对蹬三轮的，高级白领对做小工的，有钱人对贫穷者，世袭贵族对暴发户，等等。没有人愿意被轻视，也没有任何一个善良的人愿意轻视别人。但问题是，有时我们可能轻视他人时很迟钝，被他人轻视时很敏感。人与人之间的误解乃至怨恨就是这样产生的。在轻视的氛围中，每个人都是封闭的、孤零零的。

人生在世，无论谁的存在和进步都希望得到他人的肯定和认可，谁也不愿被漠视或遗忘。这是一种共性。然而，如果一味地以自我为中心，狂妄自大，目中无人，这除了给他人增加反感之外，又有何益处呢？每个人都有自己的价值，不要轻视任何人。你轻视了别人，也被别人轻视了。

沙丁鱼是大海中十分平常的鱼类，它们身体瘦小，几乎是所有鱼类的食物，但是沙丁鱼却可以杀死一头巨大的鲸，方法很简单：它们遇到鲸就拼命地逃，鲸张开大嘴跟在沙丁鱼后面。沙丁鱼离海滩越来越近，鲸却浑然不知，等鲸以极快的速度接近海滩时，想停下来已经太迟了，巨大的身躯在惯性作用下冲上海滩，沉重的身体陷在海沙中，无法动弹。而沙丁鱼身体很小，只需要很少的水就能存活。这场力量悬殊的争斗，最终以鲸的死亡而结束。不少渔民都知道鲸是战胜不了沙丁鱼的，因为鲸轻视微小的沙丁鱼，所以它的强大反而成为一种致命的缺陷。生活有时也是如此，打败自己的往往是自己引以为傲的长处。

大千世界，芸芸众生，三人行，必有我师，纵然我们有自己的长处和优势，甚至有些地位，也不要轻视别人。

毕秋帆是清代颇有名气的经学家、史学家和文学家，在赴任陕西巡抚的时候，经过一座古庙，就进庙去休息。一个和尚正在佛堂念经，人报巡抚大人来了，这个和尚既不起身，也不搭腔，只顾念经。毕秋帆当时只有四十出头，英年得志，自己又中过状元，名扬天下，见老和尚这样傲慢，心里很不高兴。老和尚念完一卷经后，离座起身，合掌施礼，说道："老衲适才佛事未毕，有疏接待，望大人恕罪。"毕秋帆说："佛家有三宝，老法师为三宝之一，何言疏慢？"随即，老法师让毕秋帆上坐，自己则侧坐相陪。

交谈中，毕秋帆问："老法师念的是何经？"老和尚说："《法华经》。"毕秋帆说："老法师一心向佛，这部《法华经》想来应该烂熟于心，不知其中有多少'阿弥陀佛'？"老和尚听了，知道毕秋帆心中不满，有意出这道难题难他，便从容地答道："老衲资质鲁钝，随念随忘，大人文曲星下凡，屡考屡中，四书想来也应该烂熟于心，不知道其中有多少'子曰'？"毕秋帆听了不禁大笑，对老和尚的回答极为赞赏。

献茶之后，老和尚陪毕秋帆去观音殿宇，来到一尊欢喜佛像前，毕秋帆指着欢喜佛的大肚子对老和尚说："你知道他这个大肚子里面装的是什么吗？"

老和尚马上回答："满腹经纶，人间乐事。"毕秋帆不由连声称好，因而问他："老法师如此捷才，取功名容易得很，为什么要抛却红尘?"老法师回答道："富贵如过眼云烟，怎么比得上西方一片净土!"两人又一同来到罗汉殿，殿中十八尊罗汉各种表情，各种姿态，栩栩如生。毕秋帆指着一尊笑罗汉问老和尚："他笑什么呢?"老和尚回答说："他笑天下可笑之人。"毕秋帆一顿，又问："天下哪些人可笑呢?"老和尚说："恃才傲物的人，可笑；贪恋富贵的人，可笑；倚势凌人的人，可笑；钻营求荣的人，可笑；阿谀逢迎的人，可笑；不学无术的人，可笑；自作聪明的人，可笑……"毕秋帆越听心里越不是滋味，连忙打断他的话，说道："老法师妙语连珠，下官领教了。"说完深深一揖，便带着随从离寺而去。从此，毕秋帆再也不敢小看别人了。

生活中我们免不了与人交往，在与人交往的过程中，切不可过于表现自己，让别人感到你在居高临下对他说话，在有意炫耀抬高自己，使别人的自尊心受挫，心里不舒服，产生敬而远之的心理。所以，我们不论对待什么人，都要态度谦逊，虚怀若谷，尽量地尊敬他人，维护他人，这样才能得到别人的尊重，同别人搞好人际关系。

我们经常有意无意地轻视别人，但我们没有一个人愿意被别人轻视。人品好的人会设身处地为他人着想，寻找内心的那份善良，寻找众生平等的永恒理想，从自知或不自知地对他人的伤害中走出，让理解在彼此的心与心之间畅通无阻地穿行。

厚道是人的品格中最闪亮的明珠

"平易近人"，原指政令平和易行，现指态度和蔼可亲，使人愿意接受。平易近人是一种美德，是一种有修养和品行的表现，也是对他人的尊重，人们都尊重和喜欢亲近这种人，并喜欢听从于他。

周公旦是周武王的弟弟，西周初年，周公旦的儿子伯禽被封在鲁国，这就是鲁公。伯禽到了封地鲁国三年后，才来向周公旦报告执政的情况。周公旦问他："为什么这么迟呢？"伯禽说："改变那里的习俗，变革那里的礼仪，三年后才能去除，所以来得这么晚。"

当时姜子牙被封于齐国，他五个月后就来向周公旦报告执政的情况。周公旦说："为什么这么快呢？"姜子牙回答说："我简化了君臣间的礼节，遵从那里的习俗办事。"

姜子牙后来听说了伯禽报告政事迟缓一事，叹息道："唉！鲁国的后代要向北方的齐国臣服了！政事不简化，百姓就不会亲近，能够平易近民，百姓必然会归附于他。"

其实不仅在治理国家方面，在为人处世和与人交往方面也是同样的道理，假如像伯禽那样只想改变别人，只想让别人听命于自己，甚至一副盛气凌人的样子，有谁会心甘情愿地接受和亲近你呢？这无疑将自己孤立了起来。反之，能够平易近人，不摆架子，尊重别人，谦逊温和，这样人们自然都会喜欢亲近和听从于你。

平易近人，人必亲之；盛气凌人，大摆架子，人必远之。这就是姜子牙敢断言鲁国将来必将臣服于齐国的原因。

鲁迅是中国现代文学史上的一代文豪，然而就是这样一位有着显赫名声的文化巨匠，在其冷峻的笔端背后，却有着平易近人的人格魅力。他十分关心生活在中下层的劳苦人民，尤其对他们中的文学爱好者更是有求必应，尽力提携，留下了佳话。

1932 年，一位叫李平的年轻人慕名找到鲁迅先生，做过自我介绍后，李平恭敬地将一部书稿呈到鲁迅先生面前，然后说："我是一名爱好文学的普通工人，1923 年为了谋生流亡到法国，在巴黎的一家工厂做金工。1929 年法国爆发经济危机，大批工厂倒闭，工人失业，我也丢了饭碗。法国实在待不下去了，为了生存，我辗转到苏联，进了莫斯科的一家电机制造厂。1931 年因家中发生变故，我回到了祖国。这部书写的是我在苏联时的所见所闻，取名《苏联见闻录》。今天冒昧而来，是想请先生在百忙中给审阅一下，并给做个序。"

李平说罢，一边盯着鲁迅先生，一边忐忑不安地等着他的回答。

"好！我一定认真拜读，争取把序写好。"鲁迅先生望着年轻人诚恳的目光，掂着手中沉甸甸的书稿，爽快地答应了李平的请求。李平听到鲁迅先生的回答，非常激动，赶忙起身，向鲁迅先生深深地鞠了个躬，连声说："谢谢！谢谢先生！"

送走李平，鲁迅先生抓紧时间处理了一下《三闲集》的编辑工作，腾出工夫后，马上开始校阅《苏联见闻录》。由于李平是一名工人作者，又是初出茅庐，因此书中很多词句、段落很不如人意，有的甚至词不达意，鲁迅先生就一字一句、一行一段地调整、修改；对于字迹潦草的地方，则反复阅读、揣摩，一连数日挑灯夜战，不辞辛劳，直至深夜才休息，很快就将书稿校阅、修改完毕。鲁迅先生又奋笔疾书，给这部书写了一篇热情洋溢的序言。在鲁迅的积极帮助下，该书于1932年11月由上海光华书局出版。

一位伟大的文学家，能这样认真地对待一位名不见经传的工人作者的作品，充分体现了他"俯首甘为孺子牛"的做人原则。在现实生活中，我们无论担任什么职务，从事什么工作，那只是社会的分工不同而已，作为人是没有高低贵贱之分的，平等待人是处事的基本原则之一。只有交往双方处于平等的地位，才可能有真正成功的交往。鲁迅堪称与人平等相处的典范。

高山离人们越近越显得雄峻，真正的成功者并没有这个近距离效应。真正的成功者一般都是谦虚谨慎、平易近人的。真正的成功者深知怎样与普通人相处，绝不会轻蔑、压制普通人，在对待普通人的行为中照样也能显示出他的伟大之处。真正的成功者之所以能成为名副其实的大人物，主要不是因为他的权力、地位、财富和虚名，而是因为他的品行和成就。

里根是一位平民总统，人缘极好，幽默而且平易近人，人民都很喜欢他。有一次，记者山姆·唐纳逊在晚会上见到了他，随意地夸奖里根的新西服很漂亮，里根说："这不是新西服，已经穿了四年。"回到白宫后，他又打电话给那位记者说："我纠正一下，那件西服不是穿了四年，而应该是五年。"那位记者感到很惊奇，只是一句很随意的话，而作为总统的里根居然这么认真。他立刻就为里根平易近人的态度倾倒了。

很多人都觉得里根为了这样的小事打电话不好，但他自己并不这样认为，正是这些小事让人们觉得他随和、平民化而且容易接近。里根竞选总统能够获胜所依靠的就是在群众面前树立的平民总统形象。

在人际交往中，最重要的是谦虚和蔼、平等待人、平易近人。对于一个领导者或身居高位者来说，最需要的就是平易近人。

其实，无论是身居高位的人还是普通人，和别人谈话，尤其是和陌生人沟通交往时，很重要的一点就是要营造一个舒适、愉快、友好的谈话氛围，对别人的表情应该是友好微笑的，而非一副桀骜不驯的冷漠样子，那样让人不敢上前与你攀谈。面对对方询问的目光，其实他也是在征求你的意见："我能和您说话吗?"也应该很友好地用目光回答"我很愿意和您说话"，而非面无表情地注视着对方，这样才是正确的待人之道。

一般在工作或者生活中处于优势地位的人，不会对别人冷淡，他们总是态度和善，因为他们知道，自己地位的优势不是凭借自己的舌根、自以为是来表现的，他们越是位高权重，越会对周围的人表现得友善，因为那样才可以称得上是大家风范，这样的人在大家的心目中，往往有一个人品好的高大形象。

做人要保持低调

低调做人，是一种品格，一种姿态，一种风度，一种修养，一种胸襟，一种智慧，一种谋略，是做人的最佳姿态。欲成事者必须宽容他人，进而为人们所悦纳、所赞赏、所钦佩，这正是人能立世的根基。根基坚固，才有繁枝茂叶，硕果累累；倘若根基浅薄，便难免枝衰叶弱，不禁风雨。而低调做人就是在社会上加固立世根基的绝好姿态。

低调做人，不仅可以保护自己、融入人群，与人和谐相处，也可以让人暗蓄力量、悄然潜行，在不显山不露水中成就事业。

学会低调做人，就是要不喧闹、不矫揉、不造作、不故作呻吟、不假惺惺、不卷进是非、不招人嫌、不招人嫉，即使你认为自己满腹才华，能力比别人强，也要学会藏拙。而抱怨自己怀才不遇，那只是肤浅的行为。

低调做人，就是用平和的心态来看待时间的一切，修炼到此种境界，为人便能善始善终，既可以让人在卑微时安贫乐道，豁达大度，也可以让人在显赫时持盈若亏，不骄不狂。

不能不说，低调做人是一种境界，它是经过相当的磨炼和修养而达到的。进入这种境界，就像登上了高山之后，站在山顶的平地上，高大而又平凡。

日本有个白隐禅师，他的故事在世界各地广为流传。其中台湾著名作家林新居撰写的《就是这样吗?》颇为感人。

该书讲的是有一对夫妇，在住处附近开了一家食品店，家里有一个漂亮的女儿。无意间，夫妇俩发现女儿的肚子无缘无故地大起来。这种见不得人的事，使得她的父母震怒异常。在父母的一再逼问下，她终于吞吞吐吐地说出了“白隐”两字。

于是，她的父母怒不可遏地去找白隐理论，但这位大师不置可否，只若无其事地答道：“就是这样吗?”孩子生下来后，就被送给白隐。此时，他的名誉虽已扫地，但他并不以为然，只是非常细心地照顾着孩子。

他向邻居乞求婴儿所需的奶水和其他用品，虽不免横遭白眼，或是冷嘲热讽，他总是处之泰然，仿佛他是受托抚养别人的孩子一般。

事隔一年后，这位未婚妈妈终于不忍心再欺瞒下去了。她老老实实地向父母吐露真情：孩子的生父是在鱼市工作的一名青年。她的父母立即将她带到白隐那里，向他道歉，请他原谅，并将孩子带回。

白隐仍然是淡然如水，他只是在交还孩子的时候，轻声说道：“就是这样吗?”仿佛不曾发生过什么事，即使有，也只像微风吹过耳边，霎时即逝。

白隐为了给邻居的女儿以生存的机会和空间，代人受过，牺牲了为自己洗刷清白的机会，虽然受到人们的冷嘲热讽，但是他始终处之泰然。

“就是这样吗?”这平平淡淡的一句话，就是对“宠辱不惊”最好的解释，反映了白隐的修养之高、道德之美。

人要有经受成功、战胜失败的精神防线。成功了要时时记住，世上的任何一样成功或荣誉，都依赖周围的其他因素，绝非你一个人的功劳。

失败了不要一蹶不振，只要奋斗了，拼搏了，就可以像泰戈尔一样无愧地对自己说：“天空没有留下我的痕迹，但我已飞过。”这样就会赢得一个广阔的心灵空间，得而不喜，失而不忧，把握自我，超越自己。

人生无坦途，在漫长的道路上，谁都难免要遭遇厄运和不幸。人类科学史上的巨人爱因斯坦，在报考瑞士联邦工艺学校时，竟因三科不及格落榜，被人耻笑为“低能儿”。小泽征尔这位被誉为“东方卡拉扬”的日本著名指挥家，在初出茅庐的一次指挥演出中，曾被中途“轰”下场来，紧接着又被解聘。为什么厄运没有摧垮他？因为在他们眼里，始终把屈辱看作人生的轨迹，是人生的一种磨炼。假如他们没有遭遇当时的厄运和无奈，也许就没有日后绚丽多彩的人生。

19世纪中叶，美国有个叫菲尔德的实业家，率领工程人员，要用海底电缆把“欧美两个大陆连接起来”。为此，他成为美国当时最受尊敬的人，被誉为“两个世界的统一者”。在盛大的接通典礼上，刚被接通的电缆传送信号突然中断，顿时，人们的欢呼声变为愤怒的狂涛，都骂他是“骗子”“白痴”。可是菲尔德对于这些毁誉只是淡淡地一笑。他不做解释，只管埋头苦干，经过几年的努力，最终通过海底电缆架起了欧美大陆之桥。在庆典会上，他没上贵宾台，只远远地站在人群中观看。

菲尔德不仅是“两个世界的统一者”，而且是一个理性的战胜者。当他遇到难以忍受的厄运时，通过自我进行心理调节，然后做出正确的选择，从而在实际行为上显示出强烈的意志力和自持力，这就是一种理性的自我完善。

世上有许多事情的确是难以预料的，成功伴着失败，失败伴着成功，人本来就是失败与成功的统一体。人的一生，有如簇簇繁花，既有红火耀眼之时，也有黯淡萧条之日。面对成功或荣誉，要像菲尔德那样，不狂喜，也不盛气凌人，把功名利禄看轻些，看淡些；面对挫折或失败，要像爱因斯坦、小泽征尔那样，不忧伤，也不自暴自弃，把厄运羞辱看远些，看开些，逐渐进入高调处世、低调做人的境界。

要做到低调做人，要做到以下几点：

一、在姿态上要低调

低调做人无论在官场、商场还是军事战斗中都是一种进可攻、退可守，看似平庸，实则深邃的处世计策。谦逊是一种智慧，是为人处世的黄金规律，知道谦恭的人，必将取得人们的尊敬，受到世人的爱戴。用平和的心态去看待人事，也是相符客观请求的，因为低调做人才是跨进胜利之门的钥匙。

二、在心态上要低调

做人不要目空一切。当你获得成就时，你要鸣谢旁人、与人同享、为人谦顺，这刚好让旁人吃下了一颗安心丸。如果你感觉高高在上，看不起旁人，那么总有一天你会独吞恶果。请记住：目中无人是做人一大忌。容人之过，方显大家本质。

三、在行动上要低调

深藏不露，是智谋。过于宣扬自己，就会经受更多的风吹雨打，暴露在外的椽子大多要先溃烂。不合时宜地过度宣扬、炫耀，不管多么优异，都不免会遭遇明枪暗箭的抨击和打击。因而在处于被动境遇时必定要学会藏锋敛迹、装憨卖乖，千万不要把自己变成对手射击的靶子。

四、在言辞上要低调

不要揭人伤疤，不能拿友人的缺陷开玩笑。不要认为你很熟知对手，就随便嘲笑对手的毛病，揭人伤疤。那样就会伤及对方的人格、尊严，违背开玩笑的本意。放低言语的姿势，面临旁人的嘉许道贺，应谦和有礼、谦逊，这能显现出自己的君子风采，淡化旁人对你的忌妒心理，保持和谐优良的人际关系。

低调做人，并不是低人一等。低调与低人一等的本质区别就在于是否有自卑心理，缺乏自信。低调的人虽然看起来似乎处于低人一等的劣势，但却能厚积薄发，成就大事。纵观古今中外成大事者，无不是经过低人一等的艰苦磨炼，最后才一飞冲天、一鸣惊人的。

做人要学会装糊涂

每个人都有这样一种心理，喜欢被人称赞“聪明”，而不愿意承认“愚笨”。其实，一般的人与人之间的智商差别并不大，也就是俗话所说的“谁也不比谁傻”，只是做人的理念不同而已。

在日常交际中，有一些非常“聪明”的人。他们处处要显得比别人更加神机妙算，更加投机取巧。他们总在算计着别人，以为别人都比他们傻，从而可以从中揩点油，占点便宜，好像他们这样做就会过得比别人好。这种人因为功利心太重，把功利当作人际关系的首要，所以他们生活过得很累，很紧张，很缺乏乐趣。

其实，真正聪明的人知道，做人不能过于显露自己的聪明。正所谓“鹰立如睡，虎行如病”，现实生活中，用“藏巧于拙，用晦而明”“聪明不露，才华不逞”等韬略来隐蔽自己的行动，可以达到出奇制胜的目的。因为这样的人，往往大智若愚，大巧若拙。

他们朴实敦厚，平易近人，虚怀若谷，不露锋芒，甚至有点木讷，有点迟钝，有点迂腐。他们宠辱不惊，遇乱不躁，看透而不说透，知根却不亮底；他们将才华隐藏很深，给人一副混沌无知的样子，而一旦机会来临，他们便会一击制胜。

吕端，字易直，北宋人。出生在官宦家庭，自幼好学上进，终成大器。曾任国子主簿、太仆寺丞、秘书郎等职。吕端处事宽厚忠恕，善交朋友，讲义气，轻钱财，好布施。尤其任宰相后，办事持重稳当，公道而廉洁，深得朝中朝外各方面的好评。

功名富贵是世人孜孜以求的东西，也是最容易斤斤计较的，吕端却表现了一种淡然的态度。也正是由于他对这些人们通常关注的官位高低、金钱多少等问题的漠然，才留下了“糊涂”的说法。

公元995年，吕端被宋太宗提升为宰相。对这个一人之下、万人之上的位置，吕端并不觉得有多了不起，他想的是如何调动全体臣僚的积极性，为此不惜自己放权和让位。当时和他有同样声望的还有一位名臣寇准，办事干练，很有才能，但是性子有些刚烈。吕端担心自己当了宰相后寇准心中会不平衡，如果耍起脾气来，朝政会受到影响，于是就请太宗另下了一道命令，让担任参知政事（副宰相）的寇准和他轮流掌印，领班奏事，并一同到政事堂中议事，得到了太宗的批准，也平和了寇准的情绪。这种主动让权，在世人的眼中自然是“糊涂”的举动。

有一年，朝中大臣李唯清被太宗从掌管全国军事的枢密使位子上换下来，去当负责监察百官的御史中丞，虽然是平调，但实际权力发生了变化，他认为是吕端在中间使坏。于是，李唯清趁吕端有病在家休息，没有上朝的机会，告了吕端一个恶状。事情传到吕端耳中后，吕端不以为然，既没有去对皇帝表白，也没有去找李唯清算账，而是淡淡地说："我一辈子行得正、坐得直，没有做什么对不起人的事，又怕什么风言风语呢?"这种不与人计较的坦然心态也被人认为是"糊涂"。

吕端的"糊涂"，还在于他的不置产业。他不仅为官非常清廉，贪污受贿之事从来没有，就是应得的那份俸禄也常常分出一些周济照顾别人。以至于后来吕端去世后，他的两个儿子竟因生活困难，没钱结婚，只好把房产抵押给别人。真宗皇帝知道这个事情后，很受感动，从皇宫的开支中支出了五百万钱把房产赎了回来，另外又赏了不少金银和丝绸，替吕家还清了旧账。以宰相之尊，而后人贫困至此，在常人的眼里又是多么"糊涂"。

在这样的事实面前，很多人误认为吕端是个糊涂人，然而宋太宗却认为这都是一些小事，吕端只不过是"小事糊涂"罢了。吕端遇到大事是绝不糊涂的。

宋时，天下战事此彼起伏，内部也不够统一。西夏李继迁造反，搅得西部边境不安，宋出兵攻夏。宋保安军逮住了李继迁的母亲，宋太宗本来想把她杀了。为此，宋太宗单独召见寇准，询问他有何意见。当时，寇准没有不同意见拿出来献上。在寇准退朝的时候，被吕端瞧见。吕端猜得朝中一定是有重大事情在谋划当中。就让寇准留步问个究竟。吕端问寇准："太宗是不是提到找我吕端商量事情的意思?"寇准说："没有!"

吕端心想口出："边关上平常的事情，不必让我知道，若是有军国大事，商量大的计策，我吕端身为当朝宰相，就不可不知道。"寇准听了吕端这番话，觉得这件事确实重大，就将方才太宗召见他是为了处置李继迁之母的事情如实地告诉了吕端。吕端问寇准："圣上打算怎么处置呢?"寇准回答："圣上的意思是把她在保安军北门外斩首示众，打算用这种处置方法来震慑那些造反或叛逆的人。"吕端听到这个地方忙说："若是这么处置了，可不是什么好办法。"于是吕端又亲自上朝，提出不要斩杀李继迁母亲的意见。他为了说服太宗，还用秦、汉项羽欲杀邦之父的故事相劝说，他说："李继迁是个反叛之人，今天杀了他母亲，明天能逮住李继迁本人吗？如果不能的话，不就结下了更大的冤仇了，不就更加坚定了他的反抗之心了吗?”太宗听了吕端的一番话，觉得很有道理，就问道：“照你这么说，对李继迁的母亲该当如何处置呢?”

吕端见此，便把自己的想法说了出来，他对太宗说：“以本人想到的不算高明的办法，请圣上想想，是否把她放到延州那个地方去，派人好好护养着她，以此招来李继迁回心转意，不再造反。这样的话，虽说李继迁不可能马上就降宋，但是，我们终究可以用他母亲在宋来拴住他的心。至于他母亲的生死大权，还不是掌握在我们的手里?”

太宗听了吕端的这种深谋远虑的想法，心里想：吕端真是聪明过人，我朝中有这么多大臣，没有人提出过吕端这样高明的意见，差一点误了我的大事。于是，就采纳了吕端的意见，将李继迁的母亲放在延州，并派专人侍奉起来，直到病死延州。后来李继迁也死了。李继迁的儿子德明念在宋朝对待他奶奶的情分上，就归顺了宋朝。宋朝待他也不差，让他当了宋朝的下传侍郎兼兵部尚书的官职，终于使夏归宋。

吕端的故事告诉我们，生活中懂得装糊涂，对人生是多么的重要，它甚至左右着一个人的命运和幸福。

总之，真正聪明的人，大都才华不外露，锋芒内敛善于权大小，重长远，趋大利，不争一时的先后，长短；善于控制、调节自己，目光远大，自信心强；有本事，有人格魅力；团体意识强，人际关系一般不错，人品当然也不会差。

人生处世，需要难得糊涂，对他人要擅见其长，不拘于其短；对事情能总揽全局，不舍本逐末；在大事上能坚持原则，分清是非，顾全大局，抑恶从善；在小事上则不过多计较，不小题大做，宽容大度，顺其自然。这既是一种策略，也是一种处世的人品和智慧。

低调做人，是一种生存的智慧

山不曾解释过自己的高度，耸立云端却是对它最高的评价；海从不表白自己的深度，容纳百川却是对它最大的赞美；大地从没有表达过自己的厚度，其承载万物的地位却是无人取代……

在与别人相处中，我们总想要显示点儿什么。然而，一旦显示起来，我们会发现任何语言都是那么地苍白无力，甚至还会越抹越黑。其实，在今天这样一个个性张扬的年代，只有低调做人、低调做事才是生存的大智慧。

纵观古今，经得住历史考验的、最后成功的那些人和事，更多秉持的是一种低调的处世原则。无论是在官场还是在商场，他们所讲究的处世策略都是进可攻、退可守，这看似平淡的简单道理实际上却是高深莫测的。

在中国的历史上，第一个被称为“大智慧”的人是舜。根据历史记载，舜出生后不久母亲就离开了人世，后母生了一个弟弟“象”。舜是个孝顺的儿子，尽管后母对他百般刁难，甚至无数次地毒打他，但是他依然很小心地侍奉后母、关照弟弟。

后来，在与家人一起生活的过程中，舜的后母有几次都想杀害他，舜既感到可怕，同时又很无奈，但从来没想过要反抗，于是他独自一个人流落到历山脚下开荒种地。尽管舜的生活过得很辛苦，但为了生存，他不得不接受人自然的挑战，但是他却没有一句怨言，他的这种德行影响到周围的其他人，大家都很喜欢他，四面八方的男女老少都过来和他结伴，他们都希望能和舜成为邻居。

仅仅用了一年的时间，围绕在他身边的人慢慢形成了一个小村落，然后又扩大为城镇、都市，连当时的天子尧也将自己的两个女儿娥皇和女英许配给了舜做妻子。在两位妻子的帮助下，舜通过了尧对他的能力所进行的考试。最后，尧将天子之位禅让于舜。

如果以现代人的眼光来看，舜之所以能够赢得天子之位是因为他有大智慧，这种“大智慧”就叫低调。只有低调的人才会赢得别人的喜欢。舜的谦让、豁达和平和是他低调的体现，所以人们愿意拥护他，和他在一起。

低调做人是一种风度和修养，行事低调的人才会争取到和别人相处的机会。低调是处世的一种智慧和技巧，懂得低调的人才会获得和别人共享的权利。保持低调，是一种博大的生存智慧。

“非淡泊无以明志，非宁静无以致远。”诸葛亮在这里所讲到的淡泊是指思想的淡泊，而不是行动的无所作为。只有宁静、心沉下来才能够考虑得更为久远。冲动是魔鬼，在冲动、情绪化时所做的决定往往是不明智的。自古就有意气用事、冲突毁了大局的事例。为人处世，我们应该控制好自己的情绪，脚踏实地低调做人、高调做事。

历史上有一段关于蜀后主“刘阿斗”的故事。

蜀后主刘禅小时候乳名叫“阿斗”，因为“无能”而成为中国历史上一位著名人物，所以“阿斗”也自然地被人们认为是无能的代名词。“刘阿斗”果真是无能吗？其实不是。处于当时的历史条件和情景，可以说他的无能无疑是一种自保、是明智之举。

曹魏大举攻蜀的时候，蜀国的兵力并不强，所以刘禅被迫自保，只能退让。识时务者为俊杰，当时刘禅非常“识时务”，认为投降是对的，不仅可以换来短暂的和平，还能受到优待。后来，刘禅被迫又要北上，随后到洛阳。到了洛阳之后，刘禅发现事情有些不对，心想：曹魏虽然封他为安乐公，但是刚刚晋封为晋王的司马昭是真正掌握实权的人物，这个人物却对他怀有戒备心理，无可奈何之下，刘禅只能选择自保。

后来，司马昭设宴邀请刘禅。宴会期间，特此派人演出楚国的技艺，其实这是司马昭的阴谋，是故意设置的，目的就是试探刘禅。演出时，有人悲伤过度，在一边暗自哭泣，刘禅看了内心也十分伤心，但是看着司马昭那张阴晴难辨的脸，心里开始起了疑心。刘禅心里想：这是不是司马昭故意设置的？一定有什么阴谋诡计。于是，刘禅装作很淡定的样子，笑逐颜开。司马昭看见刘禅并没有起疑心，还是傻乎乎地笑着，认定他一定很愚钝。司马昭悄悄对他的亲信贾充说：“人之无情，乃至于此。虽使诸葛亮在，不能辅之久全，况姜维邪？”贾充看着刘禅的样子，也打趣道：“不如此，公何由得之！”

戏演完之后，司马昭还故作聪明地试探刘禅："颇思蜀否?"刘禅装作很惊讶的样子对他说："此间乐，不思蜀也。"没想到，司马昭竟然信了。

宴会结束后，与刘禅一起的一位大臣正好听到上面的一段对话，便对刘禅说："主公，您刚才说的不是太妥当，假如有人再问您这样的话，您应该含泪对他说：'老祖宗的坟墓都在蜀国，我怎么可能不怀念呢?'"刘禅听过之后觉得有点儿道理，对这位大臣点了点头。

不久，司马昭再次召见刘禅，问他是否想家，而刘禅装作很伤心的样子，司马昭心里有点儿纳闷：这怎么像某某的腔调呢?而刘禅很天真地对其反问道："您怎么知道教给我的那个人正是你所说的那位呢?"司马昭听过之后哈哈大笑，对刘禅的考验到此结束，从此对他再无戒备心，而刘禅则安然度过了自己的下半生。

在现实生活的为人处世中，抬头会暴露自己的缺陷，而低头却能积蓄自己的力量。刘禅懂得在什么样的情况下低头，所以他活了下来。试想一下，如果刘禅"不识时务"地表现自己，最后可能会落得杀头的后果，而一代蜀国后主在历史上就不曾出现了。龙游浅滩，暂时可以放下身段，方能存活；虎落平阳，姑且可以降低姿态，方能活命。在身处困境的情况下，能低下自己高贵的头颅是一种智慧，也是一种勇气。一个人只有不拘于一时的得失，才能实现自己的目标。

低调做人、韬光养晦、不张扬，是一种修养，也是一种风度。如果没有这样的一种品格，你是不会得到幸福和快乐的。无论任何事情都是"过犹不及"，过分张扬如同一把锋利的宝剑，虽然好用但是容易折断，最终将会在放纵、放荡中悲惨而亡，无法在社会中生存、立足。

低调绝不仅仅表现为一种示弱的状态，它甚至是一种更有力的生存策略。从表面上看，低调的人常常给人一种唯唯诺诺、胆小怕事的感觉。殊不知，其实低调是聪明持久的象征，低调者首先放弃的是炫耀自己，低调者不愿将自己比别人优秀的地方表现出来，其实这是对其他人的一种尊重、对不如自己的人的一种理解。宽容是低调的本质，低调的人相信：给别人让一条路，就是给自己留一条路。

俗话说："人往高处走，水往低处流。"千百年来，老子所主张的这种

“谦下”的处世原则给后人留下了宝贵的精神财富，“上善若水”，指的是做人处世要有水的精神，在今天这样一个社会中，生存之道唯有低调。

低调的人总会比一般的人经受更多的痛苦，因为他们必须要知道如何避免失败，他们不会用种种负面的假设去证明自己的正确。总之，低调是一种优雅的气质；保持低调是对生存智慧的诗意拷问，唯有如此，你才能真正享受生存的快乐。

适当示弱，为自己与他人的交往添加感情分

“天下之至柔，驰骋天下之至坚。”老子这句话的意思是：只有天下最柔的东西才能穿透天下最坚硬的东西。老子认为，最柔软的东西里面往往蓄积着人们看不见的巨大力量。所以有时候，弱并不是代表软弱无能，在恰当的时候懂得示弱，将会为你积蓄更多的力量，以便厚积薄发。

一滴水的力量是微弱的，而水滴却可以穿透石头。“上善若水，水善利万物又不争”，水是最柔的东西，也是最坚硬的东西。做人应该有水的精神，低调行事、以柔和宽容之心待人，以水滴石穿之力对待一切困难。

庄子在《山水》篇中讲到一个这样的故事。

在东海有一种鸟，这种鸟非常柔弱，在鸟群中，你永远看不到它，因为它总是挤在鸟群里苟生，这种鸟的名字叫“意怠”鸟。

“意怠”鸟由于本性柔弱，在和别的鸟一起飞行的时候，它们总是不敢飞行在鸟队的最前面，也不敢在最后面；吃食的时候从来不争先，只是在其他鸟吃完后才找寻残食。它们就这样小心翼翼地活着，所以，鸟群以外的动物也不会伤害它们，当然也不会引起鸟群以内的排斥，终日优哉游哉、远离祸患。

“意怠”鸟的生存之道有点儿像鲁迅笔下的阿Q，得过且过，只要能活着就好。适当地示弱是一种生存之道，是对对方的一种尊重，但是过分地示弱就是真正的弱者行为，“意怠”鸟就是弱者，所以它苟活着，不能独立。阿Q

精神胜利法是对弱者最直接的体现，但是人不能只有“骨肉”，还要有“血肉”，只有这样才能成为一个充满活力的人，才会具有光彩照人的生命旅程。

示弱不是一味地忍让，而是在具体的情形下审时度势，做到刚柔并济。在职场中，对于管理下属来说，在行使权力、下达命令时，一定不能示弱，对于原则性的东西不可违背，但情感及语气要柔软温和，这样下属才不会感觉到你盛气凌人、独断专行，你才能服众。而如果只是一味地强硬到底、高调行事，那样只会引起下属的反感和不满。

示弱当然也不是妥协，而是一种理智的忍让，只有宽容的人才会受到大家的欢迎。示弱不是倒下，而是为了更好、更坚定地站立。适当地示弱是一种灵性的觉醒、是一种智慧的显现。人生是一场艰难的马拉松，只有你一步一个脚印地走过，才会迎来最后的胜利。有时候还需要你拿得起、放得下，懂得示弱，你才能走得远。

瑞典有位以登山为生的人，他的名字叫克洛普。在1996年春天的某一天，他与其他12名登山者一起骑自行车从瑞典出发，沿途跋涉、历经千辛万苦，来到了喜马拉雅山的脚下。但在距离峰顶仅剩下300英尺时，他毅然选择了放弃这次登峰的挑战，返身下山，这意味着他所做的一切将前功尽弃、功败垂成。令人不解的是，他为什么要作这样的决定呢？

后来，他说出了原因，他说：“我们预定返回的时间是下午2点，虽然当时只需要45分钟我就能登上山顶，但我知道如果我那样做的话，也许今天我就不在这个世界上了。因为在那种情况下，我一定会超过安全返回的时限，无法在夜幕降临前下山。”

事实证明，克洛普当时的决定是对的，他敢于放弃那次逞强的任务是明智之举。同行的另外12名登山者因为错过了安全返回的时间而葬身于暴风雪中，让人扼腕叹息。而克洛普不畏艰险，经过对恶劣环境的适应，在第二次登山时轻松地登上了峰顶。

换个角度想，如果克洛普一味地坚持、一味地逞强，不甘于示弱、不顾一切地去实现目标，那么他将和其他12名同行一样丢了自己的性命。克洛普学会了示弱、学会了审时度势，把握全局，以小忍换大谋保全了自己，最终攀上了成功之巅。

在现实生活中，人们往往都不愿意示弱，觉得示弱就是伤自尊，就是不自信的表现。认为只有表现强势，人们才会惧怕你。有时候，我们可能因为生活的琐事而去计较，比如谁也不想让别人“小看”，所以一定要去争那口气，去发生无谓的争吵和打斗，制造不良的影响和严重后果，然后追悔莫及。

生活中总会有酸甜苦辣，人生百味，一个人活在这个世界上难免会遇到各种各样的问题，工作中的困难、上级的误解、同事之间的竞争，同学、朋友之间产生的误会，甚至偶然在街上逛街、逛商店都会遇到各种不同的问题，如果你不懂得示弱，伤了和气，最终只能自食其果。

“木秀于林，风必摧之。”柔弱的芦苇在暴风雨中还是会弯腰低头，此后等到阳光明媚时又挺直身躯，这是自然现象。做人做事也是如此，永远要以“弯腰”的姿势处世，如果事事逞强、时时逞强，一定会让自己活得很累，只有学会适当示弱，才能走出别样的人生之路。

适当示弱是一种智慧。忍一时风平浪静，退一步海阔天空。生活中没有那么多大是大非的严肃问题，朋友间的误解、夫妻之间的争吵、父母与孩子之间的隔阂等，这些都需要你有一种谦虚忍让的心态来面对，若一味地逞强，恐怕你会失去更多的东西。无论是“忍”还是“退”，都是适度的示弱，它需要一种宽广的胸怀和博大的胸襟。

适度示弱是一种勇气。韩信忍“胯下之辱”，成就一代名将；项羽不能忍一时之败，落得乌江自刎的悲惨结局，可谓“小不忍则乱大谋”。敢于放弃名利去屈从别人是一种气度，生活中，懂得忍辱负重、尊重别人、宽容别人、适度示弱，才会成就你的远大理想和目标。如果说逞强示威需要勇气，那么适度示弱也同样需要一种勇气，适度示弱是一种境界。

清代宰相张英老家和叶侍郎毗邻而居，两家因地界问题发生争执。为此，张英给家人修书一封：“千里修书只为墙，让他三尺又何妨。万里长城今犹在，不见当年秦始皇。”主动让出三尺，叶家深感惭愧，也将院墙后退三尺，从而留下了“六尺巷”的美谈。

人生不是一条单行线，而是一条双行线。世界上也没有绝对的事情，强者和弱者之间的差距只是一个选择问题。低调做人、高调做事无疑是最明智的选择，而懂得何时适当地示弱将会为你与他人的交往添加不少感情分。

与人相处要谦和，有理也需让三分

在自然界中，水因为愿意往下流，所以可以积蓄力量，减少不必要的阻力；而与之相反，如果一味向上，只会消耗精力、增加危险。在为人处世中，我们要学习水的谦卑，尽量减小矛盾和冲突，才有利于维护和谐的人际关系。

“服务员！你过来！你过来！你来看一下！”一位顾客高声喊道，并指着面前的杯子生气地说：“看看！你们的牛奶是不是过期了？把我一杯红茶全给毁了！”

“对不起，真对不起！”服务小姐一边道歉赔不是，一边微笑着说：“我马上去给你换一下。”

准备好的新红茶很快就端来了，碟子和杯子和以前的一模一样。杯子里放着新鲜的柠檬和牛奶。服务小姐轻轻地将其放在顾客面前，又轻声地说：

“先生，我是不是能建议您，如果放柠檬就不要放牛奶了，因为有时候柠檬酸会造成牛奶结块。”

那位顾客的脸一下子红了，匆匆喝完茶后便走了。

有人笑着问服务小姐：“明明是他土，你为什么不直接说他呢？他那么粗鲁地叫你，你为什么不还以颜色？”

“正是因为他粗鲁，所以才要用委婉的语气来和他说话；正因为道理一说他就明白，所以用不着大声。”

服务小姐说：“理不直的人，常用气势来压人。理直的人，要用气和来交朋友！”

在场的顾客无不都对服务小姐点头笑了，并对这家餐馆增加了不少好感。以后，只要他们每次见到这位服务小姐，都想到她“理直气和”的理论，而那位粗鲁的顾客再次走进这家餐馆时，对这位服务小姐也笑容可掬。

“用争夺的方法，你永远得不到满足；但用让步的方法，你可能得到比你期望的更多。”这是犹太人喜欢的一句格言。“二战”时期，纳粹几乎将犹太人屠杀灭绝，而犹太人却有着这样的心态，实在让人佩服。难道犹太人没有理吗？就像上面故事中那位服务小姐一样，有理就要理直气壮地大声辩驳吗？当然不是。

在今天这样一个纷繁复杂的社会中，谁能保证自己不会和别人发生一些小矛盾？谁又能保证自己事事处处都占理？只要不是原则性问题，只要没有根本的利害冲突，即使自己占理，让一次又能怎么样？再说，与人方便就是对自己的恩惠，尊重他人就是尊重自己。

人们往往把大海比作宽广的胸怀，因为大海能广纳百川，也不拒暴雨和巨浪；也有人把忍耐性比作弹簧，弹簧具有能伸能屈的韧性。在一个单位或集体中工作学习，难免会与他人产生一些意见或矛盾。但是，如果经常为一些鸡毛蒜皮的小事争得面红耳赤，谁都不肯甘拜下风，以至大打出手，是很不明智的，也是很不值得的。

失败者往往喜欢抱怨，喜欢无休止的争论，喜欢挑起争端，喜欢让其他人心里不平衡。也许那些挑起争端的人会觉得同事和朋友们会对他们的机敏和智慧留下深刻的印象，其实这是一种严重的错觉。麦金莱总统并没有说什么精彩的话语，但是却折服了在场的每一个议员。

美国众议院著名发言人萨姆·雷伯说道："如果你想与人融洽相处，那就多多附和别人吧。"他的意思是说你不可能一方面无休止地激恼别人，而另一方面又指望别人来帮助你，谁也不喜欢这样。林肯早年因说话言辞犀利而导致与人决斗。随着年岁渐增，他也日趋成熟，在非原则问题上总是避免和人发生冲突，他曾说："宁可给一条狗让路，也比和它争吵而被它咬一口好。被它咬了一口，即使把狗杀掉也无济于事。"我们在遇到某些不讲理的人时，如果不争论也无关紧要，如果不存在大是大非的问题，那么就向林肯学习，让他一下又何妨？

有修养的人会说话，更善于倾听

著名励志大师戴尔·卡耐基曾经这样说过："专心听别人讲话的态度是我们所能给予别人最大的赞美，也是赢得别人欢迎的最佳途径。"上帝给我们两只耳朵、一张嘴巴，目的是让我们多听少说。说得少，才能听得多，只有学会倾听、学会尊重，我们才能赢得好人缘。

倾听就是安静细心地听别人诉说。有时候倾听是一种习惯，善于倾听是一个人不可缺少的修养。有修养的人会说话，更善于倾听。学会倾听不但能正确完整地听取你所想要的信息，而且会给人留下认真、踏实、尊重他人的印象。

美国教育学家娜思夫人说过这样一句至理名言：从小播下良好习惯的种子，将会获得命运的收获。有良好倾听习惯的人将终身受益。善于倾听是与人交往的一种能力，是一种优秀的品格。

一家电话公司曾遇到过这样一个案例，一位客户非常苛刻，以不满意该公司的服务质量为由，经常前来刁难工作人员，并威胁公司要拒付通话费用，如果对方不答应，就要向报社曝光、向消费者协会投诉。不但如此，这位客户还四处宣扬、散布谣言，诋毁电话公司。

电话公司不想让这个人总来找麻烦，就派工作人员和这个客户进行协商，劝他不要再继续闹下去，这样对谁都不好，但是仍然无济于事，虽然派去的这个人口才很好，善于讲道理、摆事实，几乎把这个人说得无言以对，但是最后还是无济于事，那个客户反而闹得更厉害了。

没有办法，电话公司只好又派了一名调解员去解决这个事情。这个调解员最大的特点不是说得有多么好，而是善于倾听。在和这个客户交谈的过程中，他不断地用"是""嗯"点头，用微笑来示意对方。他尽量让对方把所有的不满都发泄完之后才微笑着向对方解释。

这个客户还真是一个麻烦人，属于不说完绝不罢休的一类。他滔滔不绝地说了整整3个小时，调解员就不厌其烦地听了3个小时。之后，调解员还登门拜访了他两次，专门去听他发泄心中的不满。当调解员第三次去他家时，这位客户终于被打动了，并且很礼貌地和他交谈，并表示不再纠结这件事了，还撤销了向有关部门的申诉。

说的多就能劝服别人吗？答案通常是否定的。故事中的这位客户表面上是在维护自己的权益，实际上是想获得一种尊重。当第二位调解员给他以足够的尊重时，其实他心里的不满和委屈已经消除了。有时候，不需要你据理力争，非得把别人说得心服口服。解员并没有费尽口舌地劝说对方，他只是一直在倾听对方说，最后顺利地疏导了客户的不满情绪，使客户感到受到了尊重，也让自己显得很有修养。

与人相处，多听少说更容易受人欢迎。倾听是尊重别人的表现，不仅能为你赢得良好的人际关系，也是虚心学习的有效途径，能让你从别人的诉说中学到更多知识。听别人说话并不是一言不发地呆坐着，而是在每一次倾听之后，你都能获得更多的收益。

倾听别人说不仅是对别人的尊重，最重要的是显示了你低调为人的处世风格，当然，你在倾听的过程中也会学到很多东西，从而使自己更完善。

地位越高，越要低调

法国哲学家罗西法古说：“如果你要得到仇人，就表现得比你的朋友优越；如果你要得到朋友，就要让你的朋友表现得比你优越。”每个人都有“好胜心”，都不希望被人超越，当别人超越自己时，你便会有自卑和嫉妒的心理，而当自己超越别人时，可能你会觉得自己地位很高、很有成就感，其实这往往是你的一己之见，真正的强者从不会表现出自我优越感，而是低调为人、谦和处世。

低调是最高的炫耀，低调代表了一种生活态度，显示了一种处世哲学。在我国古代有这样一个故事。

子贡是孔子最得意的门生，他不仅有渊博的学识，而且其谦虚谨慎的人品得到了大家的肯定。一次，子贡在去承地的路上看见路边有衣衫褴褛的人，他的名字叫丹绰。子贡走上前，很不屑地看了他一眼，漫不经心地问道："喂，这里距离承地还有多远？"

丹绰看了他一眼，没有说话。子贡不高兴地说："人家问你呢，你却不回答，真没礼貌！"

丹绰掀开身上裹着的破布说："看见别人却心存轻视之意是否有失厚道？看见别人却不认识别人，是否有欠聪明？无故轻视侮辱别人，是否有伤道义？"

子贡一听这话，顿时觉得此人绝非等闲之辈，一定是个高人，于是立刻下车，充满敬意地走向前说："我确实失礼了！您刚才指出了我三大过失，您还可以再告诉我一些吗？"

丹绰说："这些对你已经足够了，我不会再告诉你。"

此后，子贡对人再也不敢起轻视之心，每次在路上碰到人都会行礼，如果是两个人，就在车上行礼，五个人的话就下车行礼。

人人都有虚荣心，没有谁愿意低人一等地说话。丹绰之所以赢得子贡的尊重，是因为他低调的待人态度，子贡自以为是地认为自己的地位明显高于丹绰，其实那只是表象，虽然丹绰衣衫褴褛、食不果腹，但是他要比子贡更有学识，更懂得做人的道理。

苏格拉底曾告诉他的门徒一个圆融的处世方法："我只知道一件事，就是我一无所知。"因为只有学会在别人表现得面前一无所知，自己才会有所知。常言道："天不言自高，地不言自厚。"越是饱满的谷子，越是低下头。然而，现实生活中却有些人喜欢张扬、高调。

有的人看过几本书就得意扬扬，自诩饱学之士、满腹经纶；发表几篇小文章，就自封著名学者、作家；还没干出一点儿成绩，就"拉长、吹大、垫高"，再通过媒体"精心包装，隆重推出"。凡是这样的人，肯定心里没有底，真正的大师是不需要宣传夸大的，比如"杂交水稻之父"袁隆平。

在《感动中国颁奖词》中，这样写道：

他是一位真正的耕耘者。当他还是一个乡村教师的时候，已经具有颠覆世界权威的胆识；当他名满天下的时候，却仍然只是专注于田畴。淡泊名利，一介农夫，播撒智慧、收获富足。他毕生的梦想就是让所有人远离饥饿，喜看稻菽千重浪，最是风流袁隆平！

美国科学院院长西瑟罗纳先生在新当选院士就职典礼上介绍袁隆平院士的当选理由时说：

袁隆平先生发明的杂交水稻技术为世界粮食安全做出了杰出贡献，增产的粮食每年为世界解决了7000万人的吃饭问题。

研究杂交水稻的成功虽带给了他许多的荣耀和光环，可他却从不摆名人架子，坦诚地对待周围人。在研究中心，他经常组织研讨、鼓励大家发表见解，集思广益；他经常接待国内外同行的友好访问，十分珍惜这样的交流机会，常常邀请客人举行学术讲座，以便开阔自己的眼界，和别人交流互通心得。往往在这种时候，他把自己当成学生，虚心地请教问题。

袁隆平的淳朴、真诚、低调的作风感动着每一个人。他不讲究吃穿，办公室的设施也很简单。他个人获得的科学技术奖金上亿，但是添置衣服时却挑选便宜的，有一次，他花100元买了7件衬衣回来，还和大家笑说可以穿好几年。他把获得的奖金都用在科研基金上，除此之外，他还以个人的名义捐助了多名困难学生，帮助农民的后代获取受教育的机会。

作为一位无数次登上荣誉殿堂的院士，袁隆平的地位不高吗？但是他从来不觉得自己有多么伟大，而今，年届90岁的他依然耕耘于田间地垄，这就是一种境界——低调的境界。

低调是为人处世的一种智慧，是一种良好的品格。作为普通大众的我们应该怎么保持低调而又不失自己的地位呢？

首先，在姿态上要保持低调。无论在职场、商场中都要把姿态放低，低调是一种进可攻、退可守，看似平淡，实则高深的处世谋略。

其次，在心态上要低调。即使功成名就，也要保持一颗平常心。做人不要恃才傲物，容人之过方显大家本色。事事不要锋芒毕露，低调做事才是明智之举。

再次，在行为上要低调。韬光养晦、大智若愚、深藏不露，是一种智谋。过分地张扬自己，锋芒毕露，就会经受更多的风吹雨打。暴露在外的椽子自然要先腐烂。一个人在社会上，如果不合时宜地过分张扬、卖弄，那么不管多么优秀，都难免会遭到明枪暗箭的打击和攻击。

最后，在言辞上要低调。沉默是金，不揭人伤疤，不要刻意去伤害别人的自尊。有时候，因为你的一句话，别人可能会受到很大的打击。

第二章

正直厚道是为人之本

人品关乎一种生活方式，而不是仅仅局限于一件事；人品关乎一个人由内而外的道德品质，而不是名片上的印刷体；人品关乎一个人点点滴滴的善行，而不是卓越的成就；人品关乎人自身的价值，而不是才华和能力。

小胜凭智，大胜靠德

俗话说："小胜凭智，大胜靠德。"说的就是：如果你只想获得小胜利、赚小钱的话，是可以凭借自己的高智商、小聪明达到目的的，但要创出一番大事业、拥有自己的一片天地的话，良好的品德是必不可少的。品德不仅是一个人的立身之本，还是一种隐形的竞争力。在如今的职场上，就算你有很强的能力，但若缺少良好的品德，仍然会处处碰壁。

不久前，某杂志上有这样一个故事：

一位在28岁的时候成为颇具知名度的企业家，被邀请成为一档名为《财富人生》的电视节目的嘉宾，当节目接近尾声的时候，按照惯例，主持人提出了最后一个问题："你认为事业成功最关键的因素是什么？"

他沉思片刻之后，没有直接回答主持人的问题，只是平静地讲了一个故事：10年前，有个小伙子刚高中毕业就去了英国，开始了半工半读的留学生活。渐渐地，他发现当地的车站几乎都是开放式的，不设检票口，也没有检票员，甚至连随机性抽查都没有。凭着自己的聪明劲儿，他精确地估算了逃票而被查到的比例大约为万分之三，他为自己的这个发现而沾沾自喜，从此之后，他便经常逃票，为此他还找到了一个安慰自己的理由：自己是一个穷学生，能省一点儿是一点儿。

4年过去了，他看着自己手里的名牌大学的毕业证书，对自己充满了自信。他开始频频地进入伦敦一些跨国公司的大门，踌躇满志地推销自己。然而，结局却是他始料未及的……

这些公司都是先对他热情有加，并且在面试的时候屡次暗示他将会被选中。然而数日之后，接到的电话却是婉言相拒。对此，他感到莫名其妙。为了找到自己被拒绝的原因，他写了一封措辞恳切的电子邮件，发送给其中一家公司的人力资源部经理，恳请他告知不予录用的理由。当天晚上，他就收到了对方的回复，当中这样写道"张先生，我们非常赏识您的才华，但当我们调阅了您的信用记录后，发现您有乘车逃票的记载，我们认为此事至少证明了两点：第一，您不尊重规则；第二，您不值得信任。鉴于以上原因，本公司不敢冒昧地录用您，请见谅。”

直到此时，他才如梦初醒、懊悔不已。然而，真正让他产生一语惊心之感的是回信中最后摘录的一句话：品德常常能弥补智慧的缺陷，然而，智慧却永远填补不了品德的空白！第二天，他就起程回国了。

故事讲完了，场面一片沉寂。主持人困惑地问：“这能说明你的成功之道吗?”

“能！因为故事中的年轻人就是曾经的我。”他坦诚而高声地说，“一个人要想成功，不仅仅要靠智慧，还要靠品德。”

现场顿时掌声如潮。

一个人靠着自己的聪明才智可能在某方面做成了某件事，但由于他们在道德这一环上分值太低，他们跌倒的次数会更多，他们的人生道路也会更加曲折，故事中有着3次乘车逃票记载的青年就说明了这一点。

大德之人必有大誉，此种荣誉并非去刻意追求，只是对于具有大德的人来说，大众的苦乐就是他的苦乐，大众的利益就是他的利益。他们不求声名而自有声名，不求荣誉而自有荣誉。

美国哈佛大学行为学家皮鲁克斯在《做人之本》一书中曾说：“做人不是一个定下几条要求的问题，而是要从自己的根本开始，把自己变成一个以德为本的人，否则你就绝不会赢得别人的信任，更谈不上成功的人生，反而会让你的人生早晚塌方的。”

1986年，香港领带大王、金利来集团公司董事局主席曾宪梓先生在内地赞助了一场“宪梓杯”足球比赛。当时，一名叫作罗活活的杂志社记者参与了这次活动，并负责夜宵安排和纪念品发放工作。

球赛结束后，罗活活把剩余的600元钱和6条领带交还给了组委会。对罗活活来说，这是一件再正常不过的事，但曾宪梓却从中看到了她的高尚品德。曾宪梓通过几天对罗活活的观察，发现罗活活有着过人的组织能力和干练的工作作风。由于当时的“金利来”打入中国内地出师不利，急需本土经营人才，于是曾宪梓向罗活活发出了加盟“金利来”的邀请。

1987年，罗活活正式进入金利来（中国）服饰皮具有限公司，出任总经理。后来的事实证明，曾宪梓慧眼识人才，罗活活在短短的两年内就让金利来（中国）服饰皮具有限公司扭亏为盈，到1995年，其销售额突破了10亿元。

在连年翻番的销售额的背后，是罗活活大胆的拼搏精神和独特的经营理念。1995年，国家统计局及中国技术评价中心授予罗活活“中国经营管理大师”称号。1997年10月，罗活活被曾宪梓任命为金利来集团有限公司总经理。

罗活活起初是杂志社的一名普通记者，因为为人坦诚，使她进入了人生的另一个更广阔的舞台——商界。这跟她的聪明才智有着很大的关系，但真正给予她机会的却是她优良的品德。观察那些伟人就会发现，或许他们成功的过程各不相同，但有一点却是相同的，那就是都有着优良的品德。而那些长于研究“技巧”、善于钻营之人，也许能小有成绩，但绝不会走得太远。

作为一名职场人士，如果你认为有了超强的能力就能获得成功而忽视了品德的修炼，那么你很可能就会因为品德而使你的人生“四面楚歌”。记住，这个世界到处都是有才华却穷困潦倒的人，要想获得成功，不仅要有能力，还要有品德。任何时候，品德都是不可或缺的，甚至有时品德比能力更重要。

守住道德的底线：君子爱财，取之有道

对于钱，任何人都喜欢，因为钱不仅仅是一种货币，而且还是一种身份的象征。钱在生活中扮演着重要的角色，而获取它的方法也是多种多样的。有的人因为急需钱财而不择手段，专干损人利己的事，以此来牟取利益，他可能认为这是一种迅速致富的方法，事实上，这是一种极其狭隘、没有眼光的致富意识，有这样思想的人永远也无法成为真正的富人。

孔子曰：“君子爱财，取之有道。”这里所说的“道”，就是指取财必须要合乎规则，通过正规的渠道。在职场中或者生活中，有的人总是容易忘记自

己的角色，忘记自己必须要为公司争取利益，这样的人迟早会因此而身败名裂。

小王是一位业务能力很强的青年员工，一年来，他为公司签订了大量的合同订单，而且有着众多的客户，业绩在公司里数一数二，这么优秀的员工，可是转眼间就被公司炒了鱿鱼。为什么呢？因为他的品德相当低劣，每做一单，他们都要拿“回扣”，捞“外快”，而且比较“狠”，好几次让对方开发票时都多开4位数字的款项据为己有。

失去工作的小王，虽然后来很快地就找到了新的工作，并且再没有做出拿回扣的行为，但是一段时间后，在新老板对小王的过去有所了解的情况下，小王最后还是被开除了。

小王在短短的时间里连续被两位老板炒了鱿鱼，究其原因，这不是他能力上的问题，而是他品德上的问题。一个人的品德低劣到了这个程度，相信没有一个老板敢轻易任用他。即使有人看重了小王的能力，给了他一份工作，他也不会得到重用。

在现实生活和工作中，当国家利益、社会利益、单位利益和个人利益发生冲突时，有些人往往眼里只盯着个人的利益，不能坚持原则，被动或主动地做出了一些违反道德和法律的行为，案例中的小王就是他们的真实写照。从古至今，道德一直是人类的行为准则，在竞争越来越激烈的今天更得以发扬光大，并成为成就大事所不可或缺的重要条件。

严长寿于23岁时进入美国运通公司工作。他从帮别人做那种纯粹跑腿、服务等最简单的事情做起，在短短的5年的时间，便坐上了美国运通在中国台湾地区的总经理的位子。

在这5年的时间里，严长寿在一件件事情、一项项工作和一个个职位上表现卓越。他在《总裁狮子心》一书中叙述了自己成长的故事。在他的成长过程中，他也受到各种各样的诱惑，但他从来没有偏离方向和正途。

运通公司在成立旅游部门的时候，需要采购一些办公用品，当时还是普通员工的严长寿负责了这项工作。有个朋友告诉他，有的经销商会从香港地区进口二手货，稍作整理和修复之后就卖给中国台湾的公司，所以验收的时候千万不能掉以轻心。后来，经过报价、比价之后，他打算跟一家贸易商订货，很快他们便谈妥了价格，签好了合约。就在签好合约后的第二天，那个贸易商就跑来请严长寿吃饭，走的时候还给了他一个信封，严长寿打开一看，里面大约有1万块钱，这相当于他5个月的薪水。

严长寿没有多想就把这件事情告诉了总经理。总经理认为既然合约都已经签了，账也已经结了，东西还是要买。一个月过后，公司订的货送来了，严长寿查看了一下，发现两个箱子是原封不动的，两个是已经拆封过的，另外一台打印机更是什么包装也没有，是直接运到公司的。严长寿进一步检查之后发现3台打字机有使用过的痕迹，于是要求对方更换，但对方保证说这些都是新货，并辩解说箱子是海关拆验的，但严长寿还是坚持让对方把货运回去。

结果，3天后，总经理就接到一个陌生电话，电话那头说："贵公司有一位姓严的年轻人索取回扣，还故意找茬，刁难厂商。"

你拿了对方的回扣，对方自然不会塞好东西给你，而你如果有拒收的胆量，旁人就可以很专业地判断这件事情的真实情况。结果，总经理听了哈哈大笑，回答说："这件事我早就知道了，1万元在我这里，如果你现在不拿回去的话，我就会把这些钱转做员工的福利基金！"

想想看，如果当初严长寿收下了这1万元的回扣，他在美国运通就不会有进一步的发展，也不可能在短短的5年时间里坐上了美国运通在中国台湾地区的总经理的宝座。美国运通公司里比严长寿有才能的人多得是，为什么这些人得不到晋升？那么只有一个原因，那就是在道德品德上，他们比严长寿逊色了许多，这就是为什么成功者总是那么少的原因之一。为了个人的利益而损害企业的利益，这样的人，没有一个老板愿意要。

生活中，即使外界赋予你这样不道德的行为，你也要坚持自己的原则，不要为了个人小利而让自己的品德受损。记住，品德也是一种竞争力，虽然在短时间里，你的老板看不见，但是时间一长，老板必会被你优良的品德所折服。

有一家大公司要招一名财务总监，前来面试的人很多，经过层层选拔，最后只剩下3个人，3人的能力不相上下，这让招聘负责人不知该选何人，于是请示了老板，老板让负责人问每一应聘者同样的问题："你怎样能帮公司逃掉200万元的税?”

3人都绞尽脑汁地想办法，第一位应聘者说如此这般做些手脚；第二位应聘者说那样做一下账，绝对不会被发现……

听完这些答案后，招聘负责人点了点头，但什么也没说，只是让他们回家等通知。轮到最后一位应聘者时，负责人问了同样的问题，应聘者听完一愣，他沉吟一会儿，然后问：“您确定要这样做吗?”

招聘人点了点头，应聘者什么都没有说，就向门口走去，表示退出。这时，招聘负责人站起来冲他笑着说：“先生，请留步，您是我们见过的应聘者中最有原则的。祝贺您通过了最后的考试，欢迎您加入！相信您能把公司的工作做得非常出色。”

对老板来说，最优秀的员工不仅需要有超强的能力，更要具有这家公司所需要的品德，这就是最后一位应聘者被录取的原因。国有国法，行有行规，职场也有职场的游戏规则。不损人利己、不见利忘义、办事公道、讲究公德是职场的基本操守，越过了这一操守就逾越了人生底线，虽然在短时间里你会得到一些利益，但是从长远来看，你会因此断送职业前程。

在我们的工作环境里总是有着各式各样的诱惑，想要抵制这些诱惑，就需要我们用职业道德来支撑自身的行为。每个员工都须记住：无论在任何时候，都不要赚取不义之财，要坚守自己的职业操守，守住自己的道德底线。

做一个德才兼备的人

人人都希望自己在事业上能够有所成就，在生活上甜甜美美，在人际关系上得到别人的好评。那么如何才能做到这一点呢？其实，秘诀很简单，就是做一个德才兼备的人。总结起来就是修德以养才、修才以养德，德才互动，从而实现德才兼优。

所谓“德”，指的是一个人的品德，包括思想质量、道德修养等所有与精神境界有关的内容。自古以来，人们都把德看得很重，认为德对于一个人是至关重要的。为什么“德”放在“才”的前面，而不是“才德兼备”呢？可见“德”比“才”更被重视。

“德”，体现了一个人的质量，现在的企业更是拿它来当作录用人才的首要标准，甚至有些企业招聘时明确表示“有才无德莫进来”。如果一个领导者一旦缺乏德行，那么他就无法获得下属的尊敬，也就无法获得成功。一个员工如果一旦缺乏德行，那么他就会遭受公司的轻视，甚至被解雇。

很多著名企业在用人上都秉持这样的原则：有德有才，破格使用；有德无才，培养使用；有才无德，观察使用；无德无才，坚决不用。万科企业股份有限公司是一家实力雄厚、声誉卓著的专业房地产公司，万科对人才素质要求的首要原则是“德才兼备，以德为先”。

“德才兼备”当然是最理想的，但是现在的社会有很多诱惑，导致真正“德才兼备”的人很少。所以，在现实中，企业不可能对所有的人都提出这种苛刻的要求。在这种情况下，企业家更强调“以德为先”。当然，如果你是一个“德才兼备”的人，那肯定是每一家企业最需要的理想人才。

在竞争激烈的现实社会中，想要求生存，的确需要才能，但是有充分的才能就足以应付一切吗？这无疑是痴人说梦。古人说，有才无德不为才，有德无才也不为才，只有德才兼备才是真正的人才。

“德才兼备”是全世界无数组织千百年来都遵循的价值观、人才观，其本质是要求人们的一切行为都要做到有德、有才，两者兼备。事实上，一个人的才能越高，德与才的关系就越密切、越重要。德不仅由才所体现，而且为才所深化、升华；才不仅由德所率领，而且为德所强化、所启动。

对人仁慈，别人才能对你回报仁慈

小时候，父母、老师们教导我们要有一颗仁慈的心，帮助别人，别人才能帮助自己。然而，有些人眼睛总是盯着社会中暴力、争斗、陷阱、冷漠……他们认为对他人仁慈就是对自己不公。

然而，这种思想太过偏激，因为只要你细心地观察，就会发现仁慈无处不在，而且生命之所以绵延不息，正是因为人们彼此仁慈相待。一个路人为你指点车站的方向、一个陌生人帮你搬运沉重的行李、一位同事专心倾听你的抱怨、一个朋友为你加油鼓劲……这些微不足道的、从不曾大肆宣扬的生活小插曲，都是仁慈的表现。

原来，我们每个人都心怀仁慈，只是很多时候连自己都浑然不知：原来帮助别人就是帮助自己。可以说，仁慈使我们战胜烦恼、困苦，给毫无生气的生活赋予了不同的意义和价值。

在英国的一个小镇里住着一位索罗斯太太，她是一个孤寡老人，并且以慈善而闻名。她经常通过慈善机构向那些遭遇不幸的人捐赠财物。

可是就在上个礼拜，她遇到了一件很棘手的事：当地的一家慈善施乐会不断地上门游说，希望她把郊外的一块土地捐献出来，给一些孤儿盖一所孤儿院。他们已经筹集到了足够的资金，现在唯独找不到一块合适的土地，而索罗斯太太的那块土地最为合适。

对此，索罗斯太太很苦恼。她虽然很同情那些孤儿，但还是决定拒绝慈善施乐会的请求，因为那块土地对于她有着非同一般的意义：那块土地是索罗斯太太祖祖辈辈历尽艰辛而延传至今的，还刻有索罗斯太太美好的童年印记。何况，索罗斯太太的身体一日不如一日，她正打算在那块土地上养老，度过余下的时光，所以，这块土地对她未来的生活十分重要。

这一天，索罗斯太太走出家门，她打算把自己的决定告诉慈善施乐会，好让对方彻底打消让她捐出那块土地的想法。在过马路的时候，由于满脑子想着孤儿院和那片土地的事，索罗斯太太没有注意到过往的车辆，结果差点儿被车撞到，还好一位好心人及时拉了她一把。

当索罗斯太太推开慈善施乐会的大门时，被眼前的情景震撼了：人们虽然忙来忙去，但脸上都带着灿烂的笑容，而这些人大多是义工。这时，一位年轻的小姐注意到了索罗斯太太，就立刻走了过去，热情地为她端上一杯茶。

看着这些忙来忙去的人，索罗斯太太又想起刚才过马路的时候帮助她的那位好心人，一时感慨万千，她觉得，自己以往做的那些善事实在微不足道。平日里，她所捐献的不过是自己当下认为可有可无的东西，或者只是一些

“多余”的零花钱，她很少把那些对自己有用的东西贡献出去。然而，路边那位好心人还有眼前这位忙碌的义工小姐，他们却是赠予他人自己眼下最有用、最需要的东西，这才是真正地对人仁慈。

索罗斯太太看了一眼那位义工小姐，然后径直走进了施乐会办公室，她对施乐会的负责人说：“我刚才决定捐出郊外的那块土地，祝愿孤儿院能早日落成。”

仁慈是一种美德、是一种修养，更能体现出一个人优良的人品。一个人的成功有时并不需要波涛汹涌式的艰难历程，可能需要的仅仅是出于他的仁慈之心的一句话或一个小小的举动，所以，如果你在职场中或者生活里懂得处处为别人奉献爱心和责任，在不经意间就会遇到幸运之神。

上面的这个故事告诉了我们一个道理：一个懂得仁慈的人更适合做大事，并能得到别人无法获得的机会。“仁慈”有两种含义，一是包容，二是帮助。包容是指当别人犯错、影响到了你的利益或者别人伤害你的时候，能做到包容别人。帮助是指放弃自己的利益，发自内心地帮助别人。

英国的一位作家奥尔德斯·赫胥黎一直致力于如何发挥“人类潜能”的研究，为此，他对各种方法加以研究探索，包括催眠和禅学。在他晚年的一次演讲中，他说：“经过多年的实验，我发现最有效地转化生命的方法就是仁慈一点儿。”

是的，仁慈一点儿。对别人仁慈，别人才会回报你仁慈。沙伦·萨兹柏曾在她的著作《爱上仁慈》中写道：如果你仁慈，第一，你会拥有一个舒适的睡眠；第二，你会受到别人的尊敬；第三，人们都会爱你；第四，当你困难的时候，人们都会主动帮助你。由此可见，仁慈也是有力量的，这种力量虽然无法触摸，但却能感受得到，并且这种力量非常巨大。在与别人竞争的时候，这种力量还能让你获得更多的机会。

正直的品德有着奇迹般的力量

一个人要想成功并不是很难，只要他具备了获取成功所需要的条件，如聪慧的大脑、充沛的精力、卓越的实际能力。但这些只能让他获得一时的成功，要想成为真正的成功者，还需要加上一个因素，有了它，才能发出3倍及4倍的力量，这个奇迹般的力量就是正直的品格。

做人要正直、做事要正派，堂堂正正才是立身之本、处世之基。俗话说“人正不怕影斜，脚正不怕鞋歪”，正直的人才会心安梦稳；品行端正，做人才有气场。你要想赢得他人的信赖与尊敬，就需要做到“心底无私天地宽，表里如一襟怀广”。做人要有根有据，一是一、二是二，说真话、做正事，面对成功你才能心安理得。

张晓燕刚从一所医学院毕业就来到了一家大医院实习。张晓燕十分聪明，在实习期间跟同事们和病人相处得很好，尤其在手术室，她眼尖手巧，做事干净利落，穿针引线的速度连护士长都叹为观止。

虽然张晓燕聪明能干，但也有个“毛病”，就是只要认清了理，她就抓着不放，直到使对方服了才善罢甘休。对此，医院的人对她褒贬不一，有的说她固执得可爱，有的说她骄傲得可恶，但李主任却非常喜欢她这种品格。

有一次，李主任亲自主刀抢救一位腹腔受伤的重伤员，器械护士正好是张晓燕。复杂艰苦的手术从中午进行到黄昏，手术进展得很顺利，当李主任宣布缝合病人的伤口时，张晓燕却出人意料地说：“先不要关腹，少一块纱布。”

李主任问：“没有，赶紧封上。”

张晓燕说：“确实是少了一块，本来是16块的，但是现在只拿出了15块。”

“你记错了。”李主任肯定地说，“我已经都取出来了，手术已经进行大半天了，立刻关腹。”

“不，不行！”张晓燕大声说，“我记得清清楚楚，手术中我们用了 16 块纱布。”张晓燕的话似乎让李主任这位资深的著名外科专家生气了，于是他果断地说：“听我的，关腹，有事我负责！”

张晓燕这时又认死理了：“主任，你不能这样做！我们是医生，救死扶伤是我们的责任，也是我们的工作，再说，这位同志是为了挽救国家财产而英勇负伤的，他是英雄啊！”她坚决阻止关腹，要求重新探查。直到此时，李主任的脸上终于浮起一丝欣慰的笑容。李主任点点头，接着他欣然松开一只手，向所有的人宣布：“那块纱布在我手里。晓燕，你是一位优秀的手术护士，你将成为我的助手。”

可以说，良好的品格是人性的最高表现。一个人正直的品格不需要多少特殊的举动，如水一般静静流淌在他的日常行为中。

在英语中，正直还有“完整”的意思。在数学中，整数的概念表示一个数不能分开。同样，一个正直的人也不能把自己分成两半，他不会心口不一，想一套说一套。一个正直的人不可能撒谎，也不会表里不一，说一套做一套，因为他从来不会违背自己的原则。如果一个人能时常检点自己的言行，那么他就拥有了更加充沛的精力和清晰的头脑，从而必然会获得成功。

海瑞，字汝贤，号刚峰，广东琼山人，明朝著名清官。海瑞是一个正直坦荡的人。20 多岁的时候，他中了举，被分配到南平县当教官。有一次，延平府的督学官到南平县视察工作，海瑞和另外两名教官前去迎见。

当时在官场上，下级迎接上级，一般都是要跪拜的，可是，当海瑞见督学官的时候却只行了抱拳之礼。督学官看着海瑞一副坦然的样子大为震怒，训斥他不懂礼节。海瑞不卑不亢地说：“按照大明律法，我堂堂学官为人师表，对您不能行跪拜大礼。”这位督学官虽然怒发冲冠，却拿海瑞没办法。

事后，那两名教官抱怨海瑞，海瑞说：“我们堂堂学官要以身作则，怎能做出那种阿谀奉承之举！正直为人，才是我等的做人准则！”一席话，说得二人羞愧不已。

后来，海瑞因为考核成绩优秀，被授予浙江淳安县知县。淳安县的经济比较落后，但处于南北交通要道上，所以平时有很多接待应酬。繁重的应酬自然都摊在百姓的身上，弄得百姓苦不堪言。但海瑞上任后严格按标准接待，对吃拿回扣的官员毫不客气。

有一次，浙江总督胡宗宪的儿子路过淳安，住在县里的官驿里。因为海瑞立了规矩：不管达官还是贵戚，一律按普通客人招待，所以驿吏送上了普通的饭菜。胡宗宪的儿子被人奉承惯了，所以一看见那些饭菜就大怒，不仅掀翻了桌子，还把驿吏捆起来绑在树上打。

海瑞闻讯赶来，命令一大批差役赶到官驿，把胡宗宪的儿子和他的随从统统抓了起来，带回县衙审讯。那个胡公子觉得自己的父亲官大，认为海瑞不敢拿他怎么样，所以对着海瑞做出一副暴跳如雷的样子。

海瑞镇定地对胡公子说："总督是个清廉的大臣，他早有吩咐，要各县招待过往官吏不得铺张浪费。而你排场阔绰、态度骄横，肯定不是胡大人的公子。你是什么人，胆敢冒充胡公子来本县招摇撞骗?"说完，就让人准备对他施行一顿痛打。

在海瑞的强硬态度下，胡宗宪的儿子只得认错，最后灰溜溜地走了。胡公子前脚刚走，海瑞就把报告送给了总督府，说有人冒充公子，非法吊打驿吏。胡宗宪明知道他的儿子吃了大亏，但海瑞有理有据，无奈之下，只能当做什么都没发生过。从此以后，途经淳安县的官员都不敢再有"敲诈勒索"的行为了。

海瑞一生都在与恶势力做斗争，他说："食君之禄，忠君之事。身为百姓的父母官，就要为百姓出头，不能向恶势权贵低头。正直为人才无愧于母亲的谆谆教导，才对得起自己的良心。"

海瑞是中国历史上有名的清官，他为人刚毅正直，从不谄媚逢迎，虽然生活清贫，但在为人这方面他无疑是成功的。海瑞告诉我们：正直这种力量不仅能让你获得成功，还能让你因此无愧于人生。

马丁·路德在去世前说："做违背良知的事是会下地狱的。我坚持自己的原则，即使身死，我也要坚持正直。"正直之所以有一种奇迹般的力量，是因为它会给一个人带来很多好处：友谊、信任、钦佩和尊重，所以，做人一定要走得直、行得正、做得端，正直为人，才能取得最后的成功。

在生活中，我们偶尔会看到某些小人反而能很快取得成功，这就会让人产生疑惑：难道正直做人不对吗？正直做人对不对，不要被表面现象所迷惑。

"小人"取得的成功都是不牢靠的，因为他们的基础是薄弱的，就像是豆腐渣工程，虽然进度很快，但由于粗制滥造，建成以后的风险也是巨大的。

正直做人是正道，那我们应该怎样培养正直的品格呢？

一、严格要求自己

如果一个人对自己放松要求，就会养成不好的习惯。最后，坏习惯会改变他的人生航向。所以，我们要严格要求自己，不给自己变"坏"的机会。

二、严格要求他人

所谓"近朱者赤，近墨者黑"，我们或多或少都会被身边人给影响。若是想要做一个正直的人，不仅需要注意自己的言行，还要注意他人。要想让别人的坏习惯不影响我们，我们就要帮助他们改掉坏习惯。所以，严格要求他人，不给自己变"坏"的机会。

厚道是人生的品格中最闪亮的明珠

在《论语·学而》中，子禽问子贡曰："夫子至于是邦也，必闻其政，求之与，抑与之与？"子贡曰："夫子温、良、恭、俭、让以得之。夫子之求之也，其诸异乎人之求之与？"

这段对话的意思是：子禽问子贡说，"我们的老师每到一个国家，都能知晓那个国家的国情政事。这是他自己去问的，还是别人主动告诉他的呢？"子贡说："这是由于他老人家的温和、善良、恭敬、节制、谦让的高尚表现，使各国国君主动拿国政向他请教。他老人家得到的方法，大概与别人求得的方法不一样吧？"

子贡评价孔子的这五个字："温、良、恭、俭、让"，不仅是对孔子的赞誉，也是对道德品质的推崇。温、良、恭、俭、让作为一种内心道德修养的外在表现，既是做人之德，又是做事之器。说得更简单一点，就是做人要厚道。

在生活中，我们常见到这样一种人，他们态度蛮横、行为霸道，恨不得将所有的好东西都据为己有，但结果他们却处处受到别人的排斥，得到的东西也很少，而拥有温、良、恭、俭、让这五种美好品德的人，虽然他并未有意地去索取，但上天并不负于他，那些理应属于他的以及他所应得的东西，都会尽其所用、触手可及。

战国时期，赵国有一位叫作蔺相如的文官因为在渑池会上立了功，维护了赵国的尊严，成功地将国宝和氏璧带回了赵国而官居相国之位，成为朝中的重臣。

廉颇是赵国的大将，屡次攻城略地、威名远播。他在战场上是常胜将军，守必固，攻必取，几乎百战百胜、威震列国。强大的秦国就是因为廉颇的存在，所以很长时间都没有对赵国采取军事行动。

廉颇的功勋都是在战火中打出来的，在他看来，蔺相如只不过就是耍耍嘴皮子，可官职却位于自己之上，于是廉颇心怀不满，公然扬言有机会要当众羞辱蔺相如。蔺相如知道此事以后不以为然，他并不想与廉颇争高低，而是采取了退让的态度。蔺相如为了在上朝时不使廉颇觉得位列自己之下，总是称病不去，即使出门的时候，蔺相如在乘车时远远望见廉颇迎面而来，索性引车躲避，让廉颇的车先过。

蔺相如再三的退让使自己的门客都看不过去了，门客一齐劝他说："我们因为仰慕您的品德，才来侍奉您。现在您与廉颇职位相同，他对您恶言相加，您却一味地躲避，这实在有损于您相国的身份，就连我们这些门客都感到耻辱！我们实在没有才能，请允许我们告辞吧！"

蔺相如很理解大家的心情，他竭力挽留他们说："我并不是畏惧廉颇，秦王如此凶残狠毒，我都敢当庭呵斥、羞辱他的群臣，我还会怕廉颇吗？我所担心的是，强秦之所以不敢出兵赵国，就是因为我和廉颇同在朝中为官，他惧怕我们这文武二人啊。如果我们相斗，必有一人受伤，我之所以回避他，完全是考虑赵国的安危啊！"

蔺相如的话传到了廉颇的耳朵里，他如梦方醒，原来蔺相如以国家利益为重，一直不与自己计较，于是廉颇深感惭愧。为了表示自己的歉意，廉颇赤裸着上身、背着荆条来到蔺相如的府上请罪。从此，两人结为刎颈之交，生死与共。

这就是我们所熟知的“负荆请罪”的故事。千百年来，人们钦佩蔺相如的智慧和忍让，也尊重廉颇的知错能改、坦率真诚，而支撑这两个人行为的正是一种宽广坦荡的胸怀。不是每个人都能像蔺相如那样在对方节节挑衅的时候始终让步，只因为他心中装的是国家的安危和百姓的生活；也不是每个人都能像廉颇那样听到蔺相如的话便立刻尽释前嫌，负荆请罪，只因他心中有对高尚的尊重、对自己人格的高标准要求。

有人说：美德当不了饭吃，做人不应该厚道，在这个一切讲究实际的社会里，你跟别人谈道德、谈人品，反而会让自己吃亏，这其实是一种短视之见。真正有眼光、想成就大事的人，无论是发自内心还是刻意表现，都会把温和、善良、温良等美德作为自己的处世工具，用以弥补自己专业技能上的不足。

厚道做人不吃亏，而且还能带来很多好处。当然，厚道并不是让你在任何时候都一味付出、对任何人都深信不疑。毕竟在这个社会上，还有一些品德不良的人，如果你对待他们也老实厚道、深信不疑，那么就很容易受到欺骗。

总之，德的力量是无穷的，一个道德高尚的人即使没有过人的才华和娴熟的技能，也同样能够使自己成就不凡的人生。因此，即使你从来没有了解过品德的重要，但只要你能从现在开始培养自己的品德、提升自己的修养，一样可以在这个竞争激励的社会开辟出属于自己的一片天地。

真诚是你获取成功的通行证

日本著名的佛学大师池田大作说：“一个诚实的人，不论他有多少缺点，同他接触时，心神就会感到清爽。这样的人，一定能找到幸福，在事业上有所成就，这是因为你以诚待人，别人也会对你以诚相待。”

当你走进一家新的公司的时候，一切都是陌生的，在这里，你没有资历、没有地位，你要想尽快在这里站稳脚跟，就不妨袒露真诚。真诚是人与人之间拉近彼此距离的通行证，它在我们自己的手里，只要署上“真诚”二字，你的能力就会大大增加，一切问题都会迎刃而解。

《战国策》里有这么一个故事：

有一天早晨，邹忌起来穿上衣服，照了照镜子，看着身高一米八、形体外貌都光艳美丽的自己，于是向妻子问道：“我和城北的徐公比，哪一个更美?”

妻子对他说：“当然是丈夫你呀，徐公怎么能跟你比?”邹忌听了赞美的话之后心里美滋滋的，但仍然有点儿不敢相信，因为徐公是公认的美男子。

于是邹忌问妾说：“我和徐公比，哪一个更美?”妾听后愣了一下，低声细语地说：“徐公哪能和你比呀?”第二天，邹忌家中来了客人，他问了客人同一个问题，得到的是同一个答案。

隔了一天，徐公来拜访，邹忌仔细端详，发现他的俊逸实在是自己不能比的，邹忌终于明白：妻说他美是偏袒他，妾说他美是怕他嫌弃她，客人说他美，是因为有求于他，于是，他把这件事告诉了齐威王，让他能从中得到启示，颁诏纳谏。

这就是我们耳熟能详的“邹忌讽齐王纳谏”的故事，它说明若不真诚对人就等于欺人、愚人；若轻信他人的不实之词，就会耽误大事，造成不良的结果。

可见，人们把真诚看得很重，有的人还把它当成是开启成功大门的金钥匙。真诚能让对方感觉到安全，并且对有所要做的事有明显的预见性，这种安全感会让别人接纳，彼此产生信任，这是你赢得成功的保证。

成为一个真诚的人，你会感到身心无比的轻松，而一个虚伪者常常会感到精神的疲惫。其实，每个人都有真诚的一面，只要真诚还没有被虚伪所覆盖。美国著名心理学家约翰·安德森曾在一张表格中列出了500多个描写人的形容词，他邀请6000多名大学生挑选出他们所喜欢的做人品质的词，调查结果显示，“真诚”是大学生给予评价最高的形容词。在8个评价最高的候选词语中，其中有6个和真诚有关，它们是：真诚的、诚实的、忠实的、真实的、信得过的和可靠的，大学生们对做人品质给予最低评价的形容词是“虚伪”。

由此可见，人们在内心中都是渴望真诚的，并且也希望自己身边的人也是真诚的。生活中，我们总是乐意跟真诚、信得过的人打交道，讨厌说谎、不老实的人。约翰·安德森的这个调查研究结果在社会上具有普遍意义，它告诉了我们一个道理——你想获得成功，真诚必不可缺。

真诚是最宝贵的财富，心中拥有真诚的人就好比拥有了一盏温暖心灵的灯，会照亮身边一切的黑暗；真诚是这个世上永远都不会过期的通行证。当你拥有了真诚，你人生的各个关卡最终会顺利地通过。

诚实是一个人的金字招牌

做人要诚实，不能靠矫饰伪装过日子。靠矫饰伪装、戴假面具过日子的人不仅令人憎恶，自己也活得很累，因为这种人要时时提防假面具被人戳穿，并且因为受到良心的谴责而常常处于紧张戒备的状态，心理上很难获得轻松、安宁与平静。

诚实是社交的根本，人们都喜欢与这样的人交往，因为与这样的人交往，感觉不到任何威胁。人们一般都喜欢买品牌货，是因为品牌货货真价实，不会胡乱标价。诚实跟这些品牌货一样，只要别人相信你的质量和价格相符，就会买你的账。而当你的这块招牌被世人所知的时候，你的成功就在看得见的地方等候你。

从前，有一位贤明而受人爱戴的国王知道自己不久之后就要离开这个世界了，就想尽快地寻找一个继承人。可他没有子女，最后他决定在全国范围内挑选一个孩子收为义子，培养成未来的国王。

听到这个消息后，人们就把很多有才能的孩子送到国王的皇宫里，让他挑选。国王选子的标准很独特，他没有让这些孩子比试才能，只是给他们每人发一些种子，宣布如果谁能用这些种子培育出最美丽的花朵，那么谁就成为他的义子。

孩子们高兴地将种子领回去了，每个人都精心地培育种子，从早到晚，浇水、施肥、松土，因为他们都想能够成为幸运者。

有个叫杰姆的男孩特别沮丧，因为10天过去了、半个月过去了，花盆里的种子连芽都没冒出来，更别说开花了。不久后，国王规定的观花的日子到了，杰姆看着那些跟他领回一样种子的人都种出了美丽的花，再看看自己的花盘，什么都没有。当国王经过杰姆身边的时候，看到他正无精打采地站在那里，国王把他叫到跟前，问他："为什么你端着空花盆呢？"

杰姆抽咽着说："无论我如何精心地侍弄，但花种依然不发芽。"听到他的话后，国王露出了最开心的笑容，他把杰姆抱了起来，高声说："以后你就是我的义子。"

"为什么是这样？"大家不解地问国王。

国王说："我发下的花种全部是煮过的，根本就不可能发芽开花。"国王的话说完，捧着鲜花的孩子们都低下了头，原来他们全部都另播下了种子。

为人不可不诚实，靠蒙骗他人处世，也许你会获得一些东西，但最后的结果一定是惨败，因为诚实是做人的基本品性，而欺骗者骗得最深的人往往是自己。

为人处世厚道能赢得好人缘

在电影《手机》里有一句颇为风趣的道白："做人要厚道。"虽然只有短短的5个字，却因为这句话比较诙谐，后来便成了很多人的口头禅。其实，只要你仔细观察身边的人，不难发现有一种人长得并不多么帅气，在事业上也没多大成就，但他却有深深地吸引人的气质，这种气质给他带来了很好的人缘。这种气质用眼睛是看不见的，它需要用心去感受，这就是做人的厚道。

厚道指的是不刻薄、实实在在、不夸张、不骗人、表里如一。其实，厚道没有固定的含义，它只能是某种精神的体现；厚道也没有固定的形式，它更多的应该是对生命的一种实实在在的解释。如果把一个人的美德分成显性和隐性，那么厚道就具有隐性特征。厚道体现在为人处世上让人信赖、让人踏实、让人感动。

厚道是做人的最基本原则，也是建立良好人际关系的重要保证。就为人处世来说，没有什么比厚道更重要的了，你做人厚道，朋友就会信任你，就会爱戴你。人人都知道你是个厚道可信的人，你的人缘自然就会越来越好。

厚道是中华民族的优秀文化传统之一，自古以来，中国人把厚道作为为人处世、齐家治国的基本品质。下面这个故事更是说明了这一点。

东汉时，山阳郡的朱文和汝南郡的罗鑫同在京城洛阳读书，学业结束，他们分别的时候，朱文站在路口望着天空的大雁说："今日一别，不知何时才能相见……"说着，流下泪来。

罗鑫拉着朱文的手，劝解道："兄弟，不要伤悲。两年后的秋天，我一定去你家拜望老人，同你聚会。"

两年很快过去了，一天，朱文突然听见天空一声雁叫，牵动了情思，不由自言自语地说："他快来了。"说完赶紧回到屋里对母亲说："妈妈，刚才我听见天空的雁叫，罗鑫快来了，我们准备准备吧。"

"傻孩子，汝南郡距离这里1000多里路，罗鑫怎会来呢？"他妈妈不相信，摇头叹息，"1000多里路啊！"朱文说："罗鑫为人正直、极守信用，不会不来。"

虽然老人并不相信，但是怕儿子伤心，还是宽慰地对朱文说："好吧，他会来的，我去备点儿酒。"约定的日期到了，罗鑫果然风尘仆仆地赶来了，旧友重逢，亲热异常，老妈妈激动地站在一旁直抹眼泪，感叹地说："没想到天下真有这么讲信用的朋友！"罗鑫重信守诺的故事一直为后人传为佳话。

承诺是守信的重要组成部分，守信是厚道的一种表现方式。可以说，厚道的力量是强大的，遵守并实现你的承诺会让你在面对困难的时候得到真正的帮助，更会让你在孤独的时候得到友情所带来的温暖。因为你厚道、诚实可靠的形象推销了你自己，因此不仅让你交友获得成功，同时也会让你在生意上、婚姻上、家庭上获得成功。

厚道不是一句空话，更不是虚伪，厚道的重要性可以通过很多事实来证明，国内外知名度很高的企业无不把厚道推到第一位，受人尊敬的人无不是守信用的楷模。相反地，有些人随随便便地向别人开"空头支票"，临到头又不兑现，结果朋友都离他们而去，人缘自然会越来越差。

毋庸置疑，做人不厚道，意味着你丢失了做人的起码品质，意味着在别人眼中你是不讲信誉的伪君子。这个损失多么惨重，你必须掂量清楚。

与人交往时，如果你犯了其他方面的错误，那么或许还有弥补的机会，但如果你让别人感觉到你不厚道，就会失去别人的信任，那么别人便不会再与你共事，也不会再愿意与你打交道了。在当今社会，没有朋友帮助、孤军奋战的人没有几个不失败的。因此，厚道就是你做人的本钱，它必将对你拓展良好的人际关系、赢得忠诚的朋友产生重要影响。

真诚待人，受益的是你自己

每个人都希望别人能真诚地对待他。要想别人真诚待你，你就应当首先主动真诚地去对待别人。其实，人就好像磁体一样，吸引着思想相同的人。可是在这个世界上，哪有那么多人跟你思想一样的呢？你要想交到仁慈、慷慨的朋友，就必须先要成为这样的人。

有的人对真诚待人持怀疑或否定态度，理由是：我真诚待人，人若不真诚待我，那我岂不是很傻、很吃亏吗？不可否认，生活中有一些虚伪、狡诈、阴险、不珍惜他人的情感、戏弄他人的人，但是这种人在生活中毕竟是极少数，当他们的嘴脸被人知晓后，这些人必将被众人所指责和唾弃，被群体厌恶和排斥。因此，当你的善良和真诚被心怀叵测的人愚弄之后，吃亏更多、损失更大的并不是自己，而是对方。伤人的人在承受你愤恨的同时，还要承受他人的蔑视以及被群体排斥的孤独。

很多人都觉得积极主动地付出友善及真诚仅仅是讲如何对待别人，其实准确地说，友善及真诚地待人更重要的是指如何善待自己。你待人以善意，别人以善意相报；你待人以真诚，别人以真诚回馈。这样看来，真诚待人，其实受益的是你自己。

刘晓艳大学毕业后进入北京一家贸易公司。在学校的时候，她就听别人说职场里什么样的人都有，所以相处起来要谨慎小心。工作后，每天她都会早早地来到公司，将同事们的桌椅清理整齐，特别是销售部的员工李新的桌椅，由于经常加班，桌子堆满了书本，刘晓燕就将其整理干净。

公司每个月都要聚会一次，刘晓艳主动担当勤务员，而李新则表示愿意教她跑业务。后来，李新一有业务就带着她跑。5 月 18 日，刘晓艳试着帮李新做一份策划方案，结果不小心把一组数据弄错了，导致方案被否决。李新一时情急而大发脾气，刘晓艳没有气馁，向李新道歉后，更加用起功来。事情过去后，李新反省自己，觉得刘晓艳这个人不错。

到 6 月中旬的时候，李新得了急性肠胃炎。他是外地人，在北京没有亲人，这病来得急，需要动手术，刘晓艳从家里煲好汤给李新送去，并照顾他的饮食起居。除此之外，李新的业务也由刘晓艳帮助处理，同事们对刘晓艳的言行看在眼里，都十分欣赏她。

3 个月后，当刘晓艳面临转正的时候，老总问公司的员工对刘晓艳有什么看法，大家一致认同了她。最终，刘晓艳如愿以偿地成为这家公司的正式员工，对此，她这样说道："只要你真诚地对待别人，别人也会真诚地对待你。"

很多人认为在这个社会上要想有所作为，就必须不择手段地去争取，但是这个社会有很多东西不是靠权力和实力或者智慧就可以得到的，而那些对人真诚、心境宽广的人却能轻松地得到。这个道理很简单，巧取豪夺只能把表面的利益或物资抢去，最终失去的是人心和道义。

李嘉诚说："你必须以诚待人，别人才会以诚回报。"人是一个高级生物群，社会是一个利益共同体，每个人都如社会这颗大树上的叶和果，任何人都不可能脱离社会而独自存在。无数事实证明了一个真理：不真诚待人就等于不懂得善待自己。

很多年前，在一个下着倾盆大雨的晚上，有一对老年夫妇走进一家旅馆的大厅要求住宿，柜台里一位年轻的服务员抱歉地对他俩说："非常遗憾，我们这里已经住满了。"

看到老夫妇俩一脸的无奈，年轻的服务员赶紧说："先生、太太，附近没有别的旅馆了，在这样的夜晚，我实在不敢想象你们这样的老人离开这里却又无处住宿的困境。如果你们不嫌弃的话，可以到我的房间里住一晚，因为今天晚上我要在这里值班。”

第二天一早，当老先生要付住宿费的时候，那位年轻的服务员婉言谢绝了，他说：“我的房间是免费借给你们住的，那不是公司的客房，所以不能收你们的住宿费。”

老先生很感动地说：“你这样的员工是每一个旅店老板都梦寐以求的，也许有一天我会为你盖一所旅店。”年轻的服务员听了之后笑了笑，只是把它当成是一句感谢的话语。如果不是几年后他从收到的一封信里提起了这件事，他早就把这件事给忘记了。信是那位老先生寄来的，他邀请年轻人到曼哈顿去见面，并附上往返机票。

几天之后，年轻的服务员来到了曼哈顿，在一幢豪华的建筑物面前，老先生对他说：“还记得曾经我对你说过，也许我可以为你盖一所旅店吗？这就是我为你盖的，现在我聘请你为该饭店的总经理。”

“这……不是真的吧！”年轻人根本就不敢相信，这家旅店就是美国著名的渥道夫·爱斯特莉亚饭店的前身，这个年轻的服务员就是该饭店的第一任总经理乔治·伯特。

由此可见，真诚的力量是无比的，它让一个小小的旅馆服务生拥有了一生的辉煌。真诚待人的结果是双赢。如果乔治不是真诚待人，老先生可能就会在那个下着大雨的晚上出意外，那么就没有了那个饭店，也没有乔治辉煌的成就；如果不是乔治的真诚待人，老先生也不会慧眼识英才，认为他是每一个旅馆老板梦寐以求的员工，同此让他成为渥道夫·爱斯特莉亚饭店的第一任总经理；如果没有老先生的真诚，想着报恩、回报年轻服务生，也就没有了年轻服务生这一生辉煌的成就；如果没有老先生的真诚回报年轻服务生，年轻的服务生也不会因为得到器重而发挥自己的潜能，而把该饭店发展成为美国著名的饭店。

第三章

好人品必定有好素质、好修养、好品德

有一个哲人说：有什么样的思想，就有什么样的行为；有什么样的行为，就有什么样的习惯；有什么样的习惯，就有什么样的性格；有什么样的性格，就有什么样的命运。一个人人品如何，通过他的素质修养鲜明地反映了出来。如果说性格决定命运，那么，人品则决定了一个人的素质和修养。

人品好的人注重外在形象

古罗马诗人奥维德有一句名言："没有青草的原野，没有绿叶的农田，或没有头发的脑袋，这些总是丑陋的。"这句话说明了必要的形象对于一个人的重要性。

在很多人看来，一个人的外在形象，只是一个简单的穿衣、外表、长相、发型、化妆的组合概念。其实不然。一个人的外在形象和内在素质是相辅相成的，从根本上讲外在形象是内在素质的表现。

英国BBC电视台播放过这样一个节目，心理学家想证明，一个人对人生的态度反映在他的外在形象上。为此，他们进行了一个有趣的试验。

心理学家选择了伦敦一家偏僻的小咖啡厅，在里面安置了录像机。这个咖啡厅内仅有三张桌子，每张桌子旁都坐着一个"试验人物"。这三个人中，一个是心态乐观，热爱生活，身体健康的中年男子；一位是外表英俊、潇洒，但是性格忧郁、腼腆，缺乏自信，对人生悲观失望的小伙子；另一位是有学识的、秃头、只对知识感兴趣的中年男子。

心理学家让他们手拿同样的当天报纸，桌前摆放着咖啡，不理睬任何进来买咖啡的陌生人，以便观察陌生人会选择坐在哪个人身边。在限定的时间内，前后共有六个人进店。这六个人在选择位置时，都犹豫不决地环视了一下那三个人。其中有五位选择坐在了那个心态乐观、热爱生活的中年男子的桌旁，有两位还主动地与他打招呼、交谈。这对于矜持的英国人来说，并不常见。只有一位漂亮的年轻女性，在犹豫了一会儿之后，选择了坐在那个悲观的小伙子身边。她腼腆地、主动地与小伙子打了招呼。

在后来的采访中发现，这位乐观的中年人是个非常幸运的人，他喜欢看足球比赛，还酷爱买体育彩票，他的彩票常常中奖。而那个坐在悲观的小伙子身边的漂亮女性，和小伙子一样缺乏自信，或许还有别的原因让她选择了这个英俊的小伙子。而那个只喜欢知识的学者身边空无一人。

人是如此奇怪的动物，我们在无意识之中能够洞察别人的内心世界和他们对待生活的态度，并且会选择那些与我们价值观相同的人。反过来说，那些我们自以为隐藏很深的内心世界，以为只有自己才能够知道的思想、人生观、价值观等，悄悄地通过我们的心灵光环在向外渗透。积极的心态会吸引积极的人，还会吸引财富。而消极的心态却会排斥财富和机遇，驱赶要接近你的人。

这个试验告诉我们，人的外在形象和内在世界之间是相辅相成的，我们常常可以从一个人的外表来判断他的思想和灵魂。人品是一个人的内在，也属于思想和灵魂的一部分，那么，我们如何通过个人的外在形象来展示自己良好的内在人品呢？

一、解决好形象的“焦点”问题

服饰、仪表是首先进入人们的眼帘的，特别是与人初次相识时，由于双方不了解，服饰和仪表在人们心目中占有很大分量。

穿衣要全体，这是最基本的要求。只要是适合自己体形，漂亮又有新意的衣服，就应当大胆穿着。服饰的个性，也能让人判出你的审美观和性格特征。服饰式样过时，人家会认为你刻板守旧，太过超前会让人觉得轻率固执、我行我素，这两种情况都让人得出“此人不好接近”的结论，自然会影响社交中的形象。

二、让你的言谈举止“放大”形象

言谈举止是一个人精神面貌的体现，要开朗、热情，让人感觉随和亲切，平易近人，容易接触。

很多人在社交中总担心没有出众的言谈来打动大家，吸引别人的注意，以至于造成精神上的紧张，使表情、动作都变得十分僵硬，这都是自尊心太强造成的。因此，应放松心情，保持自己的既有特点，而不要故意矫揉造作。有的人在“亮相”时昂首阔步，气势逼人，在跟别人握手时要像钳子般有力，跟人谈话时死死盯住对方……这样故作姿态，不仅会令别人感觉难受，连你自己也觉得别扭。其实最好的办法是保持你原有的个性和特质。

言谈要有幽默感。在社交中，谈吐幽默的人往往取胜。没有幽默感的人在社交中往往会失败。在交际场合，幽默的语言极易迅速打开交际局面，使气氛轻松、活跃、融洽。在出现意见有分歧的难堪场面时，幽默、诙谐便可成为紧张情境中的缓冲剂，使朋友、同事摆脱窘境或消除敌意。此外，幽默、诙谐还用来含蓄地拒绝对方的要求，或进行一种善意的批评。平时应多积攒一些妙趣横生的幽默故事。

三、充分展示性别美

男士切忌流露出狭隘和嫉妒的心理，不要斤斤计较，更不要睚眦必报。男人的性别美，是一种粗犷的美，内涵的美，真正的男子汉应该有性格，有棱角，有力度，有一种阳刚之气，而那些扭扭捏捏的奶油小生则让大多数人难以接受。而女性美普遍被人认可的形象一直是娴静的、温柔的、甜美的。女性容貌清秀，线条柔和，言谈举止中所散发出来的脉脉温情强烈动人。交际时，女性如能巧妙地利用自己的性别特点，表现得谦恭仁爱，热情温柔，一般总能激起男性的爱怜感和保护欲。女性自然的柔和所产生的社交力量，有时比“刚强”的力量要大得多。

聪明的女性总是自觉地突出自己的性别形象。如英国前首相撒切尔夫人有“铁娘子”之称，政坛作为不让须眉，但在家中仍是个好主妇，为家人做早餐，为女儿粉刷墙壁，对丈夫温存体贴，其温柔美得到了人们的交口称赞。

四、发挥“二号微笑”的魅力

舞蹈演员在舞台上表演轻松欢快的舞蹈时，要保持“二号微笑”。所谓“二号微笑”，就是“笑不露齿”，不出声，让人感到脸上挂着笑意即可，保持“二号微笑”，让人感觉心情轻松，又比较愉快。

在社交场合，轻轻地微笑可以吸引别人的注意，也可使自己及他人心情轻松些，“笑眯眯”的人总是有其魅力的。

总之，一个人不管是在公共场所，还是在私人聚会，只要你与人进行交往，你在装着打扮、言谈举止等外在形象就会出现在他人的眼里，并留下深刻印象。可以说，一个人的外在形象的好坏，直接关系到他人对你内在人品评分的高低，故应引起足够的重视。

在高压力、强竞争的现今社会，人与人之间的初次接触往往在一分钟之内决定。前 30 秒向人们展示你是谁，后 30 秒让别人决定是否接受你。在这短暂的 1 分钟里，很少有人能够洞察到你的内心和智慧，你的仪表形象决定一切。所以，好人品必须要有好形象。

人品好的人讲礼仪

生活中，为人处世、待人接物都要讲究礼貌礼仪。那些人们口中所说的人品好的人，在待人接物方面往往比常人更言行得体，恰到好处。为什么呢？因为他们懂得礼貌，懂得礼仪。

礼仪是在人际交往中，以一定的、约定俗成的程序方式来表现的律己敬人的过程，涉及穿着、交往、沟通、情商等内容。从个人修养的角度来看，礼仪可以说是一个人内在修养和素质的外在表现。从交际的角度来看，礼仪可以说是人际交往中适用的一种艺术、一种交际方式或交际方法，是人际交往中约定俗成的示人以尊重、友好的习惯做法。

中国自古就是礼仪之邦，礼仪对于我们炎黄子孙来说，更多的时候能体现出一个人的教养和品位。真正懂礼仪讲礼仪的人，绝不会只在某一个或者几个特定的场合才注重礼仪规范，这是因为那些感性的，又有些程式化的细节，早已在他们的心灵的历练中深入骨髓，浸入血液了。

所以无论何时何地，人们都应学会以最恰当的方式去待人接物。

一、尊老敬贤

我国自原始社会到封建社会，人际的政治伦理关系均以氏族、家庭的血缘关系为纽带，故此在家庭里面遵从祖上，在社会上尊敬长辈。

任何形态的社会，都需要尊敬老人。不仅因为老人阅历深，见闻广，经验多，劳动时间长，对社会贡献大. 理应受到尊敬；同时，他们在体力和精神上较差，需要青年人的体贴、照顾和帮助。作为一个有礼貌的现代青年，对长者和老人，应该做到：路遇主动谦让，乘车主动让座，在商店、戏院等公共场所，应尽量考虑到为老人创造方便条件。

二、仪尚适宜

中华民族素来注重通过适合的形式，表达人们内心丰富的情感。遇到重大节日和发生重要事件，多有约定俗成的仪矩。如获得丰收，要欢歌庆贺；遭到灾祸，要祈求神灵保佑。久而久之，就形成许多节庆及礼仪形式，如春节、元宵、中秋、重阳等，几乎每个节日，都有特定的礼俗。

在当今的社会活动中，举行各种仪式仍然是不可缺少的。公司开张、儿女婚嫁，各种节庆活动，都有不同的仪式。年轻人在参与其中的同时，也要注意遵守其中的礼节规范。

三、礼貌待人

任何一个文明社会，任何一个文明民族，人们总是十分注重文明礼貌。因为礼貌是人类社会据以促进人际交往友好和谐的道德规范之一，是构建起与他人和睦相处的桥梁。它标志着一个社会的文明程序，反映一个民族的精神面貌。中华民族历来就非常重视遵循礼规，礼貌待人。其中许多耐人寻味的经验之谈，无论过去和现今，都给人以启迪。具体说来，主要有以下两点：

1. 与人为善

与人相处，为善当先。而这个“善”，应是出自内心的诚意，是诚于中而形于外，而不是巧言令色和徒具形式的繁文缛节。《礼记》说：“夫礼者，自卑而尊人。”如果表面上恭敬热情，而内心虚伪，或是仅仅内心尊敬，而毫无表情，都是不够的。应该表里一致，才能从根本上消除人与人之间的隔阂、摩擦，进而互敬互爱，友好相处。尊重他人，就要平等待人，不分贵贱等级，一视同仁。如果只对上层人士献其礼敬，以财势取人，以利益交人，其实是小人所为。

2. 礼尚往来

礼尚往来，是礼貌待人的一条重要准则。就是说，接受别人的好意，必须报以同样的礼敬。这样，人际交往才能平等友好地在一种良性循环中持续下去。因此，《礼记》说：“礼尚往来，往而不来，非礼也；来而不往，亦非礼也。”对于受恩者来说，应该滴水之恩，涌泉相报。

在古人眼中，没有比忘恩负义更伤仁德。孔子说：“以德报德，则民有所劝”；“以怨报德，则刑戮之民也。”可见，“以德报德”，有恩必报，是待人接物的基本道德修养。

当然，往来之礼，也该适度。送礼的本意，在于表达敬意答射之意，所谓礼轻意重，并非越多越好。正如《庄子·山木》篇说所说：“君子之交淡若水，小人之交甘若醴；君子淡以亲，小人甘以绝。彼无故以合者，则无故以离。”

四、容仪有整

一个人的仪表、仪态，是其修养、文明程度的表现。古人认为，举止庄重，进退有礼，执事谨敬，文质彬彬，不仅能够保持个人的尊严，还有助于进德修业。古代思想家曾经拿禽兽的皮毛与人的仪表仪态相比较，禽兽没有了皮毛，就不能为禽兽；人失去仪礼，也就是不成为人了。古人对仪表的要求，不免过于烦琐。其中最重要的，有如下三个方面。

1. 衣着容貌

《弟子规》要求：“冠必正，纽必结，袜与履，俱紧切。”这些规范，对现代人来说，仍是必要的。帽正纽结，鞋袜紧切，是仪表的基本要求。如果一个人衣冠不整，鞋袜不正，往往会使人产生反感甚至恶心，有谁会亲近这样的人呢。当然，衣着打扮，必须适合自己的职业、年龄、生理特征、相处的环境和交往对象的生活习俗，进行得体大方的选择。浓妆艳抹，矫揉造作，只会适得其反。

2. 行为举止

孔子说：“君子不重则不威，学则不固。”这是因为，只有庄重才有威严。否则，即使学习了，也不能巩固。具体说来，要求做到“站如松，坐如钟，行如风，卧如弓”，就是站要正，坐要稳，行动利索，侧身而睡。在公众场合举止不可轻浮，不可亵，应该庄重、谨慎而又从容，做到“非礼勿视，非礼勿听，非礼勿言，非礼勿动”，处处合乎礼仪规范。

3. 言语辞令

语言是人们思想、情操和文化修养的一面镜子。古人所谓“修辞立其诚，所以居业也”。将诚恳地修饰言辞看成是立业的根基，有一定的道理。并且要“言必信，行必果”。巧言令色的人，是不可能取信于人的。其次是慎言。古人说，上天生人，于舌头上下两排牙齿紧密围裹，又在外面包一层厚厚的嘴唇，就是要人们说话一定要谨慎。当然古人并不是要求人们少言语，而是说话要视具体情况，当说则说，当默则默。

以上几方面，是我国传统礼仪的精华。虽说时代不同了，但古人对仪容仪表的重视及整洁仪容要求，是值得今人借鉴的。外在形象是一种无声的语言，它反映出一个人的道德修养，也向人们传递着一个人对整个生活的内心态度。具有一个优雅的仪表，无论他走到哪里，都给那里带来文明的春风，得到人们的尊敬。

毫无疑问，传统礼仪文明对我国社会历史发展产生积极影响。一般说来，社会上讲文明礼貌的人越多，这个社会便越和谐、安定。如果每一个年轻人都教养有素，礼貌待人，处事有节，我们的生活就会更多一些愉悦，而国家、社会更多一些有序与文明。

待人接物有很多礼仪需要注意。如职场中递送名片的礼仪。递送名片时应用双手拇指和食指执名片两角，让文字正面朝向对方，接名片时要用双手，并认真看一遍上面的内容。如果接下来与对方谈话，不要将名片收起来，应该放在桌子上，并保证不被其他东西压起来，这会使对方感觉你很重视他。人品好的人总是把这些当作人际交往的基本要求去严格执行。

公共场合礼仪不能少

公共场所礼仪体现社会公德。在社会交往中，良好的公共礼仪可以使人际之间的交往更加和谐，使人们的生活环境更加美好。公共场所礼仪总的原则是：遵守秩序、仪表整洁、讲究卫生、尊老爱幼。

一个人的素质和修养怎么样，可以通过其公共场合的礼仪状况反映出来。你人品好，在公共场合懂得遵守礼仪，也许不会得到别人多么高的评价，但如果你不遵守必要的公共场合礼仪，那么就很有可能被人评价为“素质、人品有问题”了。

现今社会，很多人在公共场合随意吐痰，在需要排队的地方无序插队，在需要安静的地方大声喧哗，在人来人往的地方打情骂俏等，这些都说明他们自身的素质修养有待进一步的提升。

一、办公室礼仪

与同事交往应注意使用礼貌用语，始终保持谦虚、合作的态度。同事外出时有客来访，要代为礼貌接待并将详情转告。注意个人仪表，主动打扫办公室的卫生。非经他人同意，不随意动用他人办公桌上的物品。在办公室不做私活、不谈私事，非必要不打私人电话。

二、阅览室礼仪

到图书馆、阅览室学习，要衣着整洁，不能穿汗衫和拖鞋入内。进入图书馆应将通信工具关闭或调节至振动，接听手机应悄然走出室外轻声通话。就座时，不要为别人预占位置。阅读时要默读，不能出声或窃窃私语。不能在阅览室内交谈、聊天，更不能大声喧哗。在图书馆、阅览室走路脚步要轻，物品要轻拿轻放，不能发出声响。要爱护图书，有事需要帮助，不能大声呼喊，要走到工作人员身边。

三、影剧院礼仪

到影剧院观看演出，应提前 15 分钟左右进场，尽早入座。如果自己的座位在中间，应当有礼貌地向已就座者示意请其让自己通过。通过让座者时要与之正面相对，切勿让自己的臀部正对别人的脸。

观看演出时，不戴帽子，不吃带皮和有声响的食物，不笑语喧哗，不把脚踩在前排的座位上。演出结束后要报以掌声，演员谢幕前不能提前退席。演出结束亮灯后再有秩序地离开。

四、商场礼仪

在商场购物时不要大声喧哗，自觉维护公共卫生，爱护公共设施。对男女营业员可统称为“同志”，不要以“喂”代表礼貌称呼。在自选商场购物时，要爱护商品，对挑选过的商品如果不中意，应物归原处。采购完毕离开柜台时，应对营业员的优质服务表示谢意。

五、旅游观光礼仪

旅游时要自觉遵守公共秩序，按顺序购票入馆、入园，不拥挤、堵塞道路和出入口。要树立环保意识，自觉保持环境卫生整洁，遵守铁路、民航规定，不携带危险品、违禁物品乘车乘机乘船。

1. 行路

行路靠右侧，走人行道。横穿马路时，应注意交通信号，等绿灯亮时，从人行横道的斑马线上穿过，行人之间要互相礼让。不要闯红灯，不要翻越马路上的隔离栏。行路时不吃零食，不吸烟，不勾肩搭背，不乱扔杂物，不随地吐痰。

2. 住宿

旅客在办住宿登记手续时，应耐心地回答服务台工作人员的询问，按旅馆的规章制度办登记手续。旅客住进客房后要讲究卫生，爱护房内设备。当旅馆服务员进房间送开水、做清洁服务时，旅客应待之以礼。旅客离开旅馆前，应保持客观存在内整洁、物品完整，不做损人利己之事。要及时到服务台结账，并同旅馆工作人员礼貌话别。

3. 进餐

尊重服务员的劳动，对服务员谦和有礼。当服务员忙不过来时，应耐心等待，不可敲击桌碗或喊叫。对于服务员工作上的失误，要善意提出，不可冷言冷语，加以讽刺。

用完餐后，要及时结账，及时离开，给后来的人让出位置。不要再无休止地说个没完没了。离开时不要忘记给服务人员说声“谢谢”“辛苦了”“再见”。通过其他席位时，要轻捷、肃静。不要交头接耳，慢慢腾腾，甚至大声吆喝、前呼后拥。应始终保持一种稳重、平和、文雅、自信的风度。

六、赛场礼仪

到体育馆或体育场观看体育比赛，应提前入场，对号入座。有些比赛存在一定的危险性，所以一定要按照赛场的要求到指定地点就座，不要到禁区走动，以免发生危险。要遵守公共道德，自觉维护秩序，注意自己的言行举止。体育场内一般不许吸烟。拍照时不要使用闪光灯。

运动员比赛时，观众要保持安静，不能任意走动。鼓掌和喝彩要选择合适的时机，一般应在选手完成了高难度动作之后。鼓掌的时间要适可而止。主场观众应体现东道主的风度和公平精神，为双方鼓掌，表现出公道和友好。

七、乘车礼仪

乘客乘车、船时应依次排队，对妇幼、老弱及病残者要照顾谦让。不携带易燃易爆危险品或有碍安全的物品上车。上车后不要抢占座位，遇到老弱病残孕及怀抱婴儿的乘客应主动让座。乘车时不要吃东西、大声喊叫或把头伸出窗外。不随地吐痰、乱丢纸屑果皮，不要让小孩随地大小便。乘坐飞机时要自觉接受和配合安全检查，登机后不要乱摸乱动，不使用手机、手提电脑等可能干扰无线电信号的物品。

1. 上下车

上车时，应让车子开到客人跟前，帮助客人打开车门，站在客人身后等候客人上车。若客人中有长辈，还应扶其先上，自己再行人内。下车时，则应先下，打开车门，等候客人或长者下车。

2. 座次

小轿车内的座次，后排的位置应当让尊长坐（后排二人坐，右边为尊；三人坐中间为尊，右边次之，左边再次），晚辈或地位较低者，坐在副驾驶位。如果是主人亲自开车，则应把副驾驶位让给尊长，其余的人坐在后排。

人有社会的属性，每个人都必须或多或少地同其他人发生这样或那样的交往和接触。公共场所就是人与人发生交往和接触的地方。一个人在公共场所的活动可看出他的修养程度。一个有教养人品好的人，不但在亲朋好友团聚时，显得彬彬有礼，而且在其他公共场所比如车站、港口、商场、体育馆、餐厅等诸类地方时，也同样讲究礼貌，尊重他人。

礼让他人是素质修养高的体现

礼让，即谦恭礼让，守礼谦让。《论语》中说："能以礼让为国乎？何有？不能以礼让为国，如礼何？"后人注释曰："礼节民心，让则不争。"为人处世中，好人品的人会礼让他人。

孔融让梨是中国千百年来流传的一个道德教育故事，是中国古代东汉末文学家孔融的真实故事，教育人们凡事应该懂得谦让的礼仪。《三字经》中"融四岁，能让梨"即出于此。

孔融，字文举，东汉时期山东曲阜人，是孔子的第二十世孙，他是泰山都尉孔宙的第二个儿子。孔融小时候聪明好学，才思敏捷，巧言妙答，大家都夸他是奇童。四岁时，他已能背诵许多诗赋，并且懂得礼节，父母亲非常喜爱他。

一天，父亲的朋友带了一盘梨子，给孔融兄弟们吃。父亲叫孔融分梨，孔融挑了个最小的梨子，其余按照长幼顺序分给兄弟。孔融说："我年纪小，应该吃小的梨，大梨该给哥哥们。"父亲听后十分惊喜，又问："那弟弟也比你小啊?"孔融说："因为弟弟比我小，所以我也应该让着他。"孔融让梨的故事，很快传播开了。小孔融也成了许多父母教育子女的好例子。

好人品的人，往往都懂得礼让，而不是像那些唯恐自己吃亏的人，总是与人争得头破血流。

孔融让梨的礼让，是兄弟亲人之间的礼让，为人处世中，不仅对自己的亲人朋友要懂得礼让，在与社会上的其他人相处时，也要懂得礼让。

大家耳熟能详的"六尺巷"位于安徽桐城。在"桐城派"的故乡——今安徽省桐城市的西南一隅，在市区西环城路的宰相府内（省康复医院内）。六尺巷，东起西后街巷，西抵百子堂。巷南为宰相府，巷北为吴氏宅，全长100米、宽2米，均由鹅卵石铺就。关于"六尺巷"的由来，有一个著名的典故。

据《桐城县志》记载，清代（康熙年间）文华殿大学士兼礼部尚书张英的老家人与邻居吴家在宅基的问题上发生了争执，两家大院的宅地都是祖上的产业，时间久远了，本来就是一笔糊涂账。想占便宜的人是不怕算糊涂账的，他们往往过分相信自己的铁算盘。两家的争执顿起，公说公有理，婆说婆有理，谁也不肯相让一丝一毫。由于牵涉宰相大人，官府和旁人都不愿沾惹是非，纠纷越闹越大，张家人只好把这件事告诉张英。家人飞书京城，让张英打招呼"摆平"吴家。

张英大人阅过来信，只是释然一笑，旁边的人面面相觑，莫名其妙。只见张大人挥起大笔，一首诗一挥而就。诗曰："一纸书来只为墙（千里修书只为墙），让他三尺又何妨。长城万里今犹在，不见当年秦始皇。"交给来人，命他快速带回老家。家里人一见书信回来，喜不自禁，以为张英一定有一个强硬的办法，或者有一条锦囊妙计，但家人看到的是一首打油诗，败兴得很。

后来一合计，确实也只有"让"这唯一的办法，房地产是很可贵的家产，但争之不来，不如让三尺看看。于是立即动员将垣墙拆让三尺，大家交口称赞张英和他家人的旷达态度。张英的行为正应了那句古话："宰相肚里能撑船。"宰相一家的忍让行为，感动得邻居一家人热泪盈眶，全家一致同意也把围墙向后退三尺。两家人的争端很快平息了，两家之间，空了一条巷子，有六尺宽，有张家的一半，也有吴家的一半，这条几十丈长的巷子虽短，留给人们的思索却很长。于是两家的院墙之间有一条宽六尺的巷子。村民们可以由此自由通过。六尺巷由此得名。

这个故事再次告诉我们，要想在这个社会中生存下去，首先就要学会做人。只有学会了怎样做人，才可能和别人和睦相处。其实如何与别人交往是一门高深的艺术，需要我们一辈子来学习。而做人中最核心的、最需要记住的一点，就是要历练自己的人品，与人相处时，一切以礼让为先。

"夫义，路也；礼，门也。唯君子能由是路出入是门。"中国古代思想家孟子形象地将礼仪比喻为社会生活出入的必经门户。现今，人们也很注意礼仪礼让。这从马路上那些卡车车身上的字便可看出——"宁等三分，不抢一秒"。

的确，现如今很多交通事故都是因彼此之间不礼让而起。为此，甚至有专家如此说道："欧洲的马路并不比中国宽，但是交通秩序相当好，几乎没有酒后驾车，违章停车，抢道等违章的行为。所以，随着我们国内路面上的汽车越来越多，除了交通法规以外，人们还应遵守一些必需的礼节和约定俗成的规范，才能使我们的交通更通畅，更和谐。"

以下再介绍一些驾车的礼节。

一、遵守法规

自觉遵守道路交通安全法规、交通信号和交通标志。

二、注重形象

保持车身整洁，驾驶员也要注意自身的仪表整洁，不宜光着膀子或穿性感服装开车。不宜在车里亲热，或是在驾驶过程中亲热。

三、礼让他人

不抢道，不抢行，不斗气，不做猛拐、来回穿插、别车等危险动作，遇车队、非机动车或行人时，主动礼让。雨天驾驶或驶过路面积水时，应缓慢行驶，防止把水溅至路人身上。

四、言行有礼

停车时注意不挡道，加油时要排队。不要朝别的司机大喊大叫，尤其对新司机应当宽容和理解。一旦车跟车发生摩擦，切忌互相指责、谩骂。

五、专心开车

不要酒后驾车或疲劳开车。开车要专心致志，不要因观赏周围景色、交谈、打手机、左顾右盼而分散了注意力。

六、慎用喇叭

在没有明确禁鸣喇叭的区域，也应尽量少按、轻按喇叭，不应长时间按喇叭。不要在小区、校园等安静的地方按喇叭。接人时，应下车按门铃，而不是按汽车喇叭。

七、不忘环保

车上垃圾要收拾好扔到垃圾筒里。不要往车厢外扔东西和吐痰，也不要在停车收拾完垃圾后直接扔在地上。

总之，我们生活的现实社会日新月异、变化无穷，我们面临的竞争也越来越激烈，但我们切不可忘记也不要忽视“礼让”。只有那些懂得珍惜、懂得礼让的人，才可能真正赢得身边朋友的心，我们人生的道路也会越走越宽。

现实生活中，利益问题最能体现一个人的人品。利益的冲突是人们产生矛盾的根源。当我们和别人发生利益冲突的时候，应该多为对方想一想，互相之间都退一步。从一定程度上来讲，礼让是一种双赢。妥协是实现共同利益的最高途径，我们只有互相都退一步，才有可能让双方的利益都得到保障。

人品好，言行举止自然得体

人品好的人，大家都愿意与他交往，久而久之，他在人际交往方面的能力也越来越强，各方面的言行举止也越来越得体。

一个人的言行举止，是其自身修养在生活和行为方面的反映，是映现一个人内涵的一面镜子。没有优雅的举止，就没有优雅的风度。在为人处世、待人接物的过程中，得体大方的言谈和举止，会给人留下良好而深刻的印象，从而受到大家的欢迎。

培根说："礼节要举动自然才显得高贵。假如表面上过于做作，那就丢失了应有的价值。"生活中，人们身边经常会有许多这样的人：他们或是仪表堂堂，或是漂亮异常，然而一举手、一投足，便可现出其粗俗。这种人虽金玉其外，却是败絮其中，只能招致别人的厌恶。因此，在与人交往的过程中，要想给对方留下美好而深刻的印象，外在的美固然重要，而大方得体的举止等内在涵养的表现，则更为人们所喜爱。

小美是一个外资公司的客户服务人员，是家里的独生女，而且长得非常漂亮，看到她就让人有一种眼前一亮的感觉。她的学历和能力在公司里都是一流的，但进公司两年多了，还是一个普通的员工，没有得到升职的机会。

小美自己也很苦恼，她知道都是自己的行为举止拖了自己的后腿，可一时半会儿还改不掉。比如，开会的时候，小美总是无意识地就趴到了桌子上，让在座的领导和同事都冷眼看她；和同事聚餐的时候，她动不动就拿出小镜子和木梳来梳理她的头发，有时还会有几丝乱发不听话地飘到餐桌上，让其他人很厌烦；最要命的是，可能小美对自己的外表非常自信，所以走路的时候总是扭着屁股，让人看着很另类。小美还有很多类似的不好的举止习惯，有时候和客户在一起的时候，让客户很不满意，从而也影响了公司的形象。老总曾警告过小美，如果还不尽快纠正自己的举止行为，就请她另谋高就了。

小美虽然其他方面都很优秀，但不良的举止却给她增添了没完没了的烦恼，也阻碍了她未来的发展。根本原因就是人品导致的。

所以说，在日常生活和工作中，只有具备良好的人品，才能使自己的一言一行大方得体。否则，如果你的举止不得当，纵使你有再强的能力，也不会给人留下好印象，别人也不可能喜欢你。

小美的故事告诉我们，无论是生活还是工作，做人一定要遵守举止有度的原则。正确而优雅的举止，可以使人显得有风度、有修养，给人以美好的印象；反之，则显得不雅，甚至失礼。

那么，什么样的举止才算是得体的呢？才算是有风度呢？我们可以从举手、投足等日常行为方面有意识地锻炼自己，养成良好的站、坐、行姿态，做到举止端庄、优雅得体、风度翩翩。

举止得体大方，就是所谓的“站有站相，坐有坐相”。一个人在站立时要保持身体正直，切忌东倒西歪，耸肩驼背。从正面看，其身躯应当正直，头、颈、身躯和双腿应与地面相垂直；从侧面看，其下颌微收，眼平视前方，挺胸收腹，整个体形显得庄重、平稳。两腿间距不宜过大，以不超过一脚为宜。站立时间较长时，可以一腿支撑，另一腿稍稍弯曲。站立交谈时，双臂可随谈话内容做一些手势，但不宜将手插入裤装里或交叉在胸前，更不要摆弄一些小物品，因为这样做既不庄重，也显得缺乏自信。

一个人坐着的姿态要端正，不要东倒西歪、两腿抖动，也不要一条腿放在另一条腿上，跷着“二郎腿”。坐在无靠背的座位上时，上身应保持正直微向前倾，两肩平行，自然下垂，两手随意放在膝头，腿距与肩宽大致相等，两脚自然着地。在有靠背的座椅上就座时，身体可以微微向后倾，靠在靠背上，但不要仰靠，露出懒散的样子。另处，腿不宜分得太开。

走路时，身体应当保持正直，不要过分地摇摆，也不要左顾右盼，两眼应平视前方，两腿有节奏地交替向前迈开，步履轻捷，不要拖拉，两臂在身体两侧要自然摆动。

举止得体大方，还要注意在社交生活中某些举止具有的特殊礼貌意义。

一、点头

用点头来打招呼时，点头者应两眼看着对方，面部略带微笑，等对方有表示时再转向别的方向。点头可以用来打招呼，也可以用来表示敬意。点头和握手可以配合使用。

二、举手

这是一种与对方距离较远或交臂而过，时间仓促时打招呼的方式，也是一种常见的礼貌举止。由于条件有限，打招呼者无法与对方交谈或站停施礼，在这种情况下，举手打招呼是最合适的。这种方式不但可以表示你也认出对方，而且还可能在短时间里、远距离内表达你的敬意。

三、起立

这是一种在较正式场合使用的礼貌举止。在这种场合时，有长者、尊者到来时或离开时，在场者应起立表示敬意。如长者、尊者来访，在场者应起立表示敬意，待来访者落座后，才可坐下。当长者、尊者离去时，也应起立，待他们离开时即可落座。

四、鼓掌

这是在社交场合表达赞许或向别人祝贺等感情时的礼貌举止。在正式的社交场合，当重要人物出现、精彩的演讲完毕或表演结束时，人们可以用鼓掌来表达自己的敬意和赞赏。鼓掌通常应该出声，不出声仅做出鼓掌的样子也可以，但要让别人看见你的动作。

五、餐桌上的举止

开始用餐时应注意，只有当主人示意开始时，客人方可开始；用餐的动作要文雅，夹菜时不要碰到邻座的客人，也不要把盘里的菜拨到桌上，更不能打翻盘碗。

总之，大方得体的举止，可以使人显得有风度、有修养，给人以美好的印象。当然，礼貌举止不仅仅是这些，我们在这里只是介绍了常见的几种。在人际交往过程中，每一个人都应该有意识地、恰当地运用这些礼貌举止，既不要过于谦卑，也不要过于傲慢。做到举止得当，礼貌周到，充分体现出你的教养和风度。这样，就会给人留下一个很好的印象，成为受大家欢迎的人。

俗话说，有礼走遍天下，无礼寸步难行。举止礼仪并不是人们规定出来的，而是大多数人经过实践并被充分认可的，人品好的人会自知自觉地用这些来调整和规范自己。那些人品不好的人，则不会有这样的自察，他们不当的言行举止只会让别人越来越看不惯他们。

人品好的人都很友善

善，并不是简单意义上的单纯，善良，而是一个人内心的宽容，思想上的博爱，于人于物的宽容和忍耐。

与人相处时，经常会接触到那些对人十分友善的人。为什么有些人待人友善，而有些人待人就刁钻、苛刻呢？这就是人品的差别造成的。

“与人为善”是中国思想文化中的重要组成部分。儒家讲的仁义道德，佛家讲的普度众生，道家讲的修身养性，都是一种与人为善精神的体现，是对一个人人品的要求。

郑板桥，清朝著名书画家，江苏兴化人士。为“扬州八怪”之一，自幼工诗词、善书画，其诗、书、画世称“三绝”。中年时靠卖画为生，四十四岁中进士，先后任山东范县、潍县县令。他为官清廉，体恤民情，深得百姓拥戴。但居官十余年，他洞察了官场种种黑暗和险恶，早有告老还乡的想法。后来，他因为民请赈得罪了上级而去官。离任时竟身无分文，带着长年为伴的一条黄尾巴狗和三盆亲手种植的兰花，回到了故乡江苏兴化。

郑板桥归乡后，在当地的官吏中不少是他同时及第的文友，纷纷邀请他去官府当幕僚，他都一概拒绝。每天除了走街串巷卖画，就是会友饮酒对诗，过起了无官一身轻、悠然自得的布衣生活。

一天傍晚，下着小雨，他外出会友后回家。刚走近土院墙柴门，黄尾巴狗便冲他狂叫起来。郑板桥感觉有点蹊跷，以往狗见到主人，都是摇头摆尾地亲近一番，今天为何这样反常。当他走到住房门口掏出钥匙准备开门时，却大吃一惊！锁头没有了，而门还严实地关着。郑板桥是何等聪明之人？不用问，家里有小偷光顾啦。

这时老人家想：如果我大声吆喝，可能会出现两种结果。一是小偷为了自身安全，狗急跳墙，和我拼命，我年老体弱，那吃亏的是我；二是小偷夺路而逃，躲过这一劫，以后还会故技重演。倒不如教育感化他，争取他以后改邪归正，做个好人。

于是，老人家轻轻推开房门，进屋后又把房门掩上，然后点上油灯，坐到床边看起书来。再说那小偷，听到有人进来，反应相当灵敏。说时迟那时快，一出溜就钻进了床底，心想你老头总得睡觉，等你睡着了我再下手。

郑老若无其事地看了一会儿书，便轻声朗诵道：“阴雨蒙蒙夜沉沉，梁上君子进我门。”小偷被吓了一跳，这老头怎么会知道我进来了呢？心想：今天就别想满载而归了，来个顺手牵羊、小打小闹就行了。过了不到半袋烟的工夫，郑老又吟了两句：“腹内诗经存万卷，床头纹银无半分。”小偷一听心里凉了半截，这老头是个穷光蛋呀！于是，他悄悄爬出床底，蹑手蹑脚地想溜之大吉。这时，郑老又诵道：“出门休惊黄尾犬，越墙莫损兰花盆。”小偷心领神会，暗暗答道：“我会注意的。”他摸到门边，轻轻拉开门，出门后又把门给带上。郑老看小偷有回心转意之意，意味深长地又欢送两句：“天寒不及披衣送，还望君子多自尊。”小偷听了感动不已，深感羞惭地离开了郑板桥家。

这小偷回家之后，彻夜辗转难眠。多好的老人呀，我去他家里行窃，他一不抓我现行，二不送我去官府，还劝我要自尊自爱。我再不学好，对得起老人家吗？后来，小偷果然痛改前非，洗心革面，变“梁上君子”为正人君子，变“游手好闲”为勤劳节俭，成了一名自食其力的劳动者。

孟子说：“君子莫大乎与人为善。”郑板桥老人堪称“与人为善”的谦谦君子。

对于现实生活来说，与人为善是做人的一种积极和有意义的行为。它可以为自己创造一个宽松和谐的人际环境，使自己有一个发展个性和创造力的自由天地，并享受到一种施惠与人的快乐，从而有助于个人的身心健康。与人为善可以给我们带来好心情，还可以给我们带来身体上的健康。

研究表明，人的心理活动和人体的生理功能之间存在着内在联系。良好的情绪状态可以使生理功能处于最佳状态，反之则会降低或破坏某种功能，引发各种疾病。美国耶鲁大学病理学家对 7000 多人进行跟踪调查，结果表明，凡与人为善的人死亡率明显较低。

现实生活中，有些人不讨人喜欢，甚至四面楚歌，主要原因不是大家故意和他们过不去，而是他们在与人相处时总是自以为是，对别人百般挑剔，随意指责，人为地造成矛盾。只有处处与人为善，严于责己，宽以待人，才能建立与人和睦相处的基础。在很多时候，你怎么对待别人，别人就会怎么对待你。这就教育我们，要待人如待己。在你困难的时候，你的善行会衍生出另一个善行。

与人为善并不是为了得到回报，而是为了让自己活得更快乐。与人为善其实极易做到，它并不要你刻意做作，只要有一颗平常心就行了。有这样一个故事：说是一个人做作了一个试验，他早晨上班来到办公室的时候，对周围的同事笑了一下，没想到，却带来了意想不到的效果，他的上司看到他时对他也笑了一下，他的上司可是从来没笑过的人呀。这个人这一天的心情特别好，平时那种冷冰冰的感觉没有了，周围的人都很亲切。而据说，就因为他早晨的那个笑，感染了身边的其他人。你在日常工作和生活中，无非是想丰富你的生活，实现你的价值。而这所有的一切，归根结底，都来自你是否善待他人。与人为善使你有一种充实感，你知道没有很多人会故意和你过不去。与人为善不仅给你财富，还使你拥有被他人喜爱的充实感。记住，奸商只能造就一时的得意，却不能品味充实自信的人生；只有与人为善才能求得长远财富。

可见，善待他人是人们在寻求成功的过程中应该遵守的一条基本准则。在当今这样一个需要合作的社会中，人与人之间更是一种互动的关系。我们去善待别人、帮助别人，才能处理好人际关系，从而获得他人的愉快合作。那些慷慨付出、不求回报的人，往往更容易获得成功。

总之，在人际交往中要以诚待人，用心和他人交往。在追求成功的过程中，任何人都离不开与他人的合作。尤其是在现代社会里，如果你想获得成功，就应该想方设法获得周围人的支持和帮助。生活就是这样：对人多一份理解和宽容，其实就是支持和帮助自己，善待他人就是善待自己。

友善地对待别人，其实也是友善地对待自己。生活中，性格自私的人不愿意对别人付出任何关爱，所以他们永远都体会不到来自他人的友情和温暖；而那些胸襟开阔的人则始终生活在幸福和关爱之中，这些幸福和关爱既来自别人，也来自他们自己。

尊重他人的隐私

隐私是一种与公共利益、群体利益无关，当事人不愿他人知道或他人不便知道的个人信息，当事人不愿他人干涉或他人不便干涉的个人私事，以及当事人不愿他人侵入或他人不便侵入的个人领域。隐私权是自然人享有的对其个人的、与公共利益无关的个人信息、私人活动和私有领域进行支配的一种人格权。

生活中，一个人品好的人，是绝不会侵犯他人隐私的。这样的人也往往很容易获得别人的好感，拉近彼此的距离。而那些侵犯别人隐私的人，不但会给人留下素质修养有缺陷的不好印象，甚至会被认为是“人品有问题”。

一天，刚参加工作不久的孙妮小姐被派到外地去出差。在卧铺车厢内，她碰到了一位来华旅游的美国姑娘。由于对方首先向孙小姐打了一个招呼，孙小姐觉得不与人家寒暄几句实在显得不够友善，便操着一口流利的英语，大大方方地随口与对方聊了起来。

在交谈之中，孙小姐有点没话找话地询问对方：“你今年多大岁数呢?”不料人家所答非所问地予以搪塞：“你猜猜看。”孙小姐觉得没趣，转而又问：“到了你这个岁数，你一定结婚了吧?”这一回，那位美国小姐的反应更令孙小姐出乎意料：对方居然转过头去，再也不搭理她了。一直到分手，她们两个人再也没有说上一句话。

孙小姐与那位美国姑娘话不投机，不欢而散，主要是因为孙小姐在交谈中向对方所提出的问题，在国外统统纯属是不宜向他人打探的个人隐私。按照常规，对方是有权利拒绝回答的。

马克·吐温说过：“每个人像一轮明月，他呈现光明的一面，但另有黑暗的一面从来不给别人看到。”月亮上黑暗的一面，就是不愿为人所知的隐私世界。

生活中，有的人与人相处时，随便侵入别人的隐私地带。他们认为，朋友之间就应该坦诚相见，所以就不存在什么隐私。的确，朋友之间是应该坦诚相见，推心置腹，但在隐私问题上这个道理是讲不通的。如果要和别人成为朋友，就不要刻意窥探别人的隐私。

在隐私世界中，一般总是有些令人不快、痛苦、不愿为人所知的事情，比如婚姻的破裂，感情的纠葛，生活的失败，事业的挫折，成长中的过失……隐私不对他人造成威胁，不给社会带来危害。你的朋友，不论对你如何亲密无间，都有权利把隐私保护起来，不向你透露，不让你轻易看到。如果你尊重你的朋友，也想得到他的尊重，就要避免打听朋友的隐私。这不是冷漠，而是善解人意的体现。知道了朋友的隐私，无论对朋友还是对自己来说都只有坏处，没有好处。

以下介绍一些不容侵犯的个人隐私，这也是人际交往的雷区，历练个人人品的大忌。远离这些雷区和禁忌，你表现出的素质修养会获得别人的高分评价。

一、我国主要侵犯个人隐私的行为

1. 未经公民许可，公开其姓名、肖像、住址和电话号码。

2. 非法侵入、搜查他人住宅，或以其他方式破坏他人居住安宁。

3. 非法跟踪他人，监视他人住所，安装窃听设备，私拍他人私生活镜头，窥探他人室内情况。

4. 非法刺探他人财产状况或未经本人允许公布其财产状况。

5. 私拆他人信件，偷看他人日记，刺探他人私人文件内容，以及将他们公开。

6. 调查、刺探他人社会关系并非法公之于众。

7. 干扰他人夫妻性生活或对其进行调查、公布。

8. 将他人婚外性生活向社会公布。

9. 泄露公民的个人材料或公之于众或扩大公开范围。

10. 收集公民不愿向社会公开的纯属个人的情况。

二、国际交往中的隐私问题

在国际交往中，下列八个方面的私人问题，均被海外人士视为个人隐私问题。

1. 收入支出。在国际社会里，人们普遍认为：任何一个人的实际收入，均与其个人能力和实际地位直接存在着因果关系。所以，个人收入的多寡，一向被外国人看作自己的脸面，十分忌讳他人进行直接或间接的打听。除去工薪收入之外，那些可以反映个人经济状况的问题，例如，纳税数额、银行存款、股票收益、私宅面积、汽车型号、服饰品牌、娱乐方式、度假地点等，因与个人收入相关，所以在与外国人交谈时也不宜提及。

2. 年龄大小。在国外，人们普遍将自己的实际年龄当作“核心机密”，轻易不会告知别人。这主要是因为，外国人一般都希望自己永远年轻，而对于“老”字则讳莫如深。中国人听起来非常顺耳的“老人家”“老先生”“老夫人”这一类尊称，在外国人听起来却如诅咒谩骂一般。特别是外国妇女，最不希望外人了解自己的实际年龄。所以在国外，有这么一种说法：一位真正的绅士，应当永远“记住女士的生日，忘却女士的年龄”。

3. 恋爱婚姻。中国人的习惯，是对于亲友、晚辈的恋爱、婚姻、家庭生活时时牵挂在心，但是绝大多数外国人却对此不以为然。他们认为，让任何一个人面对交往不深的朋友，去老老实实地交代自己“有没有恋人”“两人是怎么结识的”“跟恋人相处多久了”“结了婚没有”“夫妻关系怎么样”“婆媳关系如何”“有没有孩子”“为什么还不找对象”“为什么还不结婚”“为什么还不生孩子”，都不仅不会令人愉快，反而肯定会让人难堪。在一些国家里，跟异性谈论此类问题，极有可能被对方视为无聊之至，甚至还会因为被对方控告为“性骚扰”，从而吃上官司。

4. 健康情况。在中国人相遇后彼此打招呼时，大家经常会相互问候对方：“身体好吗?”要是确知交往对象身体曾经一度欠安，那么为了表示对对方的关心，与其见面时，人们往往还会热心而关切地询问对方：“病好了没有?”如果彼此双方关系密切的话，则通常还会直接向对方打探：“吃过一些什么药”“怎么治疗的”，或是向对方推荐名医、偏方。可是在国外，人们在闲聊时一般都是“讳疾忌医”，非常反感其他人对自己的健康状况关注过多。因为在市场经济条件下，每个人的身体健康都被看作他的重要“资本”。

5. 家庭住址。在中国人的人际交往之中，大家对于自家的住址通常是不保密的。对于自己的家庭住址、私宅电话号码等，人们一般都会有问必答，甚至于还会主动地告诉别人。不仅如此，中国人还喜欢串门，并且往往乐于请人上门做客。而在国外，通行的做法却恰好与我国相反。外国人大都视自己的私人居所为私生活的领地，非常忌讳别人无端干扰其宁静。在一般情况下，除非知己和至交，他们一般都不大可能邀请外人前往其居所做客。为此，他们都不喜欢轻易地将个人住址、住宅电话号码等纯私人资讯“泄密”。在他们常有的名片上，此项内容也难得一见。

6. 个人经历。初次会面时，中国人之间往往喜欢打听一个交往对象“是哪里的人”“哪一所学校毕业的”“以前干过什么”。总之，是想了解一下对方的“出处”，打探一下对方的“背景”，摸一摸对方的“老底”。然而外国人却大都将这些内容看作“商业秘密”，并且坚决主张“英雄莫问出处”，反对询问交往对象的既往经历，随随便便地擅自查对方的“户口”。外国人还认为，要是一个人动辄就对初次交往的对象“忆往昔峥嵘岁月稠”，甚至“痛说革命家史”，并不见得是坦诚相见，相反却有可能是别有用心。

7. 信仰政见。在国际交往中，由于人们所处国度的社会制度、政治体系和意识形态多有不同，所以要真正实现交往的顺利、合作的成功，就必须不以社会制度画线，抛弃政治见解的不同，超越意识形态的差异，处处以友谊为重，以信任为重。如果动不动就对交往对象的宗教信仰、政治见解品头论足，甚至横加责难、非议，或是将自己的观点、见解强加于人，都是对交往对象不友好、不尊重的表现。最为明智的做法，就是在涉外交往中对此避而不谈。

8. 所忙何事。在国内，熟人见面之际，免不了要相互询问一下对方：“忙什么”“上哪里去”“从哪儿回来”“怎么好久没见到你”。但是，外国人对于这一类的问题皆属个人私事，“不足为人道哉”，绝对没有“曝光”的必要。向别人探听与此相关的问题的人，不是好奇心过盛，不懂得尊重别人，就是别有用心，或者具有天生的“窥视欲”。被问及这类问题时，外国人往往会“王顾左右而言他”，甚至还会缄口不语。

总之，窥探别人的隐私，不仅给他人增加了心理负担，也给自己增加了保密的责任。有的人就喜欢打听别人的隐私，津津乐道，乐此不疲，这是不健康的心理反应，是趣味低级和庸俗的表现，这是品行端正、情操高尚的人所不齿的。

如果你知道别人的隐私，最好把它从记忆中抹掉，至少也要把好嘴巴这道关口，守口如瓶，不让其泄露出来，要注意避免谈论别人的隐私。撕开别人痊愈的伤疤，暴露别人隐匿的秘密，只能使别人尴尬、不快，饱尝痛苦和羞恨，而且会给搬弄是非的小人提供中伤、打击、散布流言蜚语的材料。

尊重别人就是尊重自己

尊重别人是一个人素质和修养的基本体现，一个不懂得尊重别人的人，素质修养肯定一塌糊涂，其人品肯定也会遭到别人的怀疑和否定。

雨果说："世界上最广阔的是海洋，比海洋更广阔的是天空，比天空更广阔的是人的胸怀。"生活中，学会尊重他人就如同面对一面镜子，你对它笑，它也会对你笑，因为尊重别人，等于尊重自己。

尊重别人其实很简单。当得到别人帮助的时候，真诚地说一声"谢谢"；当无意之中妨碍了别人的时候，真诚地说一声"对不起"……尊重别人用不了很多的付出，也许是一句温馨的话、一句发自内心的话就可以让人感动，让一个心怀自卑的人树立起自尊，让一个处境窘迫的人重新找回了自信。受到别人的尊重是每个人的愿望，如何才能得到他人的尊重呢？其前提条件首先应当尊重他人。只有当你尊重了别人，你才可能从别人那里得到应有的尊重。

尊重，是人际交往的前提条件，在与人交往中，我们要热情、真诚。热情的态度会使人产生受重视、受尊重的感觉，工作中，我们要尊重领导、尊重同事，同时也要尊重自己的竞争对手，现代社会，已经进入了竞争、开放的时代，我们每个人都会为自己寻找一个人生坐标作为自己的奋斗目标，在努力实现目标的过程中，可能会遇到很多竞争对手，我们不能对对手产生敌意，我认为，他并不是你人生路上的绊脚石，而是一个助推器。只有形成一种良性竞争，社会才能更好地发展。

尊重别人，就是尊重他人的自尊心，每个人都有自尊心，失去自尊心对一个人来说，是件非常痛苦的事。每个人都是生活的个体，都有自己的思想和主见，我们要允许他人表达思想，表现自己。当别人和自己的意见不同时，不要把自己的意见强加给对方。当你和与自己性格不同的人交往时，也应尊重对方的人格和自由，就如伟大的思想家孔夫子所言，对于那些不理解你的人、埋怨你的人，我们不要“以德报怨”，要用正直、率直的态度去对待对方，“以直抱怨”，而对于那些对自己有恩的人，我们要“以德报德”。只有尊重他人才能赢得他人的尊重。

尊重他人是一种高尚的美德，是个人内在修养的外在表现。尊重，是人的一生修养以及自我内涵的表现，也是人所必须具有的品质。人的内心都渴望得到他人的尊重，但也只有你先尊重了他人才能赢得尊重。俗话说，送花的人周围都是鲜花，种刺的人身边都是荆棘。先去尊重别人，你的人品会得到很大的提升。

德才兼备，以德为先

人人都希望自己在事业上能够有所成就，在生活上甜甜美美，在人际关系上得到别人的好评。那么如何才能做到这一点呢？其实，秘诀很简单，就是做一个德才兼备的人。总结起来就是修德以养才、修才以养德，德才互动，从而实现德才兼优。

所谓“德”，指的是一个人的品德，包括思想质量、道德修养等所有与精神境界有关的内容。自古以来，人们都把德看得很重，认为德对于一个人是至关重要的。为什么“德”放在“才”的前面，而不是“才德兼备”呢？可见“德”比“才”更被重视。

“德”，体现了一个人的质量，现在的企业更是拿它来作为录用人才的首要标准，甚至有些企业在招聘时明确表示“有才无德莫进来”。如果一个领导者一旦缺乏德行，那么他就无法获得下属的尊敬，也就无法获得成功。一个员工如果一旦缺乏德行，那么他就会遭受公司的轻视，甚至解雇。

很多著名企业在用人上都秉持这样的原则：有德有才，破格使用；有德无才，培养使用；有才无德，观察使用；无德无才，坚决不用，甚至一家企业对人才素质要求的首要原则是“德才兼备，以德为先”。

“德才兼备”当然是最理想的，但是现在真正“德才兼备”的人很少。所以，在现实中，企业不可能对所有的人都提出这种苛刻的要求。在这种情况下，企业家更强调“以德为先”。当然，如果你是一个“德才兼备”的人，那肯定是每一家企业最需要的理想人才。

在竞争激烈的现实社会中，想要求生存，的确需要才能，但是有充分的才能就足以应付一切吗？这无疑是痴人说梦。古人说，有才无德不为才，有德无才也不为才，只有德才兼备才是真正的人才。

“德才兼备”是全世界无数组织千百年来都遵循的价值观、人才观，其本质是要求人们的一切行为都要做到有德、有才，两者兼备。事实上，一个人的才能越高，德与才的关系就越密切、越重要。德不仅由才所体现，而且为才所深化、升华；才不仅由德所率领，而且为德所强化、所启动。

再仁慈一点儿

小时候，父母、老师们教导我们要有一颗仁慈的心，帮助别人。然而，有些人却认为对他人仁慈就是对自己不公。

然而，这种思想太过偏激，因为只要你细心地观察，就会发现仁慈无处不在，而且生命之所以绵延不息，正是因为人们彼此仁慈相待。一个路人为你指点车站的方向、一个陌生人帮你搬运沉重的行李、一位同事专心倾听你的抱怨、一个朋友为你加油鼓劲……这些微不足道的、从不曾大肆宣扬的生活小插曲，都是仁慈的表现。

原来，我们每个人都心怀仁慈，只是很多时候连自己都浑然不知：原来帮助别人就是帮助自己。可以说，仁慈使我们战胜烦恼、困苦，给毫无生气的生活赋予了不同的意义和价值。

仁慈是一种美德，是一种修养，更能体现出一个人优良的人品。一个人的成功有时并不需要波涛汹涌式的艰难历程，可能需要的仅仅是出于他的仁慈之心的一句话或一个小小的举动，所以，如果你在职场中或者生活里懂得处处为别人奉献爱心和责任，在不经意间就会遇到幸运之神。

一个懂得仁慈的人更适合做大事，并能得到别人无法获得的机会。“仁慈”有两种含义，一是包容，二是帮助。包容是指当别人犯错、影响到了你的利益或者别人伤害你的时候，能做到包容别人。帮助是指放弃自己的利益，发自内心地帮助别人。

英国的一位作家奥尔德斯·赫胥黎一直致力于如何发挥“人类潜能”的研究，为此，他对各种方法加以研究探索，包括催眠和禅学。在他晚年的一次演讲中，他说：“经过多年的实验，我发现最有效地转化生命的方法就是仁慈一点儿。”

是的，仁慈一点儿。沙伦·萨兹柏曾在她的著作《爱上仁慈》中写道：“如果你仁慈，第一，你会拥有一个舒适的睡眠；第二，你会受到别人的尊敬；第三，人们都会爱你；第四，当你困难的时候，人们都会主动帮助你。”由此可见，仁慈也是有力量的，这种力量虽然无法触摸，但却能感受得到，并且这种力量非常巨大。

第四章

善良仁爱让心中充满阳光

人品好的人，给人的最大印象就是有一颗仁义和爱人的心。古代的圣人都很注重仁义，他们用仁义去教育人影响人，指导人们如何处事如何做人，人人做到这一点，就成了一个理想的社会；现代有品德的人都很注重友善，他们用友善去对待别人，感染别人的一言一行，人人都有了爱心，就形成了一个和谐的社会。

助人为乐是做人的根本

助人为乐不仅是中华民族的一种传统美德，也是我们做人的根本。“助人为乐”是现实生活的需要，也是一种社会责任，每个人都应该有“助人为乐”之精神。

俗话说，“赠人玫瑰，手有余香”，帮助有需要的人是最快乐的事。一个人的能力有大小，但是有了助人为乐的品德，就能成为“一个高尚的人，一个纯粹的人，一个有道德的人，一个脱离了低级趣味的人，一个有益于人民的人”。这就是我们常说的“雷锋精神”。

雷锋同志是中国家喻户晓的全心全意为人民服务的楷模，中国人民解放军战士，伟大的共产主义战士；他作为一名普通的中国人民解放军战士，在他短暂的一生中却助人无数，伟大领袖毛泽东主席于1963年3月5日亲笔为他题词“向雷锋同志学习”，并把3月5日定为学雷锋纪念日；一部可歌可泣的《雷锋日记》令读者无不为之动容。“雷锋精神”激励着一代又一代人学习。

雷锋经常利用节假日到火车站去扶老携幼，帮助车站的工作人员打扫卫生，或利用休息时间替老乡捡粪、种地。人们夸奖他说：“雷锋喜欢助人为乐，是共产党、毛主席教育出来的好兵。”

一天傍晚，天下起大雨，雷锋在公路上遇见一位妇女怀里抱着小孩，手里还拉着小孩，身上还背着包袱，在哗哗的大雨中一步一滑地走着，雷锋忙上前一打听，才知道这位大嫂从外地探亲归来，要去十几里外的樟子沟去，她着急地说：“同志啊，今天雨都把我浇迷糊了，这还有孩子，我哭也哭不到家啊!”

雷锋把雨衣披在大嫂身上，抱起那个大一点的孩子冒雨朝樟子沟走去，宁可自己淋得透湿，一直走了两个多小时，才把她们母子送到家。那位妇女的家人请他进屋喝口水暖暖身子，可却被他婉言谢绝了，转身便赶回部队驻地。

有一次，雷锋跟着张书记下乡，在新康乡的河堤上，一位老大娘边喊边走了过来，一把抓住雷锋，一定要请他到家里坐坐。张书记感到好生奇怪小雷和大娘怎么这么熟？从大娘口中才得知，几天前，雷锋来这里参加抗风抢险时，见大娘家里没有蚊帐，就把彭乡长给他买的蚊帐送给了大娘。他看到大娘家孩子多，生活挺紧巴，就在每次吃饭时，把自己的饭给大娘家的孩子匀一点。大娘絮絮叨叨地说着雷锋的好处。雷锋红着脸说，应该感谢共产党，是党教导我这么做的。张书记听后很高兴，但还是谦虚地对大娘说，我们做得还不够。可朝着小雷锋却忍不住夸奖了一句，你做得对，我们就该这样完全彻底为人民服务。

雷锋和他所属的那个时代虽然已经离我们远去了，但雷锋助人为乐的精神在今天仍然有着鲜活的生命力。

助人为乐，是一种做人的境界和品德。当一个人身处困境时，大家尽心帮忙、乐于相助，把别人困难当作自己的困难，给予热情和真诚的帮助与关怀。敢于挺身而出，解救危难，这就是助人为乐。

在现实社会中，每个人都在一定的人际交往中生活，每个社会成员都不能孤立地生存。而在生活中人人都会遇到一些困难，都需要别人的关心和爱护，更需要别人的支持和帮助。如果在社会生活中，每个人都能主动关心帮助别人，从自己做起，从小事做起，从现在做起，使助人为乐在社会上蔚然成风，那么你就能随时随地得到别人的帮助，感受到社会的温暖。

此外，助人为乐的行为，对助人者的身心健康，也是十分有益的。尤其是那些不求回报的主人，助人者在做好事后往往会感到一种道义上的满足感。他们帮助别人的同时，休养了自身；奉献了物质的同时，自己得到了精神上的满足和激励，体会到了人生的意义和价值。

这种精神上的轻松、欢愉和幸福感，对助人者的健康是非常有好处的。要使自己生活过得充实、有意义、有价值，就要多为他人着想。这样你会感到胸怀宽阔，精神舒畅。

英国苏塞克斯大学心理学家戴维·刘易斯博士在该校思维实验室进行了这项研究，连续 9 天测量了做好事的男女志愿者的压力水平和其他方面的情绪变化。刘易斯说："善解人意可以降低压力水平。"刘易斯还详细记录了压力对志愿者身体的影响：它可以抑制免疫系统，导致血压升高，增加心脏病和中风发病概率，还是造成不孕不育的援引之一。刘易斯表示："所以，为了改善健康，我们所有人应该从今天开始帮助别人。"

这项研究同时发现，助人为乐还产生积极的连锁反应，受益者自己也变得更愿意帮助别人。之前在美国哈佛大学进行的一项研究表明，帮助别人，其实也是在帮助自己，不仅能使我们在心理上越来越坚强，而且体魄更强健。

上海交通大学有一位老教授，为人正直，与人为善，不管在哪里，总是乐于助人。有人说他"傻"，他却深有体会地说："我助人为乐，坦然无忧，有益身心，很少生病，何乐而不为?"他还写过一篇名为"坦然为人，功劳健身"的文章发表在《新民晚报》上，其中有这样一段话："人可负我，我不负人，这是我的处世哲学。这样，当遇到不顺心的事，我仍睡得着觉，吃得下饭，始终保持生活安宁坦然。这就是我的健身之道，也是我的为人之道。"这位老教授的思想和行为，充分说明了"助人"对利他利己的巨大作用。

总之，社会在向前发展，"助人为乐"的精神更应该要在不断发扬光大，时代呼唤"助人为乐"，社会发展进步更需要"助人为乐"。

助人为乐并不是人品好的人的专利。富翁也是人，穷人也是人，普通人也是人，助人为乐没有性别、年龄、贫富之分，我们不能用异样的眼光去区分他们。一个社会和谐的重要表现是同生活中一片蓝天下的人都能够相互帮助、相互尊重，让做好事的人没有任何的后顾之忧，我们的社会才能变得更加和谐和美好。

帮助别人要真诚

爱默生说："人生最美丽的补偿之一，就是人们真诚地帮助别人之后，同时也帮助了自己。"我们在帮助别人的时候，也就是在帮助我们自己。

有这样一个关于禅的故事。在没有出家前，还是少年的戒痴和尚俗家名字叫静林。有一次，少年静林到河边去钓鱼，遇到了一位捕蟹的老人。老人身上背着一个大蟹篓，但并没有上盖。静林出于好心，提醒老人说：“大伯，你的蟹篓忘了盖上盖子了。”老人慈祥地看了静林一眼，说：“小伙子，谢谢你的好意，但是我想告诉你，蟹篓是可以不盖的，因为要是有蟹爬出来，别的蟹就会把它钳住，结果谁也跑不了。”静林忽然顿悟：人生不正是和蟹一样吗，只有互相帮助，彼此才能更好地生存下去。

的确，人生不可能一帆风顺，每个人都会需要帮助。孩子需要父母的帮助，爱人需要伴侣的人帮助，同事需要同事的帮助，陌生人需要全社会的帮助。这个社会是一个充满爱的社会，冷淡不为社会所容。

真诚地去帮助别人，你就会成为一个快乐的人。人人需要帮助，人人需要关怀，当你真诚地帮助了别人，那么快乐也随之给了你，你会与他同乐，你会感到自身的价值，你就会感到你对别人来说是一个很有用的人，别人也会对你心存感激之情，甚至终身不忘你的无私帮助。

真诚地帮助别人，你就会成为一个品行高尚的人、心胸宽广的人。这个社会需要帮助、需要关怀的人太多了。他们可能残疾，还生活在衣不蔽体，食不果腹中；他们身患疾病，无钱医治而走投无路；他们刚刚下岗，正得徘徊在生活的十字路口，他们多么希望有人帮他们一把！这时你出现了，你真诚地帮助了，也许你还不经意你的帮助有多么大的力量，但对他们来说，已经感激不尽了。也许从此，他们的生活就来了一个大的转机，也许因为你的帮助，他们度过了人生最困难的时期。也许你以前心胸并不太宽广，也许你以前还时时牢骚满腹，但看到你帮助的人已快乐地面对生活，当被你帮助的人最真挚地向你表示感激时，你的心灵就受到颤动。你会发现，原来别人还这么需要我，我对别人还这么重要。于是，你会开朗起来，继续行善。当你与周围的人发生摩擦时，你就会觉得没有那个必要大动肝火，你会宽容地对待。

真诚地去帮助别人，你就会成为有自信心的人，当你帮助也别人，当你看到被你帮助的人渡过难关，甚至获得成功时，你会感到前所未有的自豪。人的价值得以体现，原来我是一个很有用的人，我不仅能帮助别人，而且我有勇气，有毅力战胜前进中的困难，我能完成我的事业，成为一个社会有用之才。

真诚地去帮助别人，你就会成为一个充实的人，人际关系特好的人。当你真诚地去帮助别人时，别人就会心存感激，别人也愿来帮助你，给你出主意，献良策，这不仅会使你充实，不感到孤独，更重要的，会改善你的人际关系，会使你拥有越来越多的朋友，最真诚的朋友，这是你事业上不可少的力量。也许你单枪匹马难成就的伟业，但人多力量大，在朋友们的帮助下，你会顺利地获得成功。

对于一个身陷绝境的穷人来说，一块铜板的帮助，可能会使他免于极度的饥饿，或许就能干一番事业，开创自己富有的天下。

对于一个迷途难返的浪子来说，一次促膝交心的帮助，可能会使他重建做人的尊严和自信，或许在悬崖勒马之后，闯出自己美好的天地。

没有比帮助这一善举更能体现你宽广的胸怀和慷慨的气度了。不要小看对失意者随口说的一句温馨的话语，对将倒者从旁轻轻伸出的扶助的双手，对无望者寄予的一个真挚的信任。也许自己什么都没失去，而对一个需要帮助的人来说，就是醒悟、支持和宽慰。

真诚地帮助别人，不但能使别人得到了帮助，而且自己也能获益良多。生活中的那些劳模、英雄，一般没有什么惊天动的事迹。他们只是做了很多极普通极普通，别人没去做而自己却做了的事情，他们真诚地帮助了一个又一个人。但社会并没有忘记他们，被他们帮助的人更没有忘记他们。他们得到了社会的认同和荣誉，他们无愧于这个时代最伟大的人，他们就是成功者。

总之，真诚地去帮助别人，我们这个社会就会越来越友爱，越来越和谐；真诚地去帮助别人，我们这个社会就会变得越来越美好；真诚地去帮助别人，你做人的修养和品质会得到别人由衷的肯定和赞扬，你自己也会成为一个伟大的成功者。

生活中，我们并不是经常会遇到可以帮助别人的机会，因为人们大多都可以将自己照顾得很好，或者大家都很压抑，不喜欢接受别人的帮助，所以帮助别人更应该是出于自然的心态，而不需要随时地提醒自己。如果这样的思考和作为能够影响身边的人，推而广之，那当然是最好不过的事了，如此，一旦有人需要帮助时，我们将会发现在一旁看热闹的人少了，不假思索伸出援手的人多了，那时你会发现，大家的素质和人品都是这么给力。

见义勇为是一种可贵的品质

孔子说："见义不为，无勇也。"即见到应该挺身而出的事情，却没有去做，就是怯懦没有勇气。

行侠仗义、打抱不平是古今中外人们视为最有正义感的表现。它是人们推崇的一种英雄气概，是一种高尚的情操和优良的品德，体现了人们崇尚正义、追求公平的美好愿望。中国自古就倡导"路见不平，拔刀相助"的侠义行为。

以下是《水浒传》中"鲁提辖拳打镇关西"的故事。

北宋年间，好汉九纹龙史进来到渭州，结识了经略府的鲁达鲁提辖，两人意气相投，一起去喝酒。路上，遇见好汉打虎将李忠，于是三个人一起去喝酒。

到了酒馆，刚喝了没几杯，就听隔壁传来一阵阵啼哭。听了一会儿，鲁达心里烦躁，把手里的酒碗往地下一摔，酒保赶紧过来赔罪。鲁达说："那是谁在隔壁打扰我喝酒，你把他们给我叫过来。"

片刻，酒保带进一个白头老翁，还有一个十八九岁的女子，刚才就是他们在隔壁哭泣。鲁达让他们别哭了，有什么委屈说出来听听，那女子这才把事情一五一十说了出来。

原来，父女二人姓金，女儿名叫金翠莲，是郑州人。和父母来到渭州投亲靠友，没想到亲戚家搬到南京。母亲在此地病死了，父女二人回不去家，只好在酒楼卖唱。

有个"镇关西"郑大官人，看到金翠莲有些姿色，就强行找媒人做媒，纳她为妾，还写了三千贯彩礼钱的文书。可这三千贯钱，一文都没有给。

金翠莲嫁到郑大官人家不满两个月，就被他老婆赶了出来，还追着讨要彩礼钱。老父亲当初连一文钱也没得到，如今哪里来钱还他。不得已，父女二人只好在酒楼卖唱，每天的收入被他们家人拿走大半，这几天酒客稀少，赚不到钱，父女两人想到又要受他家人打骂，又伤心又害怕，这才哭了起来。

鲁达说："不就是那个卖肉的泼皮，还好意思称'镇关西'，你们等着，我去打死他就来。"说完拔脚就要出门。

史进和李忠赶忙拦住，劝了半天才又坐下。鲁达从身上掏出所有的银子，又让史进和李忠凑了些，凑足十五两银子，给了金翠莲父女，让他们第二天一早回东京去。

送走了金翠莲父女，鲁达越想越生气，快步来到状元桥。

到了郑屠户的肉铺前，郑屠户正坐在里面喝茶。看到鲁达来了，郑屠户赶忙起身，笑脸相迎，招呼伙计搬了个凳子给鲁达坐。

鲁达不动声色坐下说道："奉小种经略相公之命，来买点肉，要十斤精肉，半点肥肉也不要有，细细剁成肉酱。"

郑屠户说："那好办，提辖稍坐，我让伙计们立刻去办。"

鲁达说："不，你亲自来剁。"

郑屠户选了十斤上好精肉，一点肥的也没有，细细地剁成肉酱。直忙活了半个时辰，这才弄好，包在荷叶里，让伙计给经略府送去。

鲁达说："先别送，再要十斤肥的，半点精肉也不要有，细细剁成肉酱。"

郑屠户说："瘦肉馅可以包馄饨用，肥肉馅用来干什么呀？"

鲁达说"相公吩咐，谁敢问他，让你剁你就剁好了，问那么多干什么？"

郑屠户没办法，又细细剁了十斤肥肉馅包好，这一趟又是半个时辰，搞得身上大汗淋漓。鲁达又说："还要十斤寸金软骨，半点肉也不要，细细剁碎。"

郑屠户笑着说："提辖不会是来捉弄在下的吧。"鲁达拿起剁好的两包肉馅说道："洒家就是来捉弄你的。"说着，把肉馅往郑屠户脸上一扔，就好像下了一阵"肉雨"。

郑屠户心头火起，操了一把尖刀，恶狠狠扑过来。鲁达一把擒住他手腕，一脚踢在小肚子上，郑屠户扑通一下倒在地上。鲁达用脚踩住郑屠户胸膛，骂道："你这狗一样的人，也敢叫镇关西，你是怎么骗了金翠莲的。"说着，一拳打在郑屠户鼻子上，就好像开了个油盐铺，酸甜苦辣都冒出来了。

郑屠户手里的刀也扔到一边，嘴里大叫："打得好。"

鲁达说："还敢应声，没打够你。"照准眼上又是一拳，这次好像开了个染坊，红的黑的紫的都冒了出来。

这回郑屠户开始求饶了，鲁达说："你不求饶，硬到底洒家就不打你了，求饶还打。"又是一拳打在太阳穴上，这次就像开了个乐器铺，锣鼓铙钹一齐响。

郑屠户挺在地上，一下子不动弹了，鲁达说："你这家伙装死，洒家还打。"正提拳要打，看见郑屠户脸色渐渐变了，果然被打死了。

鲁达寻思："这小子不禁打，看来要吃官司了，还没人给送饭，不如趁早撤退。"心里想着，鲁达站起身来，大步离开，一边走，一边回头喊道："你这小子装死，回头再找你算账。"鲁达回到家里，收拾了些衣服，拿了一条齐眉棍，出了南门，一溜烟走了。

外面官兵搜捕，鲁达无处可去，只好跑到五台山出家避难，起法名鲁智深。但他生性豪爽，喜好饮酒吃肉，耐不住清规戒律，没几天就因喝酒闯下大祸。寺院主持给东京大相国寺住持写了一封信，让鲁智深去那里修行。

现实生活中，有正义感不仅仅体现在像《水浒传》中的鲁智深一样行侠仗义、打抱不平、敢和坏人坏事做斗争方面，更多的是体现在人的一言一行中，体现在社会生活的方方面面和大大小小事情上。遵纪守法、尊老爱幼、文明礼貌、救死扶伤、扶贫济困、抢险救灾等行为都是有正义感的表现。当我们遇到这种情况时，应该挺身而出，做一个见义勇为的，有正义感的人。

匡扶正义、见义勇为本是中华民族传统美德，多少年来，是激励人们与邪恶做斗争的精神支柱。当今，见义勇为是时代精神的具体体现，是构建社会主义和谐社会的重要内容。正义不是自然而然地降临到我们的生活中的，它需要每一个社会成员竭力维护。社会是一个联合体，只有相互搀扶，相互为善，才能共创一个和谐美好的生活环境。

培养一颗爱人之心

孟子说："爱人者，人恒爱之；敬人者，人恒敬之。"这句话的意思是，一个人只有真诚地关爱别人，才能得到别人永恒的爱；一个人只有真诚地尊敬别人，才能得到别人永恒的尊敬。相反，如果一个人不爱别人，那么也不会得到别人的爱；如果一个人不尊敬别人，那么也不会得到别人的尊敬。爱与敬是双向的，没有播种就不会有收获。

孟子的这句话启迪我们，做人要有仁爱之心，正像一首歌词所唱的那样："只要人人都献出一点爱，这世界将变成美好的人间。"清代著名的晋商乔致庸之所以能成为一个成功的商人，一个重要原因就是他有一颗仁爱之心。

乔致庸以天下之利为利，开票号实现汇通天下的目标，不是为了自己发大财，而是为了方便天下商人。开拓武夷山茶路不仅是为了自己发财，更多的是考虑如何解除广大茶农的生活之困。当有人出高价收购他经营的茶市时，他毅然撤出，这是一般的商人很难做到的。大灾之年，他开粥棚救济十万灾民，家人与灾民同锅喝粥，为了支撑粥棚几乎倾家荡产。

在乔家门前，常年拴着三头牛，谁家要用，只需招呼一声，便可牵去用一天；每年春节前夕，乔家大门洞开，乔致庸会拉出一扇板车，满载米、面、肉，谁家想要，只要站在门口招招手，便可随意取去。乔致庸就是凭着一颗仁爱之心，凝聚了一大批铁杆伙计，他虽然多次历经灾难，几乎家破人亡，但这些伙计却全力以赴、鼎力相救，一次次使他转危为安、化险为夷，没有伙计在危难时刻离他而去。这全是仁爱之心使然。

我们再来看看电视剧《乔家大院》里的祁县何家，因经营烟馆生意，赚了不少钱，但做的是缺德事，害的是老百姓，因此不得好报。何家少爷也因长期抽鸦片毁坏了身体，疾病缠身，不能过正常人的生活，花了大笔银子娶回江雪英不久便一命呜呼，撒手人寰，万贯家财尽落他人之手，得到了应有的报应。

人生处世，大概没有人希望给别人留下不好的印象。很多人都想让自己崇高起来，好像在汪国真的诗里读到过这样的话：“人，不一定可以使自己伟大，但一定可以使自己崇高。”

2006 年 4 月 20 日，资助贵州、湖南、四川等贫困山区 178 名贫困儿童、累计捐款 300 万元的爱心大使丛飞因病医治无效，在深圳市人民医院去世，年仅 37 岁。丛飞生前立下遗嘱，捐献出自己的眼角膜，将给 4 名患者带来光明，以他最后的爱心馈赠社会，使仁爱之心长留人间。

纪念丛飞的网站、丛飞纪念馆相继建立，网上追悼会召开，民政部部长李学举向深圳民政局发去唁电，哀悼丛飞。丛飞的爱心感动了中国。

1994 年 8 月，丛飞应邀参加重庆举行的一次失学儿童重返校园义演，从此开始了长达 11 年的捐款助学活动，并先后被授予“中国百名优秀青年志愿者”“深圳市爱心市民”“深圳市爱心大使”等称号。

一次，丛飞在一个贫困山区演出，观众席上坐的是几百名因家贫而辍学的孩子，丛飞当时就毫不犹豫地把身上所有的 2400 元钱都放进了捐款箱。主持人告诉丛飞：“你捐出的这笔钱，可以使 20 个孩子完成两年的学业！”

丛飞当时觉得这是很有价值的事情。从此以后，他就开始不断地资助贫困山区的失学儿童，先后 20 多次赴贵州、湖南、四川等贫困山区举行慈善义演，为当地失学儿童筹集学费。

丛飞说：“在山区时，我被他们的贫寒所震撼，看到他们穿不上衣，吃不上饭，我心里就难受，而当我听到这些孩子有书可读时我就高兴。”丛飞还说，他最大的愿望是让孩子有书读，让社会少几个文盲，少几个法盲。正因为他爱上了这些质朴、憨厚、勤劳的山民，他的捐献才像雪球一样越来越大。

在一些城市的商业演出中，丛飞已经小有名气，每场演出的出场费达到一两万元，多的时候一个月收入可达十几万元，资助孩子们的学费，对当时身体健康的丛飞来说，完全可以承担。但 2003 年“非典”之后，丛飞的演出机会锐减，收入也越来越少，给孩子交学费时资金也紧张起来。当时，为了及时给 100 多个孩子交学费，丛飞从亲朋好友那里先后借了 10 万元，在开学前如期给孩子们送去。

从 2004 年春天开始，丛飞的胃部经常剧烈地疼痛，还时常吐血、便血，当时家人和朋友们都劝他住院治疗。可丛飞拒绝了，只在门诊处开了些口服药维持。2004年7月，丛飞如约来到贵州，给孩子们送去了下学期的学费。不过这笔学费中，有很大一部分是他再次从朋友们手中借来的。当时，丛飞已经背负上了17万元的债务。

丛飞的家在深圳罗湖区翠竹路东的新港鸿花园，一套五六十平方米的房子。房间内有半面墙的书柜摆满了奖状与照片，CD架上摆放着一些古典音乐与民族歌曲。

丛飞的妻子邢丹初期对丛飞的做法有时难免也不理解，会发些牢骚。2004年夏，丛飞带着她去贵州黔南贫困山区为他资助的孩子们送衣物和学费。深受感动的邢丹说："那些孩子家里的贫困程度让我震惊，他们一年四季吃不起肉，玉米面还要掺上秸秆吃。许多人家五六口人冬天只有一床棉被。当看到那些可爱的孩子搂着丛飞的脖子一个劲地喊着爸爸，孩子的家长拉着丛飞的手默默流泪，那一刻，我真正理解了丛飞的付出。"

此后，邢丹辞去了空姐的工作，照顾着年幼的女儿，当起了全职的家庭主妇。

在生命的晚期，丛飞仍然惦记着他资助的100多个孩子，他们有很多还是小学生，如果不能继续读书，等待他们的将是无望的未来。他希望前来看望他的朋友"一定要多想想办法，让他们继续读书啊……"

这就是生活在我们这个时代的丛飞，他用他博大的爱心，给了无数孩子一个饱含希望的未来。他的行为感动着每一个中国人。

有爱心是做人的起码要求。爱心是良心和品德的基础，有爱心才会有良心，爱心的多寡，决定良心的好坏。有爱心的人做事情，不仅考虑个人利益，而且会充分考虑他人利益和社会公共利益，并将个人利益与他人利益、社会公共利益进行合理的平衡，能够合情合理解决处理问题，其结果，人际关系好，朋友多，社会关系和谐。

善良与成功同行

法国作家雨果说得好："善良是历史中稀有的珍珠，善良的人几乎优于伟大的人。"善良的人，即使穿着褴褛的衣裳，也会让人感受到他们的美丽；即使弱小和纤细，也会让人感到无比高大。

古人常讲"求善而得善，宁愿填沟壑"，意为能够拥有一颗善心，宁可赴汤蹈火也万死不辞。甚至可以说，善良是这个世界最感人的力量，它可以驱散我们内心的黑暗，使我们充满力量与勇气；可以使我们赢得尊重、赢得支持，帮助我们一步步走向成功。

有三个陌生的老人行走累了，便坐在一户人家的门口休息。女主人见了，赶紧上前同他们打招呼："外面很冷，快进屋吃些东西，暖和一下吧！"

"男主人不在家吗？"老人们问道。

"他出去了，不碍事，你们先进来吧！"女人说道。

"男主人不在，我们进去不方便，还是等他回来吧！"三位老人说。不一会儿，丈夫就回到了家里，女人把这件事告诉了他。丈夫说："快去告诉他们，我回来了，请他们进来！"

女人再次出去请三位老人进屋，可他们依然不肯进来。

一位老人说："我们三个人不能一块进屋。"女人好奇地问道："为什么呢？"那位老人指着另外两个同伴说："我代表财富，他代表着成功。"然后又指着另一个老人说，"他代表着爱。我们中只能有 个到你们家去，你和家人商量下，需要哪一个。"

无奈之下，女人只好又回屋请示丈夫，丈夫听后十分高兴，连忙说："我们家又不富裕，当然要请财富老人进来啊。"妻子则说："你现在事业不顺，为什么不请成功老人进来呢？"这时，在一边沉默的儿子插话道："为什么不请代表着爱的老人进来呢？那样我们的家就会充满爱。"丈夫想了想，便对妻子说："那就听儿子的吧。"

可是，当女人出门把代表着爱的老人请进来的时候，她发现，另外两个老人也跟着进来了，便惊喜地问道："你们怎么也跟着进来了？"

老人们笑着回道："有爱的地方，就有财富和成功！"

爱是善良的最大体现，而善良是一种美德，美德是一种力量，这种力量决定了哪里有善良和爱，哪里就有成功和财富。美国作家马克·吐温称，善良的人不管走到哪里都会受到欢迎，它可以使盲人"看到"，使聋哑人"听到"。心存善良之人，他们的心是滚烫的，情是火热的，可以驱赶寒冷、横扫阴霾。善意产生善行，同善良的人接触，往往能使你的智慧得到开启，情操变得高尚，灵魂变得纯洁，胸怀变得宽阔。与善良之人相处，不必设防，而应心底坦然。

由此可见，善良的人会得到别人真诚的对待，而且他们的善行必会衍生出另一个善行，善行终将会招来善报，这是这个世上最强劲的连锁反应之一。

你要想在这个世界不断地获得成功，不能缺少善良。一个人可以没有让别人惊羡的姿态，也可以忍受穷困潦倒的日子，但离开了善良，就注定人生之船搁浅。

一个人的善心到底该如何体现？在什么时候最能够体现呢？答案是：在生活中的细节里。发现这个人是否有善心，只要看他如何生活就知道了。现在很多人认为要想成功就必须不择手段，其实这种看法是极其错误的。因为失去了善良，你或许会得到一些物质上的帮助，但你永远不会成为一个真正的成功者。更重要的是，善心是人的本性，一旦失去或者扭曲，那么人自然就会改变。

一位美术大师要选一个年轻人做他丹青事业的关门弟子。前来参试的人很多，经过几轮严格的淘汰赛后，只剩下两个年轻的画家：一个刚从美院毕业，他的作品已经多次参加各种画展，并且获得不少奖项，实力确实不俗；另一个年轻人来自偏远的农村，他从小就酷爱美术，画出了不少的上乘之作，他自学成才，备受画坛同行的称道。

大师说："你们两个都是很不错的画家，各有千秋、难分伯仲。看来我只好再测试一下你们各自的美术天赋了。"大师出的题目是让他们俩分别为对方画一张白描画像。

两人听了，立刻支好画板，迅速观察对方画起来。

农村来的这个年轻画家觉得画人一定要把对方最美的地方画出来，所以，他画的时候就不停地观察着对方美的地方。而从美院刚毕业的这位年轻画家就不同了，他想，对方是我的竞争对手，把他画得太美，无疑将对自己不利，不如把他画得丑陋一些，这样对于向来喜欢洁净、纯美的大师来说，自己也就多了一分胜算。于是，他画的时候刻意地把对方的皮肤渲染得粗糙，着意渲染对方脸上那个不太明显的痦子。

他们画好之后，美术大师仔细端详着两个人画好的画。其实，单纯从画的质量上来看，这两幅画都是难得的上乘之作，但从画画的天赋来说，美术大师选了那个来自农村的画家。

那个从美院毕业的年轻画家很不解，问大师为什么这么快就作出选择，大师叹了一口气，说："从事美术创作需要一种天赋，那就是从平凡中发现美、渲染美，不管是你的敌人还是你的竞争对手，你都要尽量地把他最美的地方表达出来，不能因为其他的因素而掩盖对方的美。画出你对手的美、画出你敌人的美，这才是一个杰出的画家所必需的天赋和胸怀，这样的画家才有前途，才具有成为画坛大师的天赋。心灵的善良往往是一个人获取人生成功的最大天赋。"

年轻人听了这番话，然后又看了看那个农村画家的画，一下子便明白了，惭愧地背起自己的画板，低着头走了。

生活中，每一天都有新的难题，面对这些难题的时候，心中一定要带有善念。有善念才会有一个好心态来面对，才能不断地解决问题。就如上面故事中那个美学大师说的那样："心灵的善良往往是一个人获取人生成功的最大天赋。"

是的，不管是你的对手还是朋友，也不管他对你有什么潜在的敌意，只要你拥有一颗善良的心，即使对方再平凡，你也能发现他的美，那么你就可以不断地从别人的美丽之处学到对自己有用的东西，让你变得更加优秀，观察那些成功者之后不难发现，这些人都具有善良的这种质量。甚至可以说，一个人一旦有了善良的这种质量，那么他就拥有了一种使生命博大的气度，拥有了一种成为伟人的天赋，接着成功也会随之而来。

播种善良，才能收获希望

一个心地善良的人不管走到哪里总会受到别人的欢迎，即使他们不小心说了一些伤人的话，但由于他们的善良，朋友们也不会放在心上，因为朋友们知道，一个善良的人是不会故意中伤他人的。

相反，一个不善良的人，一旦与别人发生冲突，很可能会发生一场“战争”。因为不善良的人在人们的想法里，总觉得他不怀好意。由此可见，善良的人的气场是多么庞大，在这种气场的作用下，即使当你的人生处于四面楚歌的时候，或许别人也会因为你的善良给你带来一份希望。下面这个故事就是最好的证明。

秦晋两国开战，晋军击败了秦军，并且秦缪公被晋国的军队包围了。就在这个危急关头，忽然从晋军的后方来了一群人，疯子一样地对晋军展开了攻击，这群人很快就让秦军有了一个突破口。当秦缪公回到自己的阵地，在惊魂未定之时仔细打量救他出来的恩人，终于失声说道：“原来是你们！”

原来，有一次秦缪公外出，发现自己的好马丢了，急忙派人去找，后来找的人回来说，那匹马已经被一群野人杀掉吃了。听到这个消息后，秦缪公的手下非常气愤，以为秦缪公会责罚他们，可是秦缪公却说：“算了，他们也不容易，我们走吧。”忽然间他又想起了什么，回头说，“我听说吃马肉不喝酒容易生病，把咱们带的酒也一并送给他们好了。”

事情已经过去好久了，秦缪公早都将这么一件小事忘到九霄云外了，没想到在自己最需要帮助的时候，是这些人救了自己的性命。

秦缪公用一匹马换来了自己的性命，这正是他播种善心的结果。对于别人的伤害，不要总是计较，对于遇到那些身处困境的人，一定要伸出援手。有些事在你看来也许只是一个小小的举动，对他人来讲却可能非常受益。再回到上面的这个故事中来，秦缪公只是丢失了一匹马，这对他来说并不算什么，但对于野人来说，自己吃了秦穆公的马，秦穆公不但没有怪罪，反而赐酒，当然值得以死来报答。

播种善心也是人际交往中的一种蝴蝶效应：一件表面看来毫无关联、非常细小的事情有可能带来巨大的改变。对一个人做一件很小的好事，尽管当时你没有存有回报的想法，但是受到你帮助的人毕竟会记在心里，他会替你去宣传，也许他周围的亲友和亲友的亲友都会知道这件事，不断累积起来就会很大。或许有一天，你正好有事情需要请他们当中的某一个帮忙，有念及此，别人也会欣然伸出援助之手。

古时候，有一位将军宴请宾客，当宾坐满堂时，将军让用人给宾客切牛肉。当用人将堆成山的牛肉均匀地放在宾客们的碗里时，将军又下令让用人们给自己切一盘牛肉。

在座的宾客都笑话将军，将军说："牛肉平时很少能吃到，这次大家能吃到牛肉，我的家丁们都付出了很多辛勤，这些肉是他们应得的。"

用人们都很受感动，后来两国交战，将军被派往战场，家丁们都跟随将军出战，在一次将军被困于死角时，将军的队伍被打散，将军身边仅有几十名保护他的士兵，士兵们拼死突围，最后将军带领五名战士拼死杀出重重大军，与被打散的队伍会合，重新休整。

休整后，将军变换了路线，趁着夜雾，火攻敌军大营，致使敌军死伤惨重。论功行赏时，当将军问及保护他拼死杀出重围的五名士兵需要什么时，五名士兵异口同声地说："只需要再尝一次将军当年赠予的牛肉。"

将军听后感慨颇多。

一个人只要有了善心，并且甘愿从一点一滴的小事做起，就能带给人以良好的精神状态和极佳的人脉，这对于扩展他的事业是大有帮助的。因此，对世间人而言，起一个善念、说一句好话、一个善意的响应乃至露出一个微笑都可以让我们的内心越来越光明，也可以拉近我们与别人的关系，提高业绩、促进社会的和谐，甚至可以消弭种种人为的灾难。

很多时候，善意就在一念间，而善心所结下的果，芬芳馥郁，香泽万里。谁说前人栽树只为后人乘凉？你播下一颗种子，总能在秋天的阳光里品尝到果实的甜美滋味。也就是说，你总会因为善良而得到一些美好的东西，这些东西很可能会在你最需要的时候得到。

多做善事，施恩不必念回报

有人说，世界上最打动人心的不是才华，也不是财富，而是一个人的品质。而决定一个人品质的不是别的，就是你的善良。善良不仅是人的本性，更是一种资本，它会如神灵般庇佑我们的一生，助我们收获成功，让我们拥抱幸福。

我们常说："好人终有好报。"相信每个在做善事的人都是真诚的，并没有想过要得到什么回报。当你真诚地帮助了别人，给予了别人心灵的温暖，你从别人那里获得的是双倍的关心和温暖。善良是种伟大的力量，你的每一个善意的举动都会使你的身上发出耀眼的光彩，由此感动身边的每一个人。

一天，一个叫作凯利的小男孩为了攒够学费，正挨家挨户地推销商品，劳累了一整天的他却没有卖掉任何产品，此时的他感到无比饥饿，但摸遍全身却只找到一角钱。怎么办呢？他决定向下一户人家讨口饭吃。

他站在一户人家的门口，正准备着一会儿该如何开口的时候，一位美丽的女孩打开了房门，因为这位女孩刚才通过窗户看到了他一直在她家门口徘徊，于是她肯定这个小男孩一定有事求助自己。面对眼前的女孩，他有点儿不知所措，他没有要饭，只乞求给他一口水喝。女孩看到他很饥饿的样子，就拿了一大杯牛奶给他。

男孩慢慢地喝完牛奶，问道："我应该付多少钱?"女孩回答道："不用付钱，妈妈教导我们，施以爱心，不图回报。"

男孩说："那么，就请接受我由衷的感谢吧!"说完，男孩就离开了这户人家。此时，他感觉全身充满了力量，他决定不管以后的路多么艰辛，都要坚强地走下去。

数年之后，那位女孩得了一场大病，当地的医生对此束手无策。她被转到大城市医治，当年的那个小男孩已经是一名非常优秀的医生了，他也参与了医治方案的制订。当看到病历上所写的病人的来历时，他马上起身直奔病房。来到病房，他一眼就认出这个躺在床上的病人就是那位曾帮助过他的恩人。他回到自己的办公室，决心一定要把自己的恩人给治好。

从那天起，他就特别关照这个病人。经过艰辛努力，手术成功了，他要求把医药费通知单送到他那里，在通知单的旁边签了字。

当这位特殊的病人接到医药费通知单的时候，她不敢看，因为她肯定，治病的费用将会花掉她全部的家当。最后，她还是鼓起勇气翻开了医药费通知单，她看到通知单签名的地方写着："医药费——一满杯牛奶，霍华德·凯利医生。"

真正的善事是不求回报的，人的爱心也是不能交易的，否则就失去了爱的本意。人一旦计较这些，内心也就失去了原来的安宁。在我们的生活中，很多善良的人都是以匿名的方式来投入时间、精力或金钱去行善，他们并不期望因此而获得感谢或赞扬，他们是这个世间的施爱者，因为他们的善良，这个世界充满了爱意、温情和感动。

王建是武汉一家大公司的老总，自 2000 年开始，王建的名字每年都会出现在当地的财富榜和慈善榜上面。从 1998 年开始，王建每年将自己年盈利额的 20％捐给贫困地区，并且每年都会抽出两个月的时间去贫困地区扶贫，办技术培训班。

王建是一个对自己很苛刻的人，他从来不穿名牌衣服，理发也是去很便宜的理发店，外出谈业务时，只要路段和时间允许，他一定会骑自行车……王建每个月的生活费用不会超过 2000 元。

王建对自己如此的苛刻，但做起善事来却异常慷慨大方。他每年都会拿出几百万去做善事，并且成立了数个慈善机构。每当别人问起王建这些年做慈善的感受时，王建说："这是一件比财富的光环更耀眼夺目的工程，这更是让我心灵触动的工程。"

其实，每个人活着，一贫如洗也好，富可敌国也罢，其生命中最精彩、最能打动人的部分是他们为人处世中表现出的种种美德。所以，一个人要想得到别人发自内心的尊重和崇拜，并不是看他有多少钱、有多大的权力，而是他的人品。当你拥有了优良的人品，你就拥有了能吸引别人的能力，如此，别人自然也会尽力地帮助你，助你取得成功。可以说，你的人品就是让你登上事业高峰的一股强大力量。

永存仁爱之心，让心中充满阳光

爱是人生中最值得珍藏的东西。爱就像空气、阳光和水一样，每个人都渴望拥有它，没有它，人就无法生存。

外国有一句名言：爱是万能的，拥有了它，人生就会变得富有和幸福，人生也会步人成功的巅峰。帮助别人就是善待自己，每一个胸怀善良的人是一定会得到回报的。心存善良之人，不仅在其行动上，就是他们的言语中也充满了爱。

那是一个下着大雪的早晨，马克·吐温走在空旷的大街上。街上的行人很少，马克·吐温看到一位乞丐走了过来，把脏兮兮的、冻得发红的手伸向自己："先生，行行好吧。"

马克·吐温找遍了全身也没找到一分钱，于是他困窘地握住乞丐的红手说："兄弟，真是对不起，我没带一分钱。"

此时，乞丐的眼角噙满了泪水，用手紧握着马克·吐温的手说："谢谢您，先生，你已经给了我最好的礼物。"

虽然马克·吐温没有施舍给乞丐一分钱，但他那颗仁爱之心却给予了乞丐心灵上的温暖，使乞丐在这个寒冷的冬天不再寒冷。可以看出，有时虽然我们不能对需要帮助的人提供一些实质性的东西，但我们的仁心却能给予别人鼓励和安慰。

爱是美好的，最伟大的爱是无私的。在你渴望得到别人爱的同时，也应该拥有一颗仁爱之心，学会为别人付出爱，爱把宽容、温暖和幸福带给亲人、朋友、家庭乃至全社会和全人类。当你享受到别人的爱的时候，你也要主动为别人付出你的爱，这样才能得到爱的满足，能感受到真正的快乐，这种满足和快乐不会随着时间的潮流而波动，反而会在时间的酝酿中越来越甜蜜，越来越醇厚。

在一个秋天的傍晚，张鹏与朋友分别后走进一家小书店，书店的主人是位老人，一副慈祥的面容，端坐在书店里，看着几个正在翻书的人。

张鹏知道，这些人只是随便翻翻而已，并不是真的要买，也许他们来这里的目的只有一个——蹭书看，这种情景他见得多了，但老人却丝毫没有责怪他们的意思，他只是用温和的眼光平视着他们，面含微笑。

张鹏挑了朋友推荐给他的一本书，付钱给了老人，上了一辆回家的公交车。回到家后，当他迫不及待地翻开那本书的时候，突然愣住了：里面夹着一张 50 元的钞票。

他暗自庆幸自己的好运气，再看书时，书里的内容却渐渐不入心了，他知道，老人卖书的利润极小，一本书卖出去往往只能赚几毛钱，这 50 元钱真不知道他要卖多少书才能赚回来。想到这些，他决定马上把钱给老人送回去，尽管从他家到老人的书店有十几里路程。

当张鹏匆匆赶到书店的时候，已经是晚上 10 点了，附近的小店都关门了，可老人家的书店却还没关门。老人看到张鹏的时候，便笑了起来："小伙子，我就知道你要回来的，所以迟迟还没关门。"

张鹏不敢相信地问道："老人家，你是在等我？"

"你的手机落在这里了，我想你发现后一定会马上回来。"说着，老人家从抽屉里拿出一部手机来。张鹏一摸裤兜，新买的手机果然不见了，再看老人手上，正是他的那部手机。

张鹏猛然想起来，原来他和朋友在餐馆喝完酒，逛了几个地方，就到了这里，光顾着买书了，没想到把手机忘在了这里，那可是他花了 1000 多元买的。

他感激地谢了老人，然后把那 50 块钱递了过去，向老人说明了一切。回家的路上，他忽然想到：如果我"贪污"了那 50 元钱，不回来还钱呢？那我的手机……后果不堪设想。

拥有一颗仁爱之心会带给你一份意想不到的收获，这份"收获"可能是一份工作或者一个升迁的机遇，也可能是你在困境的时候别人主动对你伸出的援手，等等，总之，它是一种靠智慧和能力无法获得的力量。

遇到有需要帮助的人就本能地伸出援助之手，这是发自内心的善举。我们都是平凡的人，彼此之间也许不能给予对方太大的恩惠。但人与人之间却可以通过生活的细节来传达关爱，比如给需要帮助的人一个帮助；在别人伤心的时候给予一个安慰；在别人失意的时候握紧别人的手，给予他们信任和鼓励……

“爱心”，即仁爱之心，是人类生存和社会发展最基本的精神力量，它能融化人的孤独感和分离感，能使人与人和睦温馨，它能打破人们心中的围墙，它是建立和谐人际关系的纽带。人间需要每个人都永存爱心，但这并不是一件容易的事。要做到永存爱心，需要从以下几个方面加强修养。

第一，要有自爱之心。自爱之心就是指人要懂得善待自己，一个连自己都不懂得善待的人是没有资格爱人的。人若没有自爱之心，生命便缺乏根基。正如鲁迅所说：“无论何国何人，大都承认‘爱己’是一件应当的事。这便是保存生命的要义，也就是继续生命的根基。”自爱包含着对自己做人的准则、人生意义、道德信仰、价值观念、人格荣辱等诸方面的理解、信奉和实行，它体现着一个人对真、善、美的珍视和追求。

第二，要有爱人之德。当我们懂得自爱后，还要懂得去爱别人。如果不能做到爱别人的话，那只能算是一种低层次的、狭隘的爱；一个人只有做到爱人如己，以爱己之心爱人，才算有了爱人之德。正如古人所云：“以爱己之心爱人则尽仁。”

第三，要有利人之行。在社会生活中，“爱语”会让人感觉到温暖和快乐，甚至有“回天之力”。但是，人们之间的关爱不能是语言的巨人，行动的矮子。所以，真正的关爱不仅体现在语言上，更体现在行动上。

第四，要守仁德之道。仁爱，并不是让我们去爱一切人，而是教导人们要“爱之以道”“爱之以德”。对于错误的东西、丑恶的现象和罪恶的人我们不能仁爱，否则就是把“爱”变成了“害”，这不仅失去了仁爱的价值，而且会走向事物的反面，结出“过爱不义”的恶果。

勿以善小而不为

罗曼·罗兰说过："善良不是一门科学，而是一种行为。"的确，善良不是一门学问，善良只是人们发自内心的表达，如果你没有一颗善良的心，你就无法散发出善良的魅力。

在我们的日常生活中，有很多看起来微不足道的小事情，但我们不能忽视这些小事，或许就是这些小小的善事，因为你做了而让你的人脉更丰富、让你的生命更美丽、让你的生活更充实；或许就是这些小小的善事，因为你未做而让你后悔很久、负疚很深；或许就是因为这些小小的善事改变了别人的一生，你也会曾为做过这小小的事而使自己的情感得到慰藉和升华。

一位公司老总在一次慈善活动中讲述了一个的故事。

那是一个春天，他从乡下到城里的一家鞋厂做学徒工。条件很艰苦，每天需要早晚加班，住的地方是一间光线阴暗、年久失修的老屋。因老屋位于临街的胡同，无处拴晾衣绳，致使被子潮了没法晒，衣服洗了也只能挂在弥漫着霉味的屋内风干。

这在他看来只是一件小事，没必要跟别人说起，自己忍忍就过去了。

一天晚上，几个同事一起聚会，他说起了晾晒衣被的种种不便来，没想到，第二天，有一位同事就领着他来到街对面的一个地方宽阔的院落，指着院子里拴着的一溜晾衣绳对他说："我以前也在这儿住过，这里的人都挺好的，你以后就把衣服被子拿到这里来晾晒吧。"

从此，他就把衣被拿到那里去晾晒。在日光下晒过的被子暖暖的，盖在身上很舒服，睡在暖和的被窝里，他感到一天的疲劳也消散得无影无踪。刚开始的时候，他害怕有什么闪失，所以晾、收衣被都很及时。日子久了，他发现这个院子的人都挺和善的，有好几回衣服忘记收，等想起来再去看时，衣服仍旧安然地挂在那儿。

一天中午，他又把被子抱过去晒，可是没想到过了两个小时就下了起了大雨来，而他需要工作，走不开，只好等下班后才能回去收被子。等他到了那个院子的时候，发现自己的被子被人移到了屋檐下，一点儿都没有被雨淋湿的痕迹。

他抱着依然充满阳光味儿的棉被往回走着，眼眶里溢满了热泪。就在那一刻，他暗暗下定决心：一定要干出一番事业来报答这个城市里那些善良而富有爱心的人们。

老总讲完故事，慢慢地说："一个人成功可以有许多理由，如果说我现在成功了，那么促使我成功的就是这个故事，是他们的这一温暖的举动给了我奋斗的信心和动力，我现在要用我微薄的捐献来感谢那些善良的人们。谈不上回报，只是因为有些温暖犹如火炬，需要不断地传递下去。"

其实，施者的爱心无所谓大小，只要你献出了，就能在受者的心里激荡起一股暖流，产生一种积极而长久的力量。三国时，蜀主刘备死前告诫他的儿子刘禅"勿以恶小而为之，勿以善小而不为"。这句话对于警醒人们立身处世十分重要。

人生在世，应该有个基本的生活态度，起码要自觉地做到为善不为恶。做好事可以有大小，而做好事的精神不可以懈怠，尤其对于不为人们注目甚至不为人们理解的小的好事，也要坚持不懈认真地去做。山不拒细壤，才能成其高；海不拒细流；才能成其大。坚持做小的好事才可以做大的好事。然而，有的人虽然想做大好事，却对小好事不重视，懒得去做。

《后汉书》中记载了这样一个故事。

有一个叫作陈蕃的人从小就有很大的志向，少年时独居一处，一天，他父亲的一个朋友薛勤来访，看见他的屋里不仅很乱，而且脏得不像话，问他为何不整理、不打扫，陈蕃振振有词地说："大丈夫处世当扫除天下，岂止扫一室呢?"

薛勤反问他："连一屋都不肯扫，你又怎样扫天下?"问得他张口结舌、无话可答。

是的，连一屋都不愿意整理和打扫的人，怎么能很好地"扫"天下呢?"小善"尚且不"为"，怎么能为"大善"呢？任何事情都不是一下子可以完成的，都需要一个从量变到质变的过程。古人曾说："合抱之木，起于毫末；

九层之台，起于垒土。”积少可以成多，积小可以变大。任何有成就的人都乐意“善小而为之”，并且自觉做到“不以善小而不为”。

生活中有这样一种人，他们看不起一些小事，总是奢望有朝一日“一鸣惊人”，做出一番惊天动地的大事业，转眼间便可一举成名扬天下，这只是幼稚者的幻想。常言道：“不积细流，无以成江海。”不难设想，那种平时“拔一毛而利天下”也不愿做的人，那种好高骛远、不做实事的人，那种不行“小善”、空想“大善”的人，是绝不会成为有出息的人的。

“所做平凡事，皆成巨丽珍。”这句董必武同志赞雷锋的话正阐述了“平凡”与“巨丽”的关系，也体现了以小积大、以小积多、以平凡铸成伟大的辩证思想。人皆可以为尧舜，只要“不以善小而不为”，就可以由小善而成大善，逐步把自己培养成真正有益于人民的人。而这样的人，一定会得到人民群众的爱戴和尊敬。

第五章

诚信勤恳的人品比才能更重要

《论语》中有言：人无信不立，人而无信，不知其可也。诚信是指一个人的诚实性和信用程度，它体现于一个人的个性、价值取向之中。人们对诚信的理解，以前主要局限于一个人诚实的程度，后来则扩展到可靠性、责任感和社会依从性等方面。诚信是一个人人品的根本所在。人品好的人有一个最大的标签——诚信。

做人不诚实，人品无从谈起

富兰克林曾说过：“一个人种下什么，就会收获什么！”的确，当你播下欺骗的种子，你就永远不会收获到成功的果实。欺骗只能是一时的，只有诚实才能长久，才能取胜于人，诚实的价值比靠欺骗得来的利益大过无数倍。

诚实是为人处世的最高品格。一个人如果做人不诚实，那么他的人品便如无根之木，无从谈起。诚实的人品，能使人了解你，接纳你，帮助你，支持你，使你获得成功，使你受到人们的尊重和敬仰。

诚者，天之道也；思诚者，人之道也。怀揣着诚实，也就揣到了成功。

诚实是一种力量的象征，它显示着一个人的高度自重和内心的安全感与尊严感。诚实，就是说老实话、办老实事，不弄虚作假，不自欺欺人，表里如一。

诚实是立身之本，是做人最基本的道德底线。明朝的薛碹在《读书录》中说：“处己、事上、临下，皆当如诚为主”。如果一个人连最起码的诚实都没有，你不能指望他做好事善事。正如孔子所言“人而无信，不知其可也”。

诚实是最明智的策略，是做人的根本准则，是智慧之书的第一章，是一种心灵的开放，是人生的命脉和一切价值的根基。没有诚实何来尊严，以诚感人者，人亦诚而应。

诚实为道德之本。欲正其心者，先诚其意，意诚而后心正。诚者，五常之本，百行之源也。欺人只能一时，而诚实都是长久之策。诚实是难得易失的，费十年工夫积累的诚实，往往由于一时的言行而失掉。诚实的荣誉属于真正的好人。

诚实是一种优秀品质。一个人最怕不老实，一个人最可贵的作风是老实作风。老实的作风就是脚踏实地，不占便宜。世界上没有便宜的事，谁想占便宜谁就吃亏。

一切诚实的行为，不论如何不同，不论其意善恶，就其共同的诚实本性来说，都有利于人、有利自己、更有利于社会的存在发展，因而便都符合道德目的，便都是道德的、善的、应该的。

生命不可能从谎言中开出灿烂的鲜花。诚实和勤勉，应该成为永久的伴侣。对于自己，对于生活，诚实都是最重要的。以诚待人，别人才会以诚相报。

享誉全球的道格拉斯飞机公司的创业老板唐纳德·道格拉斯，在事业初创时，十分希望东方航空公司能购买他制造的首架喷气式飞机。因此，他前去拜访东方航空公司当时的总裁雷肯巴克。雷肯巴克告诉他：这种新型的DC—8型喷气式客机能够同波音707抗衡，可道格拉斯的喷气式飞机同波音707一样，噪声都太大。因此，雷肯巴克说假如道格拉斯能保证降低噪声，他就能够击败对手而取得订购合约。

这笔生意对道格拉斯而言相当重要，如果能同东方航空公司签署合同，他在生意场上能马上挣得一席之地；反之，或许就表明他将从此销声匿迹。

道格拉斯同工程师经过一番认真的研究讨论后，第一句话是："老实说，我不能确保把噪声降低。"

"我也不能，"雷肯巴克说，"但我希望知道的是，你是不是可以对我诚实无欺。"接着，这位总裁郑重告诉："你现在得到了16500万美元的订单，能着手建造飞机，并试着把引擎的噪声降低。"同样，他也是靠着"对人诚实不欺"的秘诀才可以把事业不断地推向成功的里程碑。

其实，在我们工作和生活当中，不管是一个企业还是个人，不论是对顾客还是合作伙伴，上级还是下属，亲人还是朋友，从长远利益来讲，诚实的魅力都要远远大于谎言。

一个人是否诚实和诚信，直接影响着他人生的命运。就如了解自己需要诚实地发掘，交朋友需要诚实地表达，社会交际也需要诚实和诚信地对待才有互信互助，一切的一切，从开始到成功，真正的价值是建立在诚实和诚信的基础之上，是由诚实和诚信一路堆积而成的。

真正的魅力是真诚的自我表露，当你把自己独有的一面显示给别人时，魅力就随之而来。精诚所至，金石为开，这就是诚实的巨大作用。

总之，人之交往在于诚。人生短暂，时光匆匆，应以诚为本。拥有了诚实，就拥有了人生的最大财富。一个人，失去了美貌，有健康陪伴；失去了健康，有才学追随；但失去了诚实，我们所拥有的一切最终会随风而逝。

诚实犹如名香，经燃烧或压榨而其香愈烈，幸运最能显露恶德而厄运最能显露美德也。诚实是人心灵的纯洁的折光，既能照亮自己，也能温暖别人。诚实的人总是以真实的一面出现在世人面前，不管什么人，也不管什么时候，所以诚实的人总能赢得普遍的信任。

精诚所至，金石为开

大家都知道“精诚所至，金石为开”这个成语。它不仅是一种成功的法门，也是“诚”这种人品的一种力量的体现。

西汉时期，有一个著名将领叫李广，他精于骑马射箭，作战非常勇敢，被称为“飞将军”。

有一次，他去冥山南麓打猎，忽然发现草丛中蹲伏着一只猛虎。李广急忙弯弓搭箭，全神贯注，用尽气力，一箭射去。李广箭法很好，他以为老虎一定中箭身亡，于是走近前去，仔细一看，未料被射中的竟是一块形状很像老虎的大石头。然而不仅箭头深深射入石头当中，而且箭尾也几乎全部射入石头中去了。李广很惊讶，他不相信自己能有这么大的力气，于是想再试一试，就往后退了几步，张弓搭箭，用力向石头射去。可是，一连几箭都没有射进去，有的箭头破碎了，有的箭杆折断了，而大石头一点儿也没有受到损伤。

人们对这件事情感到很惊奇，疑惑不解，于是就去请教当时的大学者扬雄。扬雄回答说：“如果诚心实意，即使像金石那样坚硬的东西也会被感动的。”于是“精诚所至，金石为开”这个成语便因此流传下来。

的确，只要人的心诚、意志坚定，“诚”这种好人品所必备的品质，就能助你成功。

扬州有一位盆景艺术家赵先生去美国出席世界盆栽会议。起初，世界盆栽界已是日本的天下。赵先生却不骄不躁、不卑不亢。每次表演，从主题、备料、加工，到上场后的每一分钟都预先精心设计、精心准备，把中国的谦谦君子之风、把具有宋明画意的中国艺术呈现给世界盆栽界。就这样年复一年，持之以恒地做下去。十几年下来，令世界盆栽界刮目相看。终于，一次大会期间，日本某盆栽大师正在表演中，一看到赵先生步入大厅，竟然例外地中断表演，走下台来迎候致礼，以示敬重了。

如果不是赵先生的诚意和坚持打动了世界盆栽界，是无论如何也无法令人刮目相看的。做事情如此，求人帮助也是如此。尤其是请一些学识渊博，却深藏不露、无意出山的人，更需要拿出百分之二百的诚意，才能打动他为自己办事。刘备“三顾茅庐”就是一个最典型的例子。

207年冬天，在司马徽、徐庶等极力引荐下，刘备亲自带着关羽、张飞，冒着隆冬季节的严寒，前往隆中探访诸葛亮。

这期间，诸葛亮正在外游历，访友磋学。有关刘备请他出山之事，他已有耳闻，也为此事犹豫不决。以当时形势，曹操已一统中原，声势日赫；孙权雄踞江东，兵强马壮；刘备半生争战，到头来寄人篱下，仅有新野小县，兵不过数千。当时许多名士认为曹操必能“匡济华夏”，许多人都去投奔了曹操，像诸葛亮这样具有正统观念的才俊，绝不会去投奔曹操的。刘备作为汉宗室后代而久负盛名，是他心目中理想的人物，但他深知刘备力挽狂澜、兴复汉室的事业是何等的艰巨！他心中常常在想，也不知刘备请自己出山仅是装点门面，还是竭诚以待，委以重任。出与不出，他举棋不定，若贸然而出，不但难成大业，且会自误才学。于是，他一面游历访友，一面思索是否应该出山。

后来，听说刘备等第二次来隆中，诸葛亮感到刘备是诚心诚意。于是，出山帮助刘备成就霸业的想法占了上风，加上朋友都劝他出山建功立业，遂决定回家。

在一个雪霁初晴、碧空万里的日子，隆中山色格外明丽。吃了三天素的刘备带着关羽、张飞第三次来到隆中，当时诸葛亮正在睡觉。刘备不敢惊动他，一直站到诸葛亮自己醒来，两位怀着同样统一志向的政治家，才终于在隆中草庐里坐下来谈话了。这就是历史上有名的“三顾茅庐”的故事。

可见无论是对事还是对人，诚意都是非常重要的。它有时候甚至能让人反败为胜，扳回最关键的一局。

《大长今》相信很多人都看过，而那次御膳竞赛更是把剧情推向了高潮。在最后一轮竞赛中，长今呈上的菜肴两度落选，这令她非常着急。好朋友连生过来安慰她：“她怎么可能做得比你做的还好吃？是不是太后偏心？”

“不是。崔尚官做的菜的确了不起。”

连生急得大喊：“那怎么办？已经两次了！我全身都颤抖得做不下去了。接下来是越来越难的菜肴了。再说冷菜，一向都是崔尚官娘娘的拿手好菜。”

长今沉默不语，她拿起母亲做内人时酿造并储藏的调味醋，心中默默祈祷：“娘，请您帮帮我。”

崔尚官呈上了清新爽口的三色鸡丝，五位品尝者赞不绝口。接下来，皇帝、太后以及皇后开始品尝长今准备的鱼片生菜。长今在心里说：“终于要将娘的心意呈给皇上了。您一定要帮我。”太后第一个说出了自己的惊讶：“太惊人了，这么清新的味道，我还是第一次尝到呢。”皇后也大赞长今的这道鱼片生菜：“似乎海产是活着的，在嘴里还会动呢。”

皇帝问：“这是经常看到的鱼片生菜，但是味道很不同，这是为什么呢？”

长今紧张地回答：“是因为大蒜佐料的原因。宫中的佐料大部分会加入松子粉，虽然味道会很香，但却无法将生菜清新的优点表露出来。所以我试用大蒜做佐料，意外发现味道很好，而且大蒜还能去除海鲜的腥味呢。”

“不过这佐料不光是大蒜的味道，这清爽微酸的味道又是怎么回事呢？”皇后问。

“是另外一种是调味醋。”

“调味醋？”

“是。这道菜所使用的调味醋已经在地底下埋藏了几十年了。”

听了长今的回答，在座的众人都受到了强烈的震撼。最后，皇帝说：“这两样菜肴都是无可挑剔的，不过，想到可以将调味醋埋在地底下几十年的诚意，就觉得感动。所以，这道鱼片生菜的诚意征服了一切。”

《庄子·渔父》中说：“真者，精诚之至也。不精不诚，不能动人。”意思是只有至诚之心，才能打动别人。如果没有诚意，那么安慰就会显得虚伪，称赞就会显得做作，快乐就会显得夸张，悲伤就会显得矫情。所以要从内心打动别人，就一定要用真心实意的态度去说话和做事，来不得半点虚伪和客套。

精诚所至，金石为开，无论是做人还是修炼，不管是处世还是求道，它都是一句万年不朽的至理名言。正所谓心诚则灵，只要虔诚，就会有灵验，只要有坚定的信念，你人生的每一个愿望，都会有实现的一天。

诚信是人生之本

自古以来，诚信便是一个为大家热议的话题。历史上也有很多关于诚信的故事。

春秋时期，齐襄公为了帮助卫侯朔回国复位，约会宋、鲁、陈、蔡四国出兵攻打卫国。周王派兵救卫，也被打败。齐襄公怕周公问罪，就派大夫连称为将军，管至父当副将，带兵去守卫蔡丘，以防备周兵的进攻。两位将军临走时小心地问：“守卫边疆的任务很艰苦，我们不敢推辞，但什么时候可以期满调回呢？”这时齐襄公正在吃瓜，随口就说：“现在是瓜熟的季节，等明年这个时候，我就派人来代替你们好了。”

一年很快就过去了，在边疆吃到了新瓜的两位将军，想起了齐襄公的许诺，就打发人回京城探听消息。探听的人回报说齐襄王已出去一个月了，还没有回京，当然调他们回京的事也就没有影了。连称觉得齐襄公并没有把这件事放在心上，对此感到十分生气，想去杀掉他。管至父建议说不如先向齐襄公献上新瓜，提醒他应该派人来代替他们了。不料齐襄公听说他们请求调回，反而大发雷霆："派不派人去代替你们，要由我说了算，怎么可以请求呢？再等瓜熟一次好了。"两位将军到此再也无法忍耐下去了，就带着愤怒的守边将士打回京城，将齐襄公杀掉，另立了一位新国君。

瓜代无期命有期，齐襄公之所以落了个身首异处的下场，就是因为失信于臣下。因此孔子反复告诫为政者要"敬事而信""谨而信"，万万不可失信。

在现实社会里，不只是从政者要做到讲诚信，我们每个人都要做到诚信。著名诗人萨迪就曾这样说过："讲假话犹如用刀伤人，尽管伤口可以治愈，但伤疤将永不会消失。"他还说，"宁可因为真话负罪，不可靠假话开脱。"萨迪的话说得很耐人寻味。

生活中，一些人常将说谎或说假话视为"聪明"的处世之道。他们为了掩饰自己的过错或推脱责任而说谎，或者为了谋取个人利益而骗人。他们自以为得计，或暂时得逞，然而假的就是假的，谎言早晚有一天会被揭穿的。谎言在被骗者心中留下的伤疤是很难愈合的，那时，说谎者将因自己的不讲诚信而失去别人的信任。

在当代社会里，人们说得越来越多的话题就是"诚信"了，相应诚信问题越来越引起人们的重视。中国是文明古国，礼仪之邦，自古以来就讲诚信。对于一个人来说，诚信是做人的基础，是立世之本。

诚信是前进方向的指路灯。人活着，总是有目标的，不重诚信的人总是好高骛远，哪怕冒天下之大不韪；坚守诚信的人，他的目标是切合实际的，言行举止，都基于诚信的基础和原则，总是先天下之忧而忧，后天下之乐而乐。有了正确的努力方向，从而不致出现原则上的偏差和失误。正是这种正确的人生观，使他时时处处都能严于律己，即使偶尔犯了错误，也能及时反省，接受教训，自行拨乱反正，堂堂正正地做人。心灯不明，出发点不好，能不误入歧途吗？

诚信是为人处世的试金石。人生下来就要与人交往，学习和工作后，就要真正地时时处世了。处世之道，决定处事的态度与尺度。不重诚信的人，总是阳奉阴违，口是心非，张口尽是花言巧语；坚守诚信的人，总是言行一致，尽量做好应该做的事。判断一个人的是非，评价一个人的功过，不仅仅是依据他工作的绩效；一个很不诚信的人，尽管有多么突出的成就或有多么耀眼的光环，都抵消不了他不诚信造成的严重后果和不良影响。奸诈与虚伪，能得逞一时，骗人一时，但不能得逞一世，骗人一世，到头来总是搬起石头砸自己的脚。古今中外，概莫能外。

诚信是做人之本，更是一种最高境界的修养。它是沟通心灵的桥梁，是个人在社会上的“通行证”。不讲诚信寸步难行，失信者将会为自己的行为付出代价。善于欺骗的人，永远到不了桥的另一端。

诚信既是一种无形的力量，又是一种无形的财富，还是连接友谊的无形纽带。言而有信、一诺千金是人类代代相传的美德。

诚信是人类文明进步的阶梯，是填补人类间隔的碎石。诚信是人生之本，言不信者，行不果，人无信用，不可立于世。但愿人人都务诚信之本，人人都重诚信之修养，如是，则幸莫大焉！

诚信是人品好坏的分水岭。大凡心术不正、行为不轨者，他们一向从心底里蔑视诚信、嘲笑诚信，大行骗人之道，害人害己，误国误民。坚守诚信者，脚踏实地，一步一个脚印地前行，他们遵纪守法，干什么都尽职尽责，时刻坚定不移地恪守社会公德，甘愿付出，不辍奉献，甚至不惜牺牲自己的生命。

诚信的人品，帮你创造财富

我们处于一个经济时代，在经济活动中，只有以诚待人，才能做成大生意；只有以诚待人，才能长盛不衰。在这里，诚信不仅仅是一种个人人品的体现，而是一种可以直接带来财富，转化为金钱的无价之宝。

《庄子·齐物论》载，有个养猴子的人对猴子说：“我早上给你们三个桃子，晚上给四个。”猴子听后都很生气。养猴人转动脑筋，又对猴子们要出一个小聪明来："好了，别生气了。我早上给你们四个桃子，晚上给三个。"猴子就高兴起来。

这些猴子的高兴大概只是暂时受蒙蔽所致。天长日久，聪明的猴子自然会悟出养猴人的狡诈和卑鄙。从此不再相信他，甚至仇恨他。那时候养猴人可就要倒霉了。

朝三暮四式的狡诈，必然最终失信于人。

失信于人，不仅显示其人格的卑贱，品行不端，而且是一种只顾眼前不顾将来，只顾短暂不顾长远的愚蠢行为，终将一事无成。

失信于人，说话不算数，从根本上看，从总体价值上看，你得到的是一粒芝麻，失去的是一只西瓜。

《敏拉波尼》杂志的出版人琼斯，曾用一种很好的技巧，树立起了他的声誉，结果由一个普通的职员升为一家报馆的主人。

原来，琼斯在开始他的事业计划时，首先向一家银行借了50美元，但他并不急需钱。他说："我之所以借钱，是为了树立我的声誉。其实我根本就没有动过这笔借款，当借期一到，便立即将这50美元钱还给了银行。几次以后，我便得到了这家银行的信任，借给我的数目渐渐大了起来。最后一次借款的数额是2000美元。这次我用它去发展我的业务。"

琼斯还说："后来，我计划出版一份商业方面的报纸，但办报需要一定的经济基础，我估计了一下，起码需要1.5万美元，而我手头上总共才不过5000美元。于是，我再次到那家银行，也再次去找每次都借给我钱的那个职员，当我将计划原原本本地告诉他以后，他愿意借给我1万美元。不过他要我与银行的经理洽谈一下。最后，这位经理同意如数借给我1万美元，还说：'我虽然对琼斯先生不太熟悉，不过我注意到多年以来琼斯先生一直向我们借款，并且每次都按时还清。'"琼斯守信的行为为他带来了滚滚财源。

获得众人的信任，铸就自己的信誉，不论你采取何种方法，但笃诚、守信及勤劳是根本的要诀。

美国妇女凯瑟琳·克拉克开了一家面包公司。开业之初，她就公开宣布，自己公司的经营原则只有一条——"以诚取信"。为此，她规定自己生产的面包如超过三天不得出卖，凡是超过三天卖不出去的面包，由公司收回销毁，这样的规定虽然使公司增加了不少麻烦，并造成了一定的损失，但由于它信誉好，面包新鲜，其结果是销量直线上升，赢得了越来越多的客户。凯瑟琳面包公司的生意因此越来越好了。

有一年秋天，加州发生了水灾，粮食紧缺，面包一度脱销，许多人因买不到面包而挨饿。尽管如此，凯瑟琳依然坚持自己的原则不动摇，照样派人将超过三天的面包从各个销售点收回来。

一次，运货员从几家偏远的商店收回了一批过期面包，在途中被一些饥民截住，他们提出要购买车上的面包。

运货员碍于公司的规定，说什么也不答应，引起了饥民的一致抗议。他们围住货车，说什么也不让车走，于是双方发生争执，人也越聚越多。

几个敏感的记者闻讯，纷纷前来探究缘由。运货员无可奈何地说："不是我们不通情理，不愿意卖给你们。实在是我们公司有严格规定，严禁在任何情况下将过期面包卖出去，如果明知故犯，将被开除出公司。我也不能因违反公司规定而砸了自己的饭碗呀！"

记者听了，对运货员忠于职守，严格按公司规定办事的行为十分赞赏，但他们又劝说道："先生，现在是非常时期，你就灵活一下，把车上的面包卖给他们吧，总不能看着他们挨饿，你无动于衷吧？这样也太不近情理了。"

运货员面有难色地说："不是我不近情理，只是公司规定……"说到这里，他突然眼睛一亮，对记者说："主动卖面包，我是万万不同意的，但是如果他们强行上车去拿，我是没有办法的。"

"强行上车拿面包，岂不是公开抢劫？"记者不解地反问道。

"如果拿了面包，又留下了钱，抢劫面包不就变成强买面包了吗？非常时期，强买应算不得什么大事？"运货员说罢，狡黠地一笑。

在场的人恍然大悟。大家一拥而上，将车上的面包强买一空。

运货员假装阻拦，记者举起相机，拍下了这一动人的场面。几天后，凯瑟琳面包公司信守承诺，宁可将过期面包收回，也不违反原则的新闻见诸报端，成为轰动一时的新闻，引起了无数人的称道。他们诚实无欺的公司原则，在人们心中留下了难忘的印象。当经济转入正轨，生活恢复平静之后，各面包公司之间的竞争十分激烈，凯瑟琳经营的面包公司因为信誉好，大家十分信赖，营业额直线上升，在短短的半年时间里，销量增加了5倍多，令其他公司望尘莫及。

业务量扩大了，凯瑟琳的经营宗旨却始终不变，在经销商和消费者中间享有的信誉长久不衰。仅是这一点，就为它带来了滚滚财源。经过10年的努力，凯瑟琳的家庭小面包公司一跃而成为现代化的大企业，每年的营业额由最初的两万美元增加到400万美元，成为名副其实的百万富豪。

柳传志的父亲曾教育他说：一个人有两样东西谁也拿不走，一个是知识，一个是信誉。我只要求你做一个正直的公民。不论你将来是贫或富，也不论你将来职位高低，只要你是一个正直的人，你就是我的好儿子。此后，无论做什么事情，柳传志都以诚信为先，以真诚为首，这一思想一直到后来他任联想集团总裁的时候都未曾改变。

言而有信，一诺千金

为人处世，信守诺言是非常重要的。那些被认为人品好的受欢迎的人，常用各种不同的方式把他们的特点展现在人们面前，其中最显著的特点便是任何时候都守信、遵约。

守信，是中华民族的优秀文化传统之一，自古以来，中国人都十分注重讲信用、守信义。清代顾炎武曾赋诗言志：“生来一诺比黄金，哪肯风尘负此心。”表达了自己坚守信用的处世态度和内在品格。因此，中国人历来把守信作为为人处世、齐家治国的基本品质，言必行，行必果。

讲信用，守信义，是立身处世之本，是一种高深的情操，它既体现了对人的尊敬，也表现了对己的尊重。我们反对那种“言过其实”的许诺，也反对使人容易“寡信”的“轻诺”；我们更反对“言而无信”“背信弃义”的丑行。

在社会交往中，如果真能主动帮助朋友办点事，这种精神当然是可贵的。办事要量力而行，说话要注意掌握分寸。因为，诺言的能否兑现不仅有自己努力程度的问题，还有一个客观条件的因素。有些在正常情况下是可以办到的事，后来由于客观条件起了变化，一时办不到，这种情况是有的，这是要求我们在朋友面前，不要轻率地许诺。而一旦做出承诺，就要做到“一言既出，驷马难追”。

生活中，真正聪明的人一定是言而有信的。做到言而有信的一个重要方面，就是要求没有把握的话绝对不要说，有把握的话，在不适当的对象面前也不要说。特别要注意的，就是千万不要轻易许下诺言，也就是“不轻诺”。“不轻诺”是做人守信的基础。轻率许诺者，必是少有信义的人。与其最终成为失信的人，不如一开始就不对人许诺。

曾经有一个商人临死前告诫自己的儿子：“你要想在生意上成功，一定要记住两点：守信和聪明。”

“那么什么叫守信呢？”儿子焦急地问道。

“如果你与别人签订了一份合同，而签字之后你才发现你将因为这份合同而倾家荡产，那么你也得照约履行。”

“那么什么叫聪明呢？”

“不要签订这份合同！”

这个故事告诉我们，只要你已经许下诺言，不管在什么样的情况下，都不能反悔。假如你已经做了某个承诺，尤其是关于人们的未来及前途方面的承诺，你就必须履行诺言而不能失信。因为你的话将被人们一字不差地牢记在心里，直至它被履行的那一天。所以，你必须重视你自己所说的每一句话，生活总是照顾那些讲话算数的人，食言则是最不好的习惯，你必须改正自己的缺点，成功地推销你自己。

但是怎样才能做到不失信于人呢？“不要签订这份合同！”那位商人说。这是精明的商人留给儿子的第二份遗产。虽说为人是要言而有信，然而却并不是毫无原则的事事都答应。一个老成持重的人对于别人总是很少许诺，这样，才能减少诺言难于兑现的机会。

你无论对任何一件事许诺的时候，都必须慎重地掂量，无论对大人对小孩，对妻子对父母，对同事对朋友，对领导对下属，对名人对凡人，对老师对同学，都是这样。也无论大的许诺、小的许诺，眼前的许诺、将来的许诺，都是如此。无论你的许诺在什么时候做出的也都是这样。你的许诺价值千金。

信守承诺，兑现承诺是人生道路上的第一准则，是一种美德。它能使你情绪激昂，游刃有余，顺风而航。信守承诺的人也是品德良好的人，他们讲诚信，能做到言必信，行必果，更因为他们遵守承诺值得信赖，所以是人们信任和求助的对象，他的一生将因此而受益无穷。

真诚地对待每一个朋友

一个人品好的人，对待朋友无疑是十分真诚的。

阿拉伯传说中有两个朋友在沙漠中旅行，在旅途中的某点他们吵架了，一个还给了另外一个一记耳光。被打的觉得受辱，一言不语，在沙子上写下“今天我的好朋友打了我一巴掌。”

他们继续往前走。直到到了沃野，他们才决定停下。被打巴掌的那位差点淹死，幸好被朋友救起来了。被救起后，他拿了一把小剑在石头上刻了：“今天我的好朋友救了我一命。”

一旁好奇的朋友问道：“为什么我打了你以后你要写在沙子上，而现在要刻在石头上呢?”

另一个笑笑回答说：“当被一个朋友伤害时，要写在易忘的地方，风会负责抹去它；相反的，如果被帮助，我们要把它刻在心灵深处，那里任何风都不能抹灭它。”

朋友间相处，伤害往往是无心的，帮助却是有心的。忘记那些无心的伤害，铭记那些对你真心帮助，你会发现这世上你有很多真诚的朋友。

什么是真诚？真诚的关怀，温暖芳馨；真诚的赞扬，催人向上；真诚的交流，获取信任；真诚的合作，赢得成功……真诚是春风，它拂去了心灵的微尘；真诚是雨露，滋润着友谊的花朵。真诚给我们希望，给我们力量……

朋友交往贵在真诚，只有以诚相待，才能维持长久的关系。真诚，是待人处世的最好方法，真诚，也是沟通心灵的桥梁。人与人之间需要真诚，真正的朋友之间更加需要真诚，敞开心扉，与朋友坦诚相待，就不会有隔膜，心与心，也就因此而靠得更近，连得更紧。

真诚不需要华丽的言辞，也不需要漂亮的外衣，更不需要刻意地去追求。真诚是自然的流露，是不图回报的奉献，也是不计后果的付出。真诚还是默默地行动，可以从一件小事让人体会到不同的心境。我们不能要求付出与回报同等，但要时刻提醒自己，对人一定要真诚。

人生贵在有真诚的朋友，贵在理解，贵在信任。任何时候只记得朋友对自己的帮助，去学会忘记朋友无意中的忽视与伤害。只有这样才不会有太多的烦恼，更不会在“得”与“失”不平衡的时候，而心生怨恨。

真诚可遇不可求，是心甘情愿的付出，是一个愿望的远足。真诚是彼此的坦然，也是心灵的释放。一份牵挂一份惦念，让彼此的心灵相通，一份执着一份感动，让彼此有了相知的感慨。

真诚的友情，是生活中的阳光，使每个人的心都变得更加温暖，使人与人之间更贴近。只有真正懂得友情的人，才能真正懂得什么是生活。珍惜身边的友情，用自己的心去体会一下“友情”这个美妙的词语，才会感觉到心灵的最深处缓缓地流过的暖流。

有一句家喻户晓的诗句说到“海内存知己，天涯若比邻”，不管两个好朋友相隔得有多么远，彼此的心始终是彼此牵挂着彼此的。用真诚经营友情，用执着追求事业，用善良对待朋友，用平淡对待磨难，用虔诚期盼幸福。真诚的友情像和煦的阳光，像清新的空气，时时输向我们的心房。

人之本，贵在真诚，与真诚的朋友交往，真挚的友情犹如健康，不到失却时，无法体会其珍贵。真诚的朋友用自己守信、真诚、质朴维系长久的友情。他们的人品也在这种友情中得到了历练，并变得更加突出。

一个人如果能真诚待人，那么，他与别人之间便有了友谊的桥梁，便有了进步的阶梯，便有了成长的沃土，便有了融洽的氛围，便有了关系的和谐。只要有真诚存在的地方，那里永远阳光明媚，万里无云，每个人都会自由地呼吸，自由地生活，自由地拥抱太阳，脸上总是荡漾着舒心的微笑。

忠诚是做人的基本品格

什么是忠诚？忠诚是一个人的基本品格。本杰明·富兰克林说过："如果说，生命力使人们前途光明，团体使人们宽容，脚踏实地使人们现实，那么深厚的忠诚感就会使人生正直而富有意义。"

谁都喜欢和需要忠诚的人，忠诚是做人的根本，忠诚也是做人的资本，拥有忠诚的品质你才会得到上司的认可。做人要忠诚，忠诚在做人的问题上是有灵魂性，有生命力的。有的人或见利忘义或尔虞我诈，但大都因小失大，他们所失去的是别人的信任和做人的美德。所以，做人要忠诚。

"心正"与"意诚"是古代中国儒家心目中修身、齐家、治国、平天下的基础。先有心正才会有意诚，意诚后身修，身修而后家齐，家齐而国治，国治而后天下平。没有忠诚，便没有真正的信仰，也很难结交到真正的朋友。

《战国策》中讲了这样一个故事。

有一个楚国人，拥有两名妻妾，长得非常美丽。有个年轻人，看中这两名妻妾，便先从年龄大的那位下手。没想到那位年长的张口就斥骂他："你这个禽兽不如的小人，快滚远点。"

年轻人只好识趣地走开。求欢不得，他便转移目标，向另一位小妾频送秋波，表示爱意，两人很快便在一起了。

过了没多久，这个拥有两个妻妾的楚人死了。有位客人对那位年轻人说："人家的丈夫死了，你打算要哪个为妻呢？是娶年龄大的，还是要年龄小的？"

年轻人说："我要娶那个年龄大的。"

客人说："年龄大的骂过你，年轻的顺从你，你为什么还要娶那个大的呢?"

年轻人说："当她还是别人妻妾时，就想让她顺从我。现在要做我的妻子，就愿她替我去骂别人。"

忠诚于人，才会对人有信用。这位年轻人之所以不愿意娶那个年轻的妾，正因为她是不忠的女人，也是不讲信用的人。信任忠诚的人，信任那些经过长期考验、值得依赖的人，而不是轻信那些势利小人，才能避免祸害，万事亨通。

魏文侯派乐羊攻打中山国，当时就有人劝说："乐羊的儿子乐舒，在中山国做大官，怎么能让他去担任大将?"

魏文侯经过了解后，还是决定派乐羊去。乐羊到中山国后，驻兵三月未攻，因为当时中山国国君让乐舒去找乐羊，让他延缓进城。消息传到魏国，大臣怨声鼎沸，而魏文侯却对乐羊坚信不疑。

乐羊不攻城，其实有他自己的道理："我要让中山国的百姓看到他们的国君是怎样的不讲信用。"后来，中山国国君为了胁迫乐羊，把他儿子煮成了肉羹，差人送给乐羊。乐羊坐在军帐中端着肉羹吃了起来，一杯吃尽，然后下令攻城。中山国国君由于失去了百姓的信任，所以一战即败，魏军迅速地占领了中山国。

乐羊凯旋时，魏文侯亲自出城迎接，大摆宴席为他庆功。宴席上赐给他两箱礼物。乐羊回家打开箱子一看，箱子里全是大臣们弹劾他的奏章。

第二天，乐羊去谢恩，魏文侯说："我知道，只有你能担当这一重任，才用你不疑。"

魏文侯如此信任乐羊，是因为他对乐羊有充分的了解。

下面所讲的故事，则说明信任那些自己不了解的势利小人，将给自己带来无穷的祸害。

汉武帝时代有位大臣汲黯，是个威武不能屈的忠义之臣。在他位居高官时，许多人到他家里拜访，把门槛都踏破了，常常高朋满座。

一次，汲黯由于直言上谏，惹怒了汉武帝，被免去了官职。过去的那些朋友一个也不来了，家门前可以设网捕鸟，不仅如此，这些朋友还在背后肆意攻击他，把他过去作为知己话说出的言语，广为传播，败坏他的名声。

后来，汲黯官复原职，一些中断来往的昔日“朋友”又想来拜会他，他愤然拒绝了。他已尝到了信任这种势利小人的苦头，不想重蹈覆辙。

忠诚是一种高贵的品质，是一种优良的美德。那么，一个人怎样才能做到忠诚呢？

做人要忠诚，要做到对工作忠诚。诺贝尔医学奖获得者查理·尼科尔说“生活只垂青那些对事业有执着爱好和痴迷追求的人。”岗位是奉献社会的舞台，也是成就自我的平台。忠诚事业，就要爱岗敬业。只有爱岗敬业，耐得住寂寞，才能干好本职，最终干成事业。只要用心，没有干不好的工作；唯有埋头，才可能创造出在事业中出头的发展机遇。相反，那些对工作一味地挑肥拣瘦、拈轻怕重、埋怨本职岗位难以成才的人，将一事无成。

做人要忠诚，要做到对朋友忠诚。常言说得好：“和得邻里好，犹如给片宝。”在现代社会中，从某种意义上讲，谁拥有了良好的人际关系，谁就拥有了一笔无形的财富。而且，人缘就其本质而言就是力量。我们在工作和生活中要靠忠诚老实的品格建立和谐融洽的人际关系，为自己营造一个干事创业的和谐氛围、良好环境。

做人要忠诚，要做到对自己忠诚。俄国的陀思妥耶夫斯基说过：“如果你想受人尊敬，那么首要的一点就是你得尊敬自己，一个懂得自尊自爱，能够把握自己的人，是不可战胜的。”对自己忠诚，首先要正确看待自己；其次，要诚实守信；最后，还要注重强化慎独意识，克服侥幸心理，严格自律，时刻做到自尊、自爱、自强、自重、自省、自励。做到了这些，也就赢得了前景更加美好的未来。

做人要忠诚，做到对家庭忠诚。孔子早就提出“治国必先齐家”的思想，他曾在著述中说，不能管教好家人而能管教好别人的人，是没有的。曾国藩也提出：“凡子之孝父母，必做人有规矩，办事有条理，亲族赖之，远近服之。”香港著名实业家李嘉诚在挑选企业员工时，首先要看的既不是学历，也不是资历，而是看其在家能不能孝敬父母。这在现实生活中的确很重要，试想，一个连自己父母都不孝顺的人，又怎么能够做到对他人忠诚呢?!

忠诚，是我国传统文化所推崇的基本道德范畴，也是衡量人品的基本标准之一。在人们眼里，人偏离了忠诚，就没有资格谈道德、情操、气节、教养。见风使舵、见异思迁、见利忘义，一直以来为人们所唾弃。所以，忠诚历来是人们安身立命的基本准则。

做一个有好人品的君子

孔子说：“君子坦荡荡，小人长戚戚。”君子心胸开朗，思想上坦率洁净，外貌动作也显得十分舒畅安定。小人心里欲念太多，心理负担很重，就常忧虑、担心，外貌、动作也显得忐忑不安，常是坐不定，站不稳的样子。

为人处世中，对一些复杂的生活现象，对某些人和事，做些分析判断，是不足为怪的。但这种分析判断，却不能也不应是毫无根据的胡乱猜疑。如果捕风捉影，胡乱猜疑，那就不是严肃的处世态度，而只不过是一种主观盲目性。这种盲目性并不基于客观事实，而是单凭个人想象，往往歪曲了事物的本来面目。

《列子·说符》中说，有个人丢了一把斧子，他怀疑是邻居的儿子偷的。由于思想上有这个框框，所以，邻居的儿子的一举一动，甚至走路的姿势、面部的表情、说话的腔调，在他看来，都像是偷了斧子的模样。后来他在山沟里挖地时，无意中找到了自己丢的斧子，以后再看邻居的儿子，觉得其举止、态度便都不像偷斧子的样子了。这个疑人窃斧的故事，很形象地刻画了猜疑者主观武断的心理。

有些人产生猜疑心，往往与轻信道听途说有很大关系。

《三国演义》中的长坂坡一战，刘备所部被曹军打得七零八落，正在他慌乱之中，糜芳又报告说：“赵子龙反投曹操去了也!”张飞一听，便猜疑赵云背信弃义，立即大怒道：“待我亲自寻他去，若撞见时，一枪刺死!”

尽管刘备告诫他："休错疑了……子龙此去，必有事故。吾料子龙必不弃我也。"张飞仍是不信，径自引二十余骑，到长坂坡寻杀赵云。其实，赵云是为救甘糜二夫人和刘备的儿子阿斗，才匹马单枪杀回乱军之中，幸亏简雍亲眼所见，并报信给张飞，这才避免了一场误会。

耳听为虚，那么眼见是否就一定为实呢？也不见得，孔子在陈蔡绝粮的时候，有一次亲眼看到颜回在煮饭时捞了一把，填到嘴里，便猜疑颜回揩了油，又是旁敲侧击，又是启发诱导，说什么这饭很清洁，自己要先祭祖先，颜回忙说："不可！刚才有灰尘落到了锅里，我已经捞出来吃掉了。"这时孔子才恍然大悟，知道自己弄错了。他由此深有所感地说："所信者目也，目犹不可信！所恃者心也，而心犹不足恃。弟子记之，知人固不易矣。"并强调指出："道听途说，德之弃也。"孔子从实际生活中得到教训，懂得了单凭自己的眼睛，有时候也并不可靠。真正了解实情，还得做些深入调查。

俗话说："疑心生暗鬼。"猜疑情绪是妨害正常的人际关系的腐蚀剂。正如苏轼在《论范增》中所说："人必先疑之，而后谗入之。"一个人一旦被猜疑情绪支配了自己的思想和行动，那他就必然对别人不信任，或听谗信佞，离心离德；或捕风捉影，无中生有，总觉得别人有问题。这样，不仅不能正确看待别人，也会错误估价自己；不仅不能用正确态度对待批评和自我批评，还会夹杂个人恩怨，用自由主义态度对待别人善意的帮助，甚至以无为有，以有为无，颠倒是非，混淆黑白，把正话当反话，将反话当正话，直至认友为敌，做出使亲者痛、仇者快的蠢事、傻事来。

小说《茶花女》中的阿尔芒，因猜疑玛格丽特，用了报复行动，使她含恨而死；莎士比亚笔下的奥赛罗，因为猜疑自己的贤妻苔丝狄娜不贞，在坏人的挑拨下，居然将她活活闷死，而当真相大白后，他痛悔不已，以致以自杀来向妻子谢罪；埃及电影《忠诚》中的医生卡玛尔，由于猜疑妻子艾明娜，给艾明娜和自己造成了极大痛苦。

从历史上来看，当权者倘爱猜疑，其危害就不是一人一事，而将要误政误国。隋文帝"不明而喜察"，疑下而独裁，酿成群臣"唯取决受成，虽有愆违，莫敢谏争"。李世民说他："此所以二世而亡也。"到了隋炀帝，更是“多猜忌”，更加速了隋朝的灭亡。“君臣相疑，不能各尽肝胆，实为国之大害也。”李世民的这一见解，实在言简意赅。

克服猜疑情绪，首先要待人以诚。梁孝元皇帝《戒子篇》说：“与人以实，虽疏必密；与人以虚，虽戚必疏。”这话很有道理。俗话说：“人上一百，形形色色。”各人的出身经历、脾气禀性、文化修养都不同，风格气质也千差万别，不能够强求一律。别人对问题有不同看法，采取了不同态度，那是别人的民主权利，要尊重、支持这一权利，切忌不合自己心意，就猜疑别人动机如何如何；不拥护自己，就猜疑别人想要如何如何。那样，就把简单问题复杂化，不仅无助于交流思想，融洽感情，统一认识，还会使矛盾和分歧越来越大。正确的态度只能是设身处地，将心比心，诚实待人，多为别人想一想，多站在别人的角度想一想。如果确有问题，也要本着严于责己、宽以待人的态度，热情诚恳地进行批评和自我批评，以便消除分歧，取得互谅互让；那种对别人吹毛求疵、神经过敏、乱加猜测的做法，伤害别人，也会孤立自己，伤害自己。

对别人不可胡乱猜疑，而如果有谁猜疑到自己头上，也要有个正确的态度，切不可冒火怄气，以牙还牙。要相信总有一天事情会水落石出的，一定会还自己一个清白。这里最要紧的是要有“任凭风浪起，稳坐钓鱼台”的气度，正像刘少奇所说：“只要自己的思想正确，行为正大，对于别人不负责任的误会和批评，必要时可以申明和解释一下，如果解释不了，只好让别人去说……而误会迟早都是可以弄清楚的。”有了这样的胸怀，在为人处世中，便不会去猜疑别人，一旦受人猜疑，也便能“君子坦荡荡”了。

一个人品好的人，肯定是一个坦诚的人。坦就是坦荡，诚就是真诚，不论是面对普通人还是朋友，都是这样。坦诚做人就是要知道爱，不用仇视的眼光看世界，心中埋藏着仇恨的种子，久而久之就会生出算计、生出阴谋、生出血腥，而心中充满爱，生活和工作就会被微笑与快乐包围。

为人处世脚踏实地更安稳

一个人要实现自己的理想，要想让人际关系越来越好，需从一点一滴的小事做起，不断地提高自己的能力，与朋友经常保持联系。然而很多人觉得做小事很丢自己的面子，认为凭自己的能力做那些工作简直是大材小用，认为有些朋友只是一些小人物而不值得重视。

其实，这些看法是极其错误的。总想一步登天、恨不得马上成为像李嘉诚一样成功的人，如果不赶紧改变想法的话，终究会一无所成；总认为小人物不值得自己深交、不值得尊重，往往会败在小人物的身上。归根结底，这些人不管做事还是为人都不能做到脚踏实地。

一年前，小李跟几个老乡一起来到小镇上的一家汽车修理厂工作。小李是个心高气傲的人，他一直想在大城市里做出一番成绩，所以，从进入修理厂的第一天开始，他就总是不断地抱怨："这份工作真是脏，每天都弄一身油""这根本就不是人干的活儿……"

小李的工作每天都伴随着抱怨声，他说自己仿佛回到了奴隶社会，每天出卖苦力维持生活，他觉得这样的生活是一种煎熬。因为对工作缺乏热情，他时刻都窥视着师傅的一举一动，只要稍有机会，他就会偷懒、应付工作。

一年的时间很快过去了，与小李一同进厂的几个老乡的技术都长进了不少，还有一个老乡被送进夜大进行深造，只有小李还整天沉溺在怨声载道中。终于，他因为心不在焉，对客户的车维修不到位，致使修理厂蒙受了巨大损失，被老板解雇了。

面对生活，不能做到脚踏实地，就会不断地"吐苦水"，就像小李一样，想要做出一番成绩，却成了自己口中"贩卖劳动力"的"奴隶"，最后看着别人升职加薪，自己却丢了饭碗。他的抱怨对于解决问题不仅无益，反而有害，还会导致他产生焦虑和抑郁等负面情绪，渐渐地，连他内心仅剩的一点点快乐与活力也便湮灭了。

分析小李的经历，我们能够发现，他是典型的“眼高手低”：整天对工作抱怨不休、对环境心生疑虑、对同事心存鄙夷，总把自己摆在很高的位置，认为自己做什么都是对的，从来没有想过放低姿态，更不会进行自我反省。面对同样不如意的工作，小李的老乡们却能在其中找到出路，不断提高自己的能力，这才是聪明人的做法。

不能踏实地做人做事的人就无法从“倒霉”的现状中逃离，他们越是想摆脱现状，越会更深地陷入泥沼里。那么他们身上欠缺了什么？让我们看下面的故事。

亨利·福特从一所普通大学毕业后便开始四处求职，但均以失败告终。但福特并没有对生活失去希望，他依旧信心十足、永不气馁。

为了找到一份工作，他四处奔走；为了拥有一间安静的、宽敞的实验室，他和妻子经常搬家。在短短的几年时间内，他们搬家的次数连他们自己都说不清了，但他们依旧乐此不疲。贫困和挫折不仅磨炼了他坚韧的性格，也锻炼了他的耐力和恒心。

后来，福特应聘到爱迪生照明公司的发电站负责引擎工作，起初，他的薪水很低，同学们知道后，都劝他别在那里浪费时间了，可他认为起点低并不代表一直会这样。一年后，由于他对工作的高度负责，被提升为主管工程师，他的薪水一下子翻了两倍，让同事们羡慕不已。

从上面这个故事我们可以看出，脚踏实地的人有三种品质：第一，坚持不懈；第二，自强不息；第三，勇敢地面对困难。人生是充满挫折和痛苦的，如果你不能脚踏实地来面对，则会把一件简单的事情变得复杂。看到你的惨状，周围的人不会产生同情，只会奇怪你为什么就不能少一点儿抱怨，多一点儿踏实呢？

这个世界上从来就没有什么“世外桃源”，任何事情的完成都需要一个过程，好高骛远、眼高手低，这就等于等待天上掉馅儿饼的机会。作为一个有责任、有理想的人，只有踏踏实实地去做、不断地去解决问题，才能不断提高自己的能力，让自己在竞争中脱颖而出。

“不积跬步，无以至千里；不积细流，无以成江海。”成功从来都不是一蹴而就的，成功是一个不断积累的过程。相反，那些对琐事不屑一顾、处理问题时消极懈怠的人，鲜有成功者。所以，不要和自己过不去，只有踏实一点儿，你的生活才会变得更美好。

成功就是勤奋的累积

一位哲人曾经说过："世界上只有两种动物能登上金字塔顶，一种是鹰，另一种是蜗牛。不管是天资极佳的鹰还是资质平庸的蜗牛，能登上塔尖极目四望、俯视万里，都离不开两个字——勤奋。"

一个人的成功与成才，环境、机遇等外部因素非常重要，但如果缺少了自身的勤奋和努力，哪怕是天资极佳的雄鹰也只能空振双翅；而有了勤奋的精神，哪怕是行动迟缓的蜗牛也能雄踞塔顶。其实，不管做什么事，都不能靠单纯的能力和智慧，都需要勤奋的精神，甚至可以说，成功就是勤奋的积累。

著名的推销商比尔·波特在刚刚从事推销业时屡受挫折，但他还是硬着头皮一家一家走了下去，找到了一个又一个买家，成了一名走街串巷的英雄。如今的他成为怀特·金斯公司的招牌。比尔·波特说："对你生活中决定要做的事要看到积极的一面，在没有实现它之前，要永远地勤奋下去。"

1932年，比尔出生的时候，因为难产导致大脑神经系统瘫痪，这种紊乱严重影响了比尔说话、行走和对肢体的控制，州福利机关将他定为"不适于被雇用的人"，专家们说他永远不能工作。

可是，比尔在妈妈的鼓励下开始了从事推销员的工作。开始时，他被好几家公司都拒绝了，但比尔没有退缩，他发誓一定要找到工作。最后，怀特·金斯公司很不情愿地接受了他。

1959年，比尔第一次上门推销，走到顾客门口的时候，他反复犹豫了四次，才鼓起了勇气摁响了门铃，开门的人对比尔推销的产品并不感兴趣。

接着，他走进了第二家、第三家……比尔告诉自己，如果有100家顾客对产品不满意，那他就会敲响101家顾客的门，如果顾客依然对产品不感兴趣，那么他就会继续敲开下一家。

38年来，连系鞋带、扣衬衫扣子都要别人帮忙的比尔，每天几乎重复着同样的路线从事推销工作。不论刮风还是下雨，比尔每天都坚持背着沉重的样品包四处奔波，还把那只没用的右胳膊蜷缩在背后。在三个月内，比尔敲遍了这个地区所有人家的门。每当他谈成一笔交易时，顾客都会帮助他填写好订单，因为比尔的手几乎累到拿不住笔。

每天出门14个小时后，比尔会筋疲力尽地回到家中。此时他关节疼痛，而且偏头痛还时常折磨着他，但他一点儿也不后悔。每隔几个星期，他就打印出订货顾客的清单，因为他只有一个手指能用，这项简单的工作要花去他10个小时的时间。深夜，他通常将闹钟定在4点45分，以便早点儿起床开始明天的工作。

时间一年一年过去了，比尔所负责地区的住户家门一次次被他敲开，他的销售额渐渐地增加了。最终在第24个年头，在他上百万次地敲开一扇又一扇的大门之后，成为怀特·金斯公司在西部地区销售额最高的推销员，同时也成了推销技巧最好的推销员。

怀特·金斯公司对比尔的勇气和杰出的业绩进行了表彰，他第一个得到了公司主席颁发的杰出贡献奖。在颁奖仪式上，怀特·金斯公司的总经理告诉他的雇员们："比尔告诉我们：一个有目标的人，只要全身心地投入到追求目标的努力中，勤奋地工作，那么工作中就没有什么事情是不可能做到的。"

比尔·波特告诉我们一个浅显易懂的道理：勤奋可以使人们成就一切。平凡的人如果加上勤奋，成功之门必定会宽厚地向他敞开。世界上没有任何可以代替勤奋的东西，教育不能替代，多财的父母、多势的亲戚及其他一切都不能代替，唯有勤奋才能成全你的人生和事业。

在日常生活中，我们经常听到有人叹息自己天生笨拙，无法获得成功。事实上，这个世界上不乏天资聪慧、绝顶聪明之人，但是有天赋却并不意味着一定能成功，而那些天赋一般却意志坚定之人却往往能通过后天的努力而成为同辈中的佼佼者，因为他们知道一个道理：做事情首先要勤奋，只有勤奋才可以弥补天赋的不足。

爱迪生八岁进学校念书，由于显得比其他孩子愚笨，老师经常骂他“糊涂蛋”。爱迪生在学校里待了三个月不到就被母亲领回家去了，这位当过教师的母亲决定自己教导孩子。

在爱迪生一生的发明中，获得专利的有1300多项。单是1882年一年，他申请的专利就有141项。爱迪生最重要的发明是电灯和留声机，其他比较著名的有电影、电车、蓄电池、打字机、水泥、橡皮，等等。从他16岁时的第一项发明——自动定时发报机算起，平均每12天半就有一项新发明。

爱迪生一生共有约两千项创造发明，不是他比别人多么聪明，而是他凭着自己坚持不懈的勤奋努力，终于成为顶尖的发明家，并为人类的文明和进步做出了巨大的贡献。

爱迪生的文化程度不高，却对人类的贡献却这么巨大，如果说他到底有什么秘诀？他的一句名言“天才就是2%的灵感加上98%的汗水”是最好的解释。爱迪生告诉我们，一个人要想取得成功，不是看他有多高的天赋，而是看他是否够勤奋。

伟大的科学家爱因斯坦是个曾经在手工课上做出过“世界上最糟糕的小板凳”的孩子，也是个曾因严重缺乏常识、想用自己的体温把鸡蛋孵出小鸡的人。

被誉为近代科学开创者的牛顿，在科学上做出了巨大贡献，他的三大成就——光的分析、万有引力定律和微积分学对现代科学的发展奠定了基础。一谈到牛顿，人们可能认为他小时候一定是个“神童”、“天才”，有着非凡的智力，其实不然，牛顿在童年的时候身体瘦弱，头脑并不聪明，他的成绩在班里总是倒数第一，他之所以能够成功，靠的是非凡的努力和勤奋。

任何成功来得都不轻松，它需要你付出努力，所以，在你的有生之年，你必须勤奋。如果你渴望获得成功，你就得勤奋，努力做好工作中的每一件事。勤能补拙，或许你的能力并不是所有员工里最为出色的一个，但只要你付出比别人更多的努力，你一样可以做得更好。

勤奋比天赋更重要

有一句话是这样说的："世界上到处是才华横溢却过着穷困潦倒生活的人。"为什么会出现这样的情况？只有一个答案可以解释：这些人不够勤奋，他们就好像古代那个叫作仲永的人一样，虽然聪明过人、出口成章，但高傲懒惰，最终一事无成。

有的人认为取得成就的人都是具有"天赋"的人，认为自己没有天赋，再怎么努力也赶不上。而事实上，勤奋才是造就天才的重要条件。天才出自勤奋，天才并不是高不可攀，也不是先天而成的，只要勤奋努力，每个人都能获得成就，实现自己的天才梦。

曾国藩是影响中国近代史的著名人物，他领导的湘军曾经显赫一时。对于这样一个人，我们肯定认为他很聪明，其实曾国藩小时候的天赋并不高，他的记忆力和同龄人比起来没有一点儿优势。

有一天晚上，曾国藩在房里研读功课，其中有一篇文章不知道读了多少遍，仍然没有背下来。这时候，家里来了一个小偷，躲在他的屋檐下，耐心地等待着曾国藩熄灯睡觉，以便于行窃之事。可是等了很久，就是不见曾国藩睡觉，曾国藩还是在反复读那篇文章。

小偷实在无法继续忍耐下去了，便跳了出来说："你怎么这么笨！这种水平还读什么书？"说完竟然一字不差地把曾国藩朗读的那篇文章非常流利地背了出来。

曾国藩非常惊讶，以为遇到了百年不遇的高人，还想着请他指点呢，但小偷做贼心虚，还不等曾国藩说话就跑了。曾国藩想了好久才明白，原来那个人是个小偷。曾国藩自我解嘲地笑了笑，又继续朗诵那篇文章了。

即便上帝给了我们天分，但如果不勤奋的话，就无法变成天才。就好像故事中的小偷一样，虽然他很聪明，但他只能成为小偷。

任何时候，我们都要始终坚定这样的信念：我们的付出一定会得到回报。这种回报有显性的和隐性的，有目前的和长远的。我们要走出误区，不要被显性和目前的回报迷惑了双眼而停滞不前，更不要因为隐性和长远的回报而灰心丧气。如果你没有得到回报，那么理由只有一条：你还不够勤奋。

其实，为人与我们追寻梦想是一样的，你要想别人相信你、信任你，就必须做一些让别人值得相信的事情来。不要以为你说自己是一个真诚的人，别人就会相信，要想让别人相信你的为人，你就得努力去证明。伟大的成就和辛勤的劳动是成正比的，有一分劳动就有一分收获，日积月累，从少到多，奇迹才能创造出来。

一群刚进公司的销售人员向年薪百万的销售总监请教："你是如何取得这么大成功的?"

销售总监并没有给他们讲什么枯燥的理论知识，而是开门见山地问："那你们认为，我是如何取得成功的呢?"他看到这些新人开始窃窃私语，"没有关系，你们尽管大胆地把你们认为可能的理由说出来"。销售总监鼓励他们说。

"因为你有高学历!"

"因为你和公司的老总是亲戚。"

"因为你有销售的天分。"

销售总监仍然摇了摇头，这些新人把想到的一切理由都说了，仍然没有说中，他们怀疑总监在和他们开玩笑。看见新人们满脸的疑惑，这位总监说起了自己的故事：

"我来北京的时候只有18岁，我读不起书，只能读到小学。那时候，村里的人都嘲笑我没钱娶媳妇，于是我发誓，我一定要赚够钱娶一个媳妇回去给他们看看。由于我的学历低，我是给公司免费发了3个月的传单，联系了一家客户才被录取的。做销售，口齿要伶俐，但我天生的缺陷就是普通话说不好，曾经有好几个客户因为听不清楚我说的话而导致谈判失败。为了把普通话练好，我找来小学课本，把汉语拼音重学了一遍，每天含着小石块朗诵课文，力求发音准确。练好普通话后，我开始练胆子，胆大是销售人员必备的一项心理素质。我专门跑到人多的地方，大声地喊出自己的名字。很多人都认为我是疯子，但我顾不得这么多。在客户方面，我的同事们很轻松地就能签下一笔业务，而我往往要联系几十个客户才能成功地签到一笔业务。为了谈判成功，我想尽办法获取客户的详细资料，有一次竟然遭到客户的殴打，说我窃取他的隐私……我之所以能有今天，是我付出了比别人多几十倍的努力换来的。我现在能拿到100万的年薪，靠的就是两个字：勤奋！”

销售总监的故事讲完了，台下响起了一片热烈的掌声。

如果你现在没有成功，不是因为你没有获取成功的能力，只是你还不够努力。看看上面那位销售总监，你应该扪心自问一下，是否有他那样努力？没有的话，就不要想着年薪要拿100万。鲜花和掌声从来不会光顾懒惰的人，超人的成就往往是付出了比常人多数十倍的努力而换来的。

所以，不要怨天尤人，不要梦想着天下有免费的午餐，也不要奢望有能呼风唤雨的父母，因为，即使把你安排到了一个显要的位置，如果你无法胜任，也只能偶尔充当一下南郭先生。请记住这句话：勤奋比天赋更重要。

机遇更钟情勤奋的人

从我们懂事的那一刻起，我们就经常能听到许多有关勤奋的格言警句：“一勤天下无难事”“书山有路勤为径，学海无涯苦作舟”“业精于勤荒于嬉，行成于思毁于随”等，这些名言警句都在说明一个浅显易懂的道理：勤奋是一种美德，是一种可贵的品行。

事实上也是如此，这个世界上没有一个人能因为不勤而取得成功的，因为任何人即使在某一方面的造诣很深，也不能说他已经彻底精通了。“生命有限，知识无穷”，任何一门学问都是无穷无尽的海洋，都是无边无际的天空，如果一个人真的以为自己达到了那种最高境界而停步不前、疏于学习，那么他必将很快被同行赶上，甚至超过。

所以，你要想获得比别人多一点儿的机会，就要努力提高自己。一分耕耘，一分收获，任何大有所为的人无不与勤奋的习惯有着一定的关联。一个并不怎么聪明的人，只要他认真地锻炼自己的能力、掌握必要的技巧、付出艰辛的劳动，一样能够获得成功。

曾有人问李嘉诚成功的秘诀，李嘉诚讲了这样一则故事。

曾有一个人问日本“推销之神”原一平的成功推销秘诀，原一平当场脱掉鞋袜，对他说：“请你摸摸我的脚板。”

他满脸疑惑地摸了摸原一平的脚板，十分惊讶地说：“您脚底的老茧好厚呀！”原一平说：“因为我走的路比别人多、跑得比别人勤。”提问者略微沉思后，幡然省悟。

李嘉诚讲完故事后，微笑着说：“我没有资格让别人来摸我的脚板，但可以告诉你，我脚底的老茧也很厚。”当年，李嘉诚每天都要背着装有样品的大包马不停蹄地走街串巷，从西营盘到上环，再到中环，然后坐轮渡到九龙半岛的尖沙咀、油麻地。

李嘉诚说：“别人做 8 个小时就能成功，我就做 16 个小时，开始时别无他法，只有靠勤补拙。”

李嘉诚起初在茶楼当跑堂，拎着大茶壶，每天 10 多个小时地来回跑。后来当推销员，依然是背着大包一天走 10 多个小时的路。其实，李嘉诚的脚板未必没有原一平的厚。

你要想获取成功，就必须抓住机会。要抓住机会，就要有足够的能力，而勤奋则是提高能力所不可或缺的因素。勤奋是成功的根本、基础、秘诀。没有勤奋，即使你天赋奇佳，也只能平平凡凡地度过一生。任何一项成功都不可能唾手可得。因此，你应当在年轻的时候就培养“勤勉努力”的习性，等年纪大了，再想改变懒惰的习惯就很困难了。

日本最成功的企业家之一松下幸之助说过：“我在当学徒的七年中，在老板的教导之下养成了勤奋的习惯。所以一些工作在他人视为辛苦困难，而我却不这样觉得，反而觉得快乐。青年时代，我始终一贯地被教导要勤奋努力，所以，我的能力提升得很快，这让我抓住了很多的机会。”

要想获得成功，勤奋工作是最基本的功夫。如果觉得自己的天赋不行，那就更要勤奋努力，就如李嘉诚说的那样，别人用8小时就能做好的事情，如果我做不好，我就用16个小时来做。要在工作上花费比别人更多的时间，只有这样，你才能为自己争取到更多的机会。

李昌钰是一位国际知名的刑事鉴定专家。1976年，他在美国康涅狄克州警署刑事鉴定中心担任主任一职，在他之前，还没有一位华人得到过美国司法机构给予的如此高的信任。他的名字已经被列入世界级最神奇的侦探家行列，他被称为当代的“福尔摩斯”。

侦破案件是一件非常艰苦的工作，它不仅要求探案者具有丰富的经验和想象力，而且需要反复查找证据，并要在最有限的证据中得出让人信服的推理和结论。

这种工作所要求的工作量是很大的，他不仅白天要忙于工作，在晚上依然要为工作付出。他每天的睡眠通常只有4个小时，吃一顿饭用时不超过5分钟，在30年的职业生涯中，他几乎每天工作16个小时。

人们认为他是一个神奇的警察，对他的能力近乎崇拜，但李昌钰认为自己只是一个普通人，而他之所以能够取得辉煌的成绩只是因为他比别人更勤奋罢了。他认为自己在职业上所取得的每一个进步都是勤奋积累的结果。人们给了他很高的荣誉，那其实是对他勤奋的奖励。他认为勤奋是他获得巨大成就的根本原因，就才智与勤奋相比，他宁可相信勤奋。

如果一个人要想获得成功，又认识到自己在能力上的不足，那么只有通过“勤”才能补救。对能力真正不足的人来说，“勤”就是要花比别人多好几倍的时间和精力来学习，只有不怕苦、不怕困难，机遇才会被你抓住。

在寓言《守株待兔》中的那个人，曾经不费吹灰之力就得到了一只兔子，但此后再也没有得到过半只兔子。所以，不要指望不劳而获的成功，任何成功都来自勤奋者的努力，世界上没有不劳而获的事。如果你永远保持勤奋的状态，你就会得到他人的认可和称赞，同时也会脱颖而出，并得到获取成功的机会。否则，即使机会来了，你也只能望洋兴叹。

吃苦耐劳能使你更优秀

很多人认为，有本事的人不用吃苦，吃苦的人没有本事，却不知所有有本事的人都是从吃苦过来的，如果他们不吃苦，很可能就会失去工作机会，就没有发展自我的前提。也有人认为吃苦很简单，就是努力工作、埋头苦干、没日没夜地操劳，像蜜蜂一样辛勤。其实这是对吃苦的一种误解。

“不经历风雨，怎能见彩虹。”无论你经营什么、做哪个行业，都必须艰苦奋斗，如果只想坐享其成，就很难会有体现自我价值的机会，就更别提会成为一个有本事的人了。看看有本事的人曾经所从事的职业，我们就可以想出他们在人生过程中吃了多少苦。吃不了苦，就无法成为人上人，总是对目前的工作感到不满，总想找一个既轻松又能赚大钱的工作，结果往往是好机会没有降临，宝贵的年华却被虚度了。

在电视剧《大长今》里有这样一个片断。

长今一心只想在比赛中取胜，用了寻常百姓吃不起的上好牛骨炖汤，这完全与太后娘娘要为百姓找出新食物的用意相左，结果输掉了比赛。

为了让长今认识并反省自己的错误，韩尚宫派长今到云岩寺去伺候年迈卧病在床的老尚宫。长今苦苦哀求韩尚宫将自己留在宫内，韩尚宫却不为所动。

长今走了之后，连生、阿昌跟令路都想成为韩尚宫的上赞内人，可是当韩尚宫用训练长今的方式训练她们时，她们都无法做到。韩尚宫问她们：“你们不是说行吗？为什么都做不到？”她们无法回答。

为什么连生、阿昌和令路都做不到？归根结底，是因为她们缺少了像长今那种吃苦耐劳的精神，因此韩尚官自然不想让她们做自己参加比赛时的助手。

现在，有一个最让企业头疼的问题是：新招来的员工吃不了苦，没有一点儿吃苦耐劳的精神。有些人在企业里干了几天，甚至才干了几小时就辞职走人，没有坚定的意志。

一个知名企业家说：一个优秀的员工要有吃苦耐劳的精神。现在有些青年员工，刚到企业来工作时决心很大，可是最后总有一部分人无法坚持到最后。为什么？就是因为他们缺乏一种吃苦的精神。任何一种工作都很辛苦，但美好的生活是靠我们用双手劳动去争取的，你付出多少，就会有多少收获。

文清大学毕业后就来到北京，在一家公司从事质检工作，每个月只能挣1500元，这样的薪水只能让他住在地下室，而且还必须从早忙到晚。他的朋友都劝他换份工作，说这样低报酬的工作不值得他如此卖力。

可是他始终没有放弃，从不抱怨自己的工资太低。他认为，在这儿工作虽然辛苦，工资也不高，但能学到很多非常有用的东西。他诚恳踏实的态度受到了老板的关注，一年以后，他的工资就涨到了4000元，并且被提拔为一个重要的部门的副经理。

在新职位上，文清继续保持自己吃苦耐劳的工作精神，最后被提升到副总经理的位置上，成为公司中收入仅次于老板的人。

其实，每个人在刚参加工作时工资待遇都不高，而且都是做最基础的工作。企业之所以这样做，就是为了磨炼新人，看谁才是真正值得培养的人。所以，千万不要因为工作辛苦、薪水又少就心生抱怨，你现在最需要的就是立刻让自己学到扎实的基本功，为今后的人生道路和职业生涯打好坚实的基础。

老板最欣赏那些具有任劳任怨、有敬业精神的员工，所以，只有踏踏实实地做好现在的工作，将敬业精神彻底融入你的工作，你才能得到老板的重用、赢得未来。无论从事什么行业，只要你尽心尽力去做，就一定能出类拔萃。

王永庆小时候，家里特别穷。由于他在兄妹中排行老大，从小就担负着繁重的家务。从他六岁起，每天一大早他就起床，赤脚担着水桶去二里多远的水潭去挑水。一天要往返五六趟，十分辛苦。不过，这也锻炼了他的耐力。

为了维持一家人的生计，小学毕业后，王永庆就来到嘉义一家米店当学徒。在那儿待了大概一年，他的父亲见他有创业的潜能，就向亲戚朋友借了两百块钱，帮他开了一家米店。

为了经营好自己的米店，王永庆很用心地盘算着每家用米的消耗量，当他估计某家的米差不多吃完的时候，就将米送到顾客家里。这种周到的服务一方面确保顾客家中不会缺米，另一方面也给顾客提供了方便，尤其令那些老弱病残的顾客更是感激不尽，自从买过王永庆的大米后，再也没到别家米店去买过米。

王永庆并不是一个容易满足的人，为了增加利润，他减少了从碾米厂采购的中间环节，添置了碾米设备，自己碾米卖。在王永庆经营米店的同时，他的隔壁有一家日本人经营的碾米厂一般到了下午5点钟就要停工休息，但王永庆则一直工作到晚上11点半，结果使日本人的业绩总落后于王永庆。

由于王永庆在年轻的时候肯吃苦耐劳，使他后来在经营台塑企业时能得心应手，即使遭遇挫折也能坦然面对。取得成功之后，王永庆深有体会地说："对我而言，挫折只是提醒了我在某些地方疏忽犯错了，必须进行理性的分析，并作为下次处世的参考与借鉴，这样便能以正确的态度面对人生所不能忍的挫折，并从中获益，这样，挫折的杀伤力就等于锐减了一半，因此，我成功的秘诀就是'吃苦耐劳'这4个字。"

"吃得苦中苦，方为人上人。"这句名言告诉了我们一个千古不变的真理：吃苦耐劳也是获取成功的秘诀。那些能吃苦耐劳的人，很少有不成功的，这是因为吃苦吃惯了，便不再把吃苦当苦，能泰然处之，遇到挫折也能积极进取；如果怕吃苦，不但难以养成积极进取的精神，反而会对困难挫折采取逃避的态度，这样的人当然也就很难成功了。

人生之苦有很多：工作之苦、环境之苦、气候之苦、思乡之苦、离乡背井之苦、抛妻别子之苦、寂寞孤独之苦、上当受骗之苦、失败之苦乃至血本无归之苦等。对于这么多种苦，如果一个人不能用一个积极的心态来"消化"，那么他的精神就会崩溃，但是如果他能用吃苦耐劳的精神坦然面对，那么天下就没有他成不了的事。所以，可以说，吃苦耐劳不仅会让你变得更优秀，还会让你拥有成就事业的基本条件。

第六章

自知与理解，尊重他人，是一种修行

人品好的人有一个很大的特征，就是凡事严格要求自己，对待别人却十分宽容。一个人能否认识自己和理解他人，不仅能充分反映出一个人的品格和修养，还能培养与人之间的良好关系。认清自我的人，能不断提升自我，理解别人的人，也会得到别人的理解。这种人的人生，会得到令人艳羡的成功和快乐。

人要有自知之明

“自知之明”一词，出自《老子》：“知人者智也，自知者明也。”一个严于解剖自己的人，往往是有自知之明的。但人要做到这一点，往往是比较难的，解剖别人易，解剖自己难。所以人们又说：“人贵有自知之明。”意思是说能清醒认识自己，对待自己，是最明智最难能可贵的。

国学大师梁启超晚年每日5点起床，工作10小时，星期天也不休息。他有句口头禅——“万恶懒为首，百行勤为先”，三十六年间所著《饮冰室合集》共148卷，1400万字，平均每年要写39万字。

梁启超一动笔则情如烈焰，思胜泉涌，万言长文“片刻即脱”。1914年他小住清华“工字厅”，罄10日之功，写完长达百页的《欧洲战役史论》。护国运动期间，遭袁世凯通缉追捕躲入荒山，大病初愈即奋战三天三夜，写出了《国民浅训》一书。

人入暮年，梁启超的精力不减，只消一个周末，便可成书一本。与他一同欧游的蒋百里，回国写了一本《欧洲文艺复兴史》，请他为之作序。岂料梁启超一发不可收拾，出手便是6万字，这篇“长序”只得单独出版，是为梁启超的学术代表作《清代学术概论》。

梁启超下笔神速，一是靠天资所赐，擅博闻强记，故能出经入史，信手拈来。譬如他能全篇背诵贾谊七千余字的《治安策》，曾笑言：“不能背《治安策》，又怎能上‘万言书’?”

尽管梁启超如此博闻强记，勤奋著书，但他深具自知之明，尝自言：“务广而荒，每一学稍涉其樊，便加论列；故其所述著，多模糊影响笼统之谈，甚者纯然错误。”梁启超在檀香山刚学习了几个月的英文，便自觉已得真谛，还编了一本《英文汉读法》，教人数月之内学会翻译英文。结果，经《国民报》英文编辑王宠惠“测试”，梁启超的英语水平当场“现形”。梁羞愧之下，将书一撕两半，丢到窗外。

梁启超后来对刘海粟说："一个渔人同时撒一百张网，不可能捉到大鱼……基础好，天分好都不够，还要业精于勤。不能把治学的摊子摆得太大。'才成于专而毁于杂'，一事办好，已属难得；力气分散，则势必一事无成。"

的确，人贵有自知之明，这是一个人修炼人品的出发点和方向。但对于一个人来说，难的是真正了解自己，战胜自己，驾驭自己。自以为自知同真正自知不同，自以为了解自己是大多数人容易犯的毛病，真正了解自己是少数人的明智。人生如秤：对自己的评价称轻了容易自卑；称重了又容易自大；只有称准了，才能实事求是、恰如其分地感知自我，完善自我，对自己了然于心，知道自己能吃几碗干饭，有几许价值，才能做到自知之明。可现实中人们常常称重自己，过于自信和自重，总觉得高人一等，办事忽左忽右，不知轻重，而造成不必要的尴尬和悲剧。当然也有称轻自己的人，其表现为往往自轻和自贱，多萎靡少进取，总以为自不如人，自惭形秽，而经常处于无限的悲苦之中。

古人云："吾日三省吾身。"就是说，自知之明来源于自我修养和自我慎独。因为自省才能自制自律，自律才能自尊自重，自重才能自信自立。自尊为气节，自知为智慧，自制为修养。人具备了自知之明的胸臆和襟怀，其人格顶天立地，其行为不卑不亢，其品德上下称道，其事业左右逢源。在人生道路上，就能经常解剖自己，自勉自励，改正缺点，量知而思，量力而行，及时把握机遇，不断创造人生的辉煌。

自知之明与自知不明一字之差，两种结果。自知不明的人往往昏昏然，飘飘然，忘乎所以，看不到问题，摆不正位置，找不准人生的支点，驾驭不好人生命运之舟。自知之明关键在"明"字，对自己明察秋毫，了如指掌，因而遇事能审时度势，善于趋利避害，很少有挫折感，其预期值就会更高，人生道路也会更顺畅。同时，自知不明是受私欲和心境的影响与干扰的。在如今人心浮躁和物欲横流的人际交往中，如果不能正确对待自己，缺乏自律意识，就很容易受权、钱、色、欲的诱惑和腐蚀，沉湎其中而不能自拔，以至于酿成许多人生的苦果。这在现实中是不乏其例的。

从另一层面上讲，自知无知才求知，自知无畏才拼搏，好说己长便是短，自知己短便是长，自知度愈高，求知欲愈强，学然后知不足，知然后更求知。

掌握的东西越多，越感到自己学识的短浅，知无止境学无涯。

因此，自知之明是求知的不竭动力，求知是自知之明的升华。自知之明通过求知改变自己的无知无识，也是使自己达到自尊自重、自律自信，进而自立自强自如人生境界的基础。

丰富的知识可以帮助人正确认识自己，但有自知之明并不是就要独善其身、足不出户。既承认自己的不足，也能够认识自己的长处，这才是自知之明的完整含义。知道自己的不足，就要迎头赶上，想办法弥补；认识到自身的优势，就要寻找机会，创造条件，将它发挥出来。这也是一个人提升自我修养和品质的必然过程。

善于自我反省

法国牧师纳德·兰塞姆去世后，安葬在圣保罗大教堂，墓碑上工工整整地刻着他的手迹："假如时光可以倒流，世界上将有一半的人可以成为伟人。"一位智者在解读兰塞姆手迹时说："如果每个人都能把反省提前几十年，便有50%的人可能让自己成为一名了不起的人。"他们的话，道出了反省之于人生的意义。

很多成功人士在介绍自己的成功经验时，都会提到自我反省能力。一个人之所以能够不断地进步，正在于他能够不断地自我反省，找到自己的缺点或者做得不好的地方，然后不断改正，从而取得一个又一个的成功。

韩愈年轻时曾到朋友家作诗会友，在创作时因情绪激动打翻了朋友的一只碗，回到家后反省自己：虽然打破了一个碗事小，但如果办公也意气用事，岂不会坏了大事？于是他登门谢罪，削掉了一束头发以做誓证。朋友被他这种精神感动，更加信任韩愈，成为至亲至信之人。

鲁迅先生从小就是一个严格自律，懂得反省的人。

鲁迅自幼聪颖勤奋，三味书屋是清末绍兴城里的一所著名的私塾，鲁迅12岁时到三味书屋跟随寿镜吾老师学习，在那里攻读诗书近5年。鲁迅的座位，在书房的东北角，他使用的是一张硬木书桌。现在这张木桌还放在鲁迅纪念馆里。

鲁迅 13 岁时，他的祖父因科场案被逮捕入狱，父亲长期患病，家里越来越穷，他经常到当铺卖掉家里值钱的东西，然后再在药店给父亲买药。有一次，父亲病重，鲁迅一大早就去当铺和药店，回来时老师已经开始上课了。老师看到他迟到了，就生气地说："十几岁的学生，还睡懒觉，上课迟到。下次再迟到就别来了。"

鲁迅听了，点点头，没有为自己做任何辩解，低着头默默回到自己的座位上。

第二天，他早早来到学校，在书桌右上角用刀刻了一个"早"字，心里暗暗地许下诺言：以后一定要早起，不能再迟到了。

以后的日子里，父亲的病更重了，鲁迅更频繁地到当铺去卖东西，然后到药店去买药，家里很多活儿都落在了鲁迅的肩上。他每天天不亮就早早起床，料理好家里的事情，然后再到当铺和药店，之后又急急忙忙地跑到私塾去上课。虽然家里的负担很重，可是他再也没有迟到过。

在那些艰苦的日子里，每当他气喘吁吁地准时跑进私塾，看到课桌上的"早"字，他都会觉得开心，心想："我又一次战胜了困难，又一次实现了自己的诺言。我一定加倍努力，做一个信守诺言的人。"

后来父亲去世了，鲁迅继续在三味书屋读书，私塾里的寿镜吾老师，是一位方正、质朴和博学的人。老师的为人和治学精神，那个曾经给鲁迅留下深刻记忆的三味书屋和那个刻着"早"字的课桌，一直激励着鲁迅在人生路上的继续前进。

鲁迅的亲身经历告诫人们，要学会反省自己，善于反省自己。

反省，是对自身所作所为进行的思索和总结。自己说过的话、做过的事，都是自己直接经历和体验的，对自己的一言一行进行反省，反省不理智之思、不和谐之音、不练达之举、不完美之事，往往能够得到真切、深入而细致的收获。

有一位没有社会背景的小伙子，大学本科毕业后进入一家全球 500 强的跨国能源大公司工作。公司安排新员工从基层简单工作做起。其他新员工都在抱怨："为什么让我们做这些无聊没意义的工作？""做这种简单平凡的工作会有什么希望呢？"这位小伙子却什么也不说，他每天都认认真真地去做每一件领导交给的工作，而且还力所能及地帮助其他员工去做一些最基础、最劳累的工作。由于他的态度端正，做事情的效率很高。

更难能可贵的是，小伙子是个非常有心的人，他从进入公司基层上班的第一天起，始终坚持了写日记的习惯，对自己每天的工作都有一个详细的记录，做什么事情出现问题，他都记录下来、深刻反思；然后，他就很虚心地去请教老员工。由于他的态度和人缘都很好，大家也非常乐于教他。

不到一年的磨炼，小伙子迅速掌握了基层的全部工作要领，很快，他就被调到公司机关工作；又过了两年，他就成了机关部门的负责人。而与他一起进去的其他员工，却还在基层一直议论着、抱怨着，老觉得自己生不逢时，怀才不遇，而世风日下，人心不古。

现实工作中，一些人思想定位不准，总认为自身不错，一遇到问题或挫折就怨声载道，不断地埋怨别人的过错，指责别人的缺点，他们觉得周围的环境和人处处跟自己作对；或者是认为自己"曲高和寡"，周边人无法理解自己丰富而深刻的思想。实际上，他们缺乏自我反省的能力，没有意识到真正的问题不是来源于周围，而是来自他们对自己存在的缺点毫无察觉或者满不在乎，不能从根本上清楚自己的错误，把责任时时处处推给别人。

自我反省是净化心灵的手段，是提高认知能力和办事能力的手段，是认识缺点、改正错误的前提。一个人之所以能够不断地进步，在于他能够适时地调整心态，不断地自我反省，自我修炼，自我检讨，找出自己的缺点或者做得不好的地方，然后不断地改正，以追求完美的态度去做事，从而取得一个又一个的成功。一个善于自我反省的人，往往能够发现自己的优点和缺点，并且能够扬长避短，发挥自己的最大潜能；而一个不善于自我反省的人，则只会抱怨他人或环境，对自己的缺点浑然不觉，一次一次地犯同一类错误，使自己一步一步走向输家的角色。

反省是一个心理过程，它是改造主观世界的一个重要手段。一个人有缺点或过失并不可怕，关键是要能够正视它，正视缺失就等于改正了一半的错误。正如希腊哲学家德谟克利特所说的：追悔可耻的行为是对生命的拯救。

追悔就是正视错误、自我反省。人品好的人就是在反省中不断提升自我，完善自我的。

人生的最大对手是自己

人生的对手有无数，每个对手都是自己的一面镜子，从中我们可以看到自己的不足及弱处，进而不断地修正自己的人生方向。

这些对手都是实实在在地存在，但更有一个无形的对手潜身于暗处，它可能帮助你攻克前进道路上的荆棘，也可能在你前进的路途上设上障碍，使你寸步难行。那就是你自己。

有一位和尚，自出家以来，父母从未曾放弃说服他还俗，一再以亲情及丰厚的财富试图动摇他求道的信心。而他自己也一直徘徊在亲情与佛道之间，为此苦恼不堪。

这一天，他终于鼓起勇气向佛陀禀明，请佛陀为他开示如何降伏内心的烦恼魔。佛陀于是向他说了这样一则故事：

有一位锄头贤人，他原本是个农夫，从早到晚辛勤在园里锄草种菜，后来他就决定出家。出家之后，觉得很不习惯，又还俗回去种田。但是种田实在辛苦，想想，还是出家没烦恼，就又出家去了。出家以后，他又无法适应每天早晚的精勤修行，为了不辱佛门清净勤朴的形象，又再度还俗。如此出家、还俗，还俗、出家，总是不能持久，而慈悲的佛陀总是方便包容了他的进退。

这一次，他维持了一段长久的出家生活，不曾动过还俗的念头，忽然看到一把从前用过的锄头，心念一动，又想起从前农夫的生活，日出而作，日入而息，多么逍遥，忍不住就扛着锄头，一路走一路想，不知不觉来到江边，望着滔滔的江水，终于下定决心："都是这把锄头，害得我在佛道里进进出出，来来去去。唉！人生究竟有多少的岁月可以蹉跎呢？今天决定不再退心还俗了！"

他毅然决然地把锄头往江中丢去，只见锄头迅速地沉没，泛起阵阵涟漪，所有的挣扎也随之消失，顿时有种解脱的感觉，心想自己以后再也不必挣扎了。

这个时候，正好有一位国王作战胜利，率领一大批兵将班师回国，一行人浩浩荡荡乘船而下，锄头贤人忍不住大喊："你们作战胜利了吗？你们能打倒敌人，却不能胜过自己。我，锄头贤人，今天终于战胜了天下最顽强的敌人自己，我丢掉了锄头，放下了我的执着，战胜了我心里的烦恼，我才是真正的胜利者啊！"

说到这里，佛陀无限慈爱地告诉他："世间上最可怕的敌人不在外面，而是我们自己内心的贪瞋痴烦恼。修行就是和自己的烦恼作战，能战胜自己的人，才是真正的胜利者。"

听了佛陀的开示，和尚若有所悟，发愿一定要战胜自己，做个堪受佛法的大器。

人生在世不如意十之八九，人人都不会按自己意志使生活为之转移；现实往往是残酷的，同时也打破了你理想的梦幻，将你置于绝望的谷底，信念随之灰飞烟灭，因而也沉沦下去。

关于失败，让人有太多后退与放弃的理由，心力交瘁地为一个梦想苦拼苦打了许久，甚至规划了所有的将来；当有一天突然发现它破了、碎了的时候，惊觉原来那个梦想是那么遥不可及，连当初信誓旦旦的口号也是那么的虚弱无力，于是就会滋生出一万个理由来让自己颓废。

人生不怕屡战屡败，只怕没有上战场的勇气；对付屡战屡败的最佳方法，就是屡败屡战。人生本来就是一场长期的战斗，直到盖棺论定，但这个人的成败也不是由别人来下定论，而是由你自己来定。

法国著名科幻小说作家儒勒·凡尔纳在他闻名之前，曾有过这样一段经历：他的第一部小说《气球上的星期五》接连被 15 家出版社退回，他气愤、痛苦，还有着将稿子付之一炬的念头。后来在妻子的鼓励下，他抱着试一试的想法走进了第 16 家出版社。出版商赫尔哲经理阅读完他的著作后，不仅答应他马上出版，而且与他签订了为期 20 年的出版合同。历经艰难挫折后的多次尝试，使他战胜了自己，最终迎来了人生成功的开端。

这样的人值得敬佩。受到极大的打击与挫折，却不灰心，也不逃避，仍然抬着头，尽所能地去做他所可以做的事；不因打击而倒下去，也不退后，甚至不停下来，继续努力，继续前进。

人生就是一条曲折多石子的道路，因为它是曲折的，所以能使人感到无奈；因为它是不平的，所以能使人遇到挫折而跌倒。其实，要想走好这条人生路，就要像小孩初学走路那样，不怕跌倒，不怕痛，跌倒了就爬起来，继续向前走。如果一个人在这人生路上遇挫跌倒了，还没有爬起来，就已经害怕下一次跌倒的痛，那么这个人的最终结果可想而知。

当我们处在“欲渡黄河冰塞川，将登太行雪满山”的时候，就要做一个坚强的人，不屈服，从挫折中奋起，继续向前走，正如张海迪说：“命运要我一百次倒下，我也要一百零一次爬起来继续向前走。”

人常常怯弱，在心理上感到自卑，于是开始怀疑自己，在行为上变得踟蹰。实际上每个人都有自己的长处。但由于怯弱，常把自己的优点埋没。人要想自信地对待世界，豁达地生活，保持心理上的健康，保持意志上的执着，关键是战胜自我。

战胜自我，是除去心理的卑怯；战胜自我，是抛弃心理的折磨；战胜自我，是人思想的升华；战胜自我，是为了自己不倒。自己不倒，他人又能奈何？这不是阿Q式的自慰，这是强者的哲理与思索。自己不倒，信念的旗帜便永远竖着，人生之树将永远长青蓬勃；自己不倒，生命的风帆便永远高扬着豪迈与执着，人生将奏出更加雄壮的凯歌。

所谓失败，其实就是自己的一种感觉，是在通往目标的过程中，由于自己的行动多次受阻而产生的绝望感。是自己在自己心中滋养起来的障碍。如果我们在挫折之后对自己的能力或“命运”发生了怀疑，产生了失败情绪，想放弃努力，那么我们就已经失败了。面对困难，许多人望而却步；而成功的人士往往非常清楚，只要敢于和困难拼搏一番，就会发现，困难不过如此。

我们的人生就如打牌一样，拿到什么牌不重要，如何把手中的牌打好才是最重要的。困难和挫折在所难免，遇到了挫折就把它当作一次跋山涉水。“无限风光在险峰”，不饱尝痛苦的寻觅，哪能领略成功的甜蜜？我们更应该用自己本身的力量去挑战挫折，渡过难关，这是一种快乐，这种快乐是胜利的快乐。正因为和痛苦战斗的时候，十分困难和艰险，所以最后胜利的凯歌将会更加动人、响亮。

人生道路上几多欢乐，几多哀愁，几多失落，几多沉浮，每一个人都难逃命运的摆弄。但主宰自己命运的，掌握自己命运的只有你自己。

人生中最大的对手其实是自己。当我们需要勇敢的时候，先要战胜自己的软弱；需要洒脱的时候，先要战胜自己的执迷；需要改变的时候，先要战胜自己的固执；需要冷静的时候，先要战胜自己的冲动；需要勤奋的时候，先要战胜自己的懒惰；需要宽宏大量的时候，先要战胜自己的浅狭；需要淡泊的时候，先要战胜自己的贪欲。

好人品从自律做起

生活中，我们常常提到自强、自立，却较少讲到自律。其实自律也是非常重要的。做人如果不能做到自律，要想使自己在人生的发展中一帆风顺几乎是不可能的。自律是做人必须遵循的一项原则，是拥有好品质好修养的基础，甚至比自强、自立更为重要。

何谓自律？乃是“自己约束自己”之意。看起来，这无关大雅，没什么大不了，谁都会说“做人应当学会约束自己”，可是要真正做到这一点却并非易事。

詹姆斯·兰费蒂斯是美国的一位著名的建筑师，11 岁时和他的家人住在湖心的一个小岛上。这里，房前的船坞是个钓鱼的好地方，父亲是个钓鱼高手，小詹姆斯从不愿放过任何一次跟父亲一起钓鱼的机会。

那一天正是钓翻车鱼的好时机，而从第二天凌晨起就可以钓鲈鱼了。傍晚，詹姆斯和父亲在鱼钩上挂上蠕虫——翻车鱼最喜欢的美食。詹姆斯熟练地将鱼钩甩向落日映照下的平静湖面。

月亮渐渐地爬出来，银色的水面不断地泛起静静的波纹……突然，詹姆斯的鱼竿猛地被拉弯了，他马上意识到那是个大家伙。他吸了一口气使自己镇静下来，开始慢慢地遛那个大家伙。父亲一声不响，只是时不时地扭过脸来看一眼儿子，眼光里是欣赏和赞许。

两小时过去了，大家伙终于被詹姆斯遛得筋疲力尽了，詹姆斯开始慢慢地收钩。那个大家伙一点点地露出水面。詹姆斯的眼珠都瞪圆了：我的天哪，足有10公斤！这是他见到过的最大的鱼。詹姆斯尽力压抑住紧张和激动的心情，仔细地观看自己的战利品，他发现，这不是翻车鱼，而是一条大鲈鱼！

父子俩对视了一下，又低头看着这条大鱼。在暗绿色的草地上，大鱼用力地翻动着闪闪发亮的身体，鱼鳃不停地上下扇动。父亲划着一根火柴照了一下手表，是晚上10点，离允许钓鲈鱼的时间还差两小时！

父亲看了看大鱼，又看了看儿子，说："孩子，你得把它放回水里去。"

"爸爸！"詹姆斯大叫起来。

"你还会钓到别的鱼的。"

"可哪儿能钓到这么大的鱼呀！"儿子大声抗议。

詹姆斯向四周望去，月光下，没有一个垂钓者，也没有一条船，当然也就没有一个人会知道这件事。他又一次回头看着父亲。

父亲再没有说话。詹姆斯知道没有商量的余地了，他使劲地闭上眼睛，脑中一片空白。他深深地吸了一口气，睁开了眼睛，弯下腰，小心翼翼地把鱼钩从那大鱼的嘴上摘下来，双手捧起这条沉甸甸的、还在不停扭动着的大鱼，吃力地把它放入水中。

那条大鱼的身体在水中嗖的一摆就消失了。詹姆斯的心中十分悲哀。

这是34年前的事了。今天的詹姆斯已经是纽约市一位成功的建筑设计师，他父亲的小屋还在那湖心小岛上，詹姆斯时常带着他的儿女们去那里钓鱼。

詹姆斯确实再也没有钓到过那么大的鱼，但是那条大鱼却经常会出现在他的眼前——当遇到道德的问题时，这条大鱼就会出现在他的眼前。

正像他的父亲教诲他的那样，道德问题虽然只是一个简单的正确或错误的问题，但是实施起来却有一定的难度，特别是当你面对着很大的诱惑的时候。如果没有人看见你行为的时候，你能坚持正确吗？在时间紧急的情况上，你会不会闯红灯或是逆行？在没有任何人知道的情况下，你是否会把不属于自己的东西据为己有？

这件事在詹姆斯的记忆中永远是那样清晰，他为自己的父亲而骄傲，也为自己骄傲，他还可以骄傲地把这件事告诉他的朋友们和他的子孙后代。

“金无足赤，人无完人”。世界上没有十全十美的人，每个人都会有缺点错误。一个自律的人应该经常检查自己，对自己的言行进行自省，纠正错误，改正缺点，这是严于律己的表现，是不断进取的重要方法和途径。有错误和缺点不怕，可怕的是无视它，不去改正它。

一个自律的人，应该是一个懂得自爱，勇于自省，善于自控的人。自律，它能使人明于自知，使人养成良好的行为习惯，使人学会战胜自我，使人身心健康，使人高尚起来，建立良好的人际关系，同时它是一个修养的起点和基本要求，也是一个人行动自由所必需的条件。一个人能够自律，说明他修养已达到了较高的境界。

那么，如何做到自律呢？

一、制定出你做事的优先顺序，然后按这个顺序去做

做任何事，都免不了要做计划。如果你能够订出何者最为重要，刻意从其他的事情中抽身出来，这会让你有足够的精力去完成首要的任务。这正是自律的基本精神所在。

二、把自律的生活方式当成目标

培养自律最佳的方式是为自己制定系统及常规，特别是在你视为重要的需要长期的成长及追求成功的指标项目上。例如，为了持续地写作及演讲，有心人就会每天固定将所读的资料存档起来，以作为日后参考之用。

三、向你的借口挑战

如果想培养自律的生活方式，首要的功课之一就是破除找借口的倾向。正如法国古典文学作家佛朗哥所说：“我们所犯的过错，几乎都比用来掩饰的方法，更值得原谅。”如果你有几个令你无法自律的理由，那么，你要认清它们只不过是一堆借口罢了。

四、工作完成之前，先把奖励挪开

著名作家麦克·狄朗尼说过这么一句智慧的隽语：“任何一个企业或机构，如果给予怠惰者和贡献者同等待遇，那么，你将会发现前者越来越多，后者越来越少。”如果你缺乏自律，那么你可能就是把甜点放在正餐之前享用的那种人。

五、把目光注视在结果上

无论任何时候，只要你把注意力放到工作的难度本身上，而不考虑结果和奖赏，就很容易灰心丧气；如果沉浸于其中太久，就会养成自怜的毛病。因此，下次当你再面对一件不得不做的任务，心中开始企图抄捷径而不按规矩踏踏实实去完成时，切记：要打消自己这样的盘算，把目光转回到目标上。认真权衡按部就班的好处，花工夫彻底做好它。

总之，自律是一种信仰，自律是一种素质，自律是一种觉悟，自律是一种自爱，自律是一种自省，自律是一种自警。卡皮耶夫说：“思想和格言可以美化灵魂，正如鲜花可以美化房间一样。”所以，要想做一名有益于社会的人，就要针对自己的实际，选择相关的名言、警句、格言，作为自己的座右铭，用以勉励自己，提醒自己，警示自己。

一个人要想提升自己的人品，首先必须学会自律，只有充分的自律和自我管理，我们在人生的道路上才能更快更早地获得成功。这绝非危言耸听，因为只有自己学会自律，懂得自律，你才会时刻想到要严格要求自己，自己在各方面的素质也将进一步得到提高，成功当然也就越快。

多责于己，薄责于人

孔子说：“躬自厚而薄责于人，则远怨矣。”意思即是，多责备自己而少责备他人，就可以避免遭到别人的怨恨了。

在生活中，人往往容易原谅自己，为自己开脱，找借口掩盖自己的过失和不足，倒是常常责怪别人，把失误或者过错归咎于别人，这样，不但自己失去了反省自己和找到自己不足的机会，而且，也会引起别人的反对和埋怨，甚至是憎恨。这就是人们被认为人品差的主要原因之一。

做错事情，被人误解，遭遇失败，身陷困境……我们都会抱怨。只是，常常抱怨别人多，责怪自己少。而为人处世，恰恰最需要的是多责己，少怨人，甚至不怨人，这才是好人品的表现。

多责己少怨人是一种自省。卡耐基在《人性的弱点》中说过："如果你错了，就迅速而真诚地承认。"错了就错了，不要解释、掩饰，更不要迁怒于人。一个敢于承认自己错误而不为错误辩护的人，才能在检讨中不断进步，在反省中不断完善，还可能出类拔萃。相反，那些执迷不悟的人、知错不改的人，不但毁了自己的形象，引起别人的反感，还埋下了日后重蹈覆辙的隐患。

多责己少怨人是一种解脱。要知道，这个世界上从来就没有常胜将军，名人伟人无不是从失败中一次次熬过来的。有的人犯了错误，遭受失败，就牢骚满腹，就恼羞成怒，无非是顾及自己的面子。殊不知，"错"的一半是"金"，"败"的一半是"贝"。错误或失败并不可怕，可怕的是不懂得"错里淘金""败中拾贝"。当我们勇敢地把措败踩在脚下，把包袱甩在身后，迎来的就是成功的美丽。

多责己少怨人是一种力量。怨天尤人的另一个名字是懦弱，爱抱怨更是不成熟的表现。遇人遇事，只想着证明自己没有责任，或只想着把责任往别人身上推，那么，还会衍生更多的矛盾，还会招来更大的危险。结果恶性循环，不得善果。而一个真正的强者、智者，有一次磨炼，就有一次升华；有一次坎坷，就有一次超越；有一次痛苦，就有一次涅槃。他们才是真正的赢家。

而只责己不怨人当可以称得上是一种境界。古人说："君子责己，小人责人。"可见，一个人如果能做到只责己不怨人，必是有宽大的胸襟、超人的度量。这样的人，能潇洒地忽略旁人的诽言谤语，能从容地笑对世间的是非黑白，也更能赢得别人的钦羡与尊重。有道是"清者自清，浊者自浊"，不屑于中伤，不畏于人言，谣言不攻自破，污水不洗自清。有了这般境界，又怎有怨，又何须恨？

近代学者梁启超曾经说过："君子接物，度量宽厚，尤大地之博，无所不载。责己甚严，责人甚轻。名高任重，气度雍容，望之俨然，即之温然。"梁启超认为，君子待人接物，像大地一样宽厚，无所不载，严于律己而宽以待人。所以，如果一个人有包容别人的气量，那么他的处世接物，就会坦坦荡荡，没有芥蒂，这样，他也就会得到重任和人的信任。一个人名高任重，气度雍容，“望之俨然，即之温然”这就是厚，也是他所以为君子的缘故。

三国时期的官渡大战，曹操打败了袁绍，曹军从战利品中发现了曹营中有人给袁绍写的信。当时有人主张把写信的人抓来治罪，曹操却让人把信烧了，不予追究。他说：“在胜负未分之前，连我都不知道将来会怎样。个人为自己的前途着想，这是可以理解的。”曹操这样的做法，让那些三心二意的人放下心来，从而吸引和团结了更多的英雄豪杰，最终成就了大业。这就是他宽容大度的结果。

《菜根谭》中说：“反己者，触事皆成药石；尤人者，动念即是戈矛。一以辟众善之路，一以浚诸恶之源，相去霄壤矣。”这就是说，能常常反省自己的人，遇到什么事都可能成为使自己警醒的良药，而那些常怨天尤人的人，心中的念头就像会伤害自己的刀剑。一个是通向善行的途径，一个是形成恶行的源头，两者犹如天壤之别。这句话中蕴含的道理和“躬自厚而薄责于人”是一样的。

做人要宽容一点，要允许别人犯错误。尤其是做领导的，如果能宽恕下属的一些小错误，下属往往会加倍努力，做得更好，并寻找机会证明自己的能力。

春秋时，楚庄王有一次和群臣宴饮，当时是晚上，大殿里点着灯，正当大家酒喝得酣畅之际，突然一阵风把灯烛吹灭了。这时，庄王身边的美姬“啊”地叫了一声，庄王问：“怎么回事啊？”美姬对庄王说：“大王，刚才有人非礼我。那人趁着烛灭，牵拉我的衣襟。我扯断了他帽子上的系缨，现在还拿着，赶快点灯，抓住这个断缨的人。”

庄王听了，说：“是我赏赐大家喝酒，酒喝多了，有人难免会做些出格的事，没啥大不了的。”于是命令左右的人说：“今天大家和我一起喝酒，如果不扯断系缨，说明他没有尽兴。”群臣一百多人马上都扯断了系缨而热情高昂地饮酒，尽欢而散。

过了三年，楚国与晋国打仗，有一位将军常常冲在前边，勇猛无敌。战斗胜利后，庄王感到惊奇，忍不住问他：“我平时对你并没有特别的恩惠，你打仗时为何这样卖力呢?”他回答说：“我就是那天夜里被扯断了系缨的人。”

这个故事正说明，宽容他人，不但给了他人一个改过提升的机会，而且也显示了自己宽容的品质。

总之，容忍他人小的过失，他会以自己的一技之长来感谢；而责备只会让人徒增怨恨。被宽容者往往把感恩之情压在心底，一旦有机会能让其发挥长处时，他必定会竭尽所能地报答。由此看来，那些刻意寻求他人过错、动辄对人大声责骂的行为，不但人品太差，也实在是太愚蠢了。

人与人相处难免会有各种矛盾与纠纷。那么，为人处世应该多替别人考虑，从别人的角度看待问题。所以，一旦发生了矛盾，人们应该多做自我批评，而不能一味指责别人的不是。责己严，待人宽，这是保持良好和谐的人际关系所不可缺少的准则。

学会换位思考，多多理解他人

英国有句谚语：“要想知道别人的鞋子合不合脚，穿上别人的鞋子走一英里。”它说明，在人际相处和沟通里，“换位思考”扮演着相当重要的角色。

用“换位思考”指导人的交往，就是让我们能够易地而处，能设身处地理解他人的情绪，感同身受地明白及体会身边人的处境及感受，并可迫切地回应其需要。要充分体会他人情感和在交流中的需要，正确地表达自己的意图，能够从他人的角度理解问题，才会有真正意义的沟通。

同理心，就是站在对方立场设身处地思考的一种能力。人与人之间的同理心，是人际沟通当中，最重要也是最容易被忽略的关键。从这个故事中，我们可以清楚地看到，缺乏同理心的人际互动，将会产生什么样荒谬可笑的后果。每个人都有着自己既定的立场，也因此而习惯于执着在本身的领域当中，忘却了别人也和自己一样，有着他固执的一面。

所以，在对任何事情发表意见之前，试着先将自己的想法放下，真正设身处地站到对方的立场，仔细地为别人想一想，你将会发现，许多事情的沟通，竟会变得出乎想象之外的容易。

在生活中，亲人之间、朋友之间、邻居之间，难免会产生隔阂；在工作中，同事之间、上下级之间、部门与部门之间，难免会产生矛盾。当隔阂与矛盾来临时，我们常常只会抱怨，指责他人的错误。其实冷静下来，换位思考一下，多从自身找找原因，怨气消了，矛盾也就迎刃而解了。

具体来说，要做好换位思考，首先，要有一个宽广的胸怀。在被他人误解时，不要为自己做更多争辩，更不要耍性子闹情绪，而是要用实际行动证明自己，消除他人对自己的误解。其次，要有大局意识。在自己认为领导批评有错的时候，或许领导有他自己的考虑，要牢固树立大局意识，多从对方角度想问题，主动诚恳地接受批评。

再者，要有自我批评的勇气。与人发生矛盾时，不要把目光总盯在他人身上找原因，也要从自己身上查找问题。同时，自己还要善于同他人坦诚布公地进行思想交流，增进彼此之间的相互了解，这样才能及时消除工作中的误解。

每个人的人生旅途中，都会有许许多多令人烦恼的事，这些事会或大或小地困扰着我们，不论哪些事，都可从不同的角度看。如果万事都能换个角度去看，学会换位思考，那我们的生活会减少许多不必的烦恼，增添不少快乐，那笑意将永远在我们脸上荡漾，我们的生活将充满灿烂的阳光。

每个人都有犯错的时候，并会因为犯错觉得担心，不知所措，希望对方能原谅自己，同时也会对自己的缺点忐忑，不希望别人看不起。这时是最能体现一个人人品的时候。如果此时能站在对方的角度考虑，去宽容别人，理解别人，那么你与他人的关系将会发生本质的提升，你的人生也会因换位思考而发生翻天覆地的变化。

善于忘记别人的过错

生活中，我们经常能从旁观者的角度发现别人做错的事情，这些人、这些错事如果和我们无关，那我们大可不以为然地说声“真笨”“真傻”等，而如果这些人、这些事和我们有关，那我们多少就会有点纠结了，甚至觉得心里很别扭，有很多怨恨，久久不能释怀。

很多恩人和仇人反目也是如此。一方面，施恩的人希望受恩的人要记住自己的好处，一有不如意就觉得对方对不住自己；另一方面，受恩的人总觉得你应该继续帮我，一有不满足顿生怨恨。久之必成冤仇。

那么，如何避免这种情况的发生呢？这就要求做人要善于忘记别人的过错。一个人如果只记得别人的好处，忘记别人的坏处，自然会受到周围人的欢迎，拥有很多的知心朋友。

善于忘记是一种心理平衡。有人说“生气是用别人的过错来惩罚自己”。如果是一味地“念念不忘”别人的“坏处”，那么实际上受到最大伤害的就是自己的心灵，最终只会把自己搞得痛苦不堪，生活变得索然无味。

就像家鸽总会回家，报复也总会回到自己的头上。生活就是这样，面对别人的伤害，刻意的报复往往结局并不乐观，最后的结果与其说是报复了自己的敌人，不如说是更深地伤害了自己。

报复是把双刃剑，在伤害别人的同时，也会划伤自己。因此不要对别人的伤害耿耿于怀，用别人犯下的错来惩罚自己，使自己痛苦，实在是太不明智了。

“当你伸出两只手指去指责别人时，余下的三只手指恰恰是对着自己的。”美国的父母常用这句话教育他们的孩子。

乐于忘记是成功做人的一个特征。既往不咎的人，才能甩掉沉重的包袱，大踏步地前进。乐于忘记，换一个角度理解就是“不念旧恶”。人要想生活得更好，就应该有点“不念旧恶”的精神，更何况在人与人之间，在许多情况下，人们误以为“恶”的，又未必是真正的“恶”。如果再退一步说，即使是“恶”，当对方心存歉意、诚惶诚恐，而你又不念恶、以礼相待，进而对他格外地表示亲近时，也会使为“恶”者感念其诚，改“恶”从善。

唐朝的李靖曾任隋炀帝时的郡丞，他最早发现李渊有图谋天下的野心，便向隋炀帝检举揭发。李渊灭了隋后，准备杀李靖，但李世民反对这种报复，认为李靖是个人才，再三请求保他一命。后来，李靖果然驰骋疆场，征战不疲，竭尽全力安邦定国，为唐王朝立下了赫赫战功。魏徵也曾鼓动太子建成杀掉李世民，但李世民同样不计旧怨，量才重用，使魏徵觉得“喜逢知己之主，竭其力用”，也为唐王朝的繁荣做出了重要贡献。

值得一提的是，宋代的王安石对待苏东坡的态度，应当说最初也是有那么一点“恶”的。王安石在当宰相的时候，因为苏东坡与他的政见不同，便借故将苏东坡贬官到了黄州，搞得苏东坡很凄惨。然而，即便是这样，苏东坡依然胸怀大度，根本不把这事放在心上，更不念旧恶。当王安石从宰相的位子上垮台后，两人的关系反倒好了起来。苏东坡不断写信给隐居金陵的王安石，或共叙友情，互相勉励，或讨论学问，十分投机。当苏东坡由黄州调往汝州时，还特意到南京看望王安石，受到了王安石的热情接待，二人结伴同游，促膝谈心。临别时，王安石嘱咐苏东坡：“将来告退时，要来金陵买一处田宅，与我永做睦邻。”苏东坡也满怀深情感慨地说：“劝我试求三亩田，从公已觉十年迟。”二人一扫嫌隙，成了最知心的好朋友。

相传唐朝宰相陆贽，有职有权时曾偏听偏信，认为太常博士李吉甫结党营私，于是借故把他贬到明州做长史。但不久后，陆贽被罢相，被贬到了明州附近的忠州当别驾。后任的宰相明知李、陆有这点私怨，便玩弄权术，落井下石，特意提拔李吉甫为忠州刺史，让他去当陆贽的顶头上司，实际用意是在借刀杀人，通过李吉甫之手把陆贽除掉。但是，李吉甫没有被利用，他不记旧怨，上任伊始，便特意与陆贽饮酒结欢，让那位欲借刀杀人的现任宰相大失所望。对此，陆贽自然深受感动，他积极献计献策，协助李吉甫把忠州治理得越来越好。李吉甫不搞报复，宽待别人，也帮助了自己。

古往今来，不计前嫌、化敌为友的佳话举不胜举。以古为鉴可以让我们明白事理，明辨是非，从而更好地去工作、去生活。

记住一个人的坏，那是拿别人的过错来惩罚自己，让自己生活得不快乐，那样只能让自己整天生活在不快乐之中；记住他人的好，让感恩时时装在心里，你就能成为这个世界上最幸福的人。

宽容是一种修养和品行

荀子说："君子贤而能容罢，知而能容愚，博而能容浅，粹而能容杂。"这讲的就是宽容的道理。

宽容是做人的一种修养和品行。它可以戒除急躁，抑制悔憎恨怨，平息郁闷烦恼，避免嫉妒猜疑，舒展沉郁的思绪，如一缕清风，将自己化作一朵漂泊的云，游于碧空之上，悠然自得。

宽容是理解、沟通的桥梁。不懂得宽容，拒人于千里之外，虽可保持一种清傲，却常处于孤立与被动之中。宽容也并不是无原则地做老好人，而应把握尺度，宽容有错误的朋友和宽容朋友的错误是两回事。

宽容是一种真诚，而不仅仅是一种姿态、一种形式，宽容需要一种修养，一种勇气。宽容来自健康的心理、崇高的追求。如果整日为自己的挫折懊悔，凡事看不到希望和曙光，这样的人是想"宽容"也"宽容"不起来的。如果得志便趾高气扬，快意恩仇，就会众叛亲离，争强好胜失去限度，也就失去了做人的乐趣。

宽容是做人的一种美德，一个宽容的人善于补人之过，容人之短，体现出一种人格魅力。

美国前总统林肯，年轻的时候喜欢批评别人。他不仅喜欢评论是非，还写文章讽刺别人。直至后来，一件事改变了他的做法。

1842 年，林肯又写文章猛烈抨击一位自视甚高的政客詹姆士·希尔斯。他在报上发表了一封匿名信嘲弄希尔斯，被全镇引为笑料。自负而敏感的希尔斯当然愤怒不已，终于查出写信的人就是林肯。他下战书要求决斗，林肯本不喜欢决斗，但迫于情势和为了维持自己的声誉，只好接受挑战，准备一决生死。庆幸的是在最后一刻有人劝阻了他们，才避免了流血事件的发生。

虽然这件危险的事情没有发生，但这件在林肯印象中最为惊心动魄事情，还是让林肯刻骨铭心地懂得了如何与人相处的艺术。从此以后，他不再写信抨击人，也不再任意嘲弄人了。也正是从那时起，他几乎再也没有为任何事批评任何人。

后来，美国南北战争打响了，林肯任命的将领——马科科兰、博普、伯恩赛德、胡克和米地相继惨败，几乎使林肯陷入绝境。全国有半数以上的人无情地指责林肯用人不当，但林肯“毫不怨天尤人，宽容地保持缄默”。他最喜欢的一句名言是：“不要评论人，免得被人所评论。”即使林肯的妻子也极力谴责南方人，但林肯却对她说：“不用责怪他们，这样的情况换上我们也会如此。”

1863 年，盖茨堡战役开始了，7 月 4 日晚上，李将军开始向南方溃退。李将军带着败兵逃到波多马克河边，面对前方高涨的河水与后方追击的政府军，李将军进退维谷，他们此刻已成瓮中之鳖。此役只要彻底击溃李将军的残余军队，内战很快就可以结束。对此天赐良机，林肯信心十足地用电报命令维得将军“立刻出击，不用通知紧急军事会议”。随即又另派特使督办维得马上行动。

但令林肯无比失望的是，维得将军完全违背林肯的命令，先行通知召开紧急军事会议。而后又迟疑不决，一拖再拖。最后，水退了，李将军带领军队越过波多马克河逃走了。

得知此事后，林肯勃然大怒，“他们就在伸手可及的地方，只要我们伸出手，他们必定跑不掉的。难道我说的话不能让军队移动半步？在这种情况下，谁都可以打败这支溃军，就是我也可让李将军俯首就擒。”

愤怒之余，林肯坐下来给维得写了一封信，表达内心的强烈不满：

我亲爱的将军：我不相信你能懂得因李将军逃走一事所导致的严重后果。他本来在我们的掌握之中，而且，只要他一就擒，加上我们最近获得的胜利，战争即可结束。现在，战争可能会无限期地持续下去，上星期你不能顺利擒得李将军，如今他逃到波多马克河以南，你又如何能保证成功呢？我无法期望你改变形势，而我也并不期盼你现在会做得更好。良机已经失去，我实在感到无限的悲痛。

写完信后，林肯望着窗外，心里想：慢着，也许我不该如此匆忙。如果我不坐在这安静的白宫里，如果我身在战场，像维得一样每天看见许多人流血，听见许多伤兵呻吟，也许就不会急着要进攻了，如果我的性格跟维得一样柔弱，大概也会做同样的决定吧！无论如何，大错已经铸成，把这封信寄出，除了让我一时觉得痛快以外，没有别的用处。维得会为自己辩解，会反过来攻击我，这只有使大家都不愉快，甚至危及他的前途，以至于迫使他离开军队而已。

此时，如果说有人最有资格对他进行批评的话，那个人就是林肯，可是，他却没有那么做。惨痛的教训告诉他：尖锐的批评和严厉的责备，所得的效果都等于零。

于是，这封信没有被寄出，它被永远收藏了起来。试想，如果维得将军拜读了此信之后，会有何感想？又会有什么反应呢？

后来的美国总统罗斯福说，在他执政时期，只要一遇到难以决断的问题时，他就会望着墙上的林肯像自问："要是林肯处在我现在的情况，他将如何解决这个问题？"这种方法对消除自己心里的怒火，以宽容去对待别人，是十分有好处的。

林则徐曾说："海纳百川，有容乃大。"人就像大海一样，只有广泛吸取周围的河浪，包容天下的雨水，才会广阔无垠。如果人不愿像大海一样心胸宽广，而愿像羊肠小道那样心胸狭窄，不愿容纳别人的一点过失，更不愿吸取别人的一点教训，那么他永远都是井底之蛙，看不到广阔的天空。

人非圣贤，孰能无过？面对别人的过错，明智的人会选择宽容，既容许人犯错误，那么更容许人改错。而愚蠢的人会选择冷嘲热讽。他们会锱铢必较，给犯错误的人无情的进攻，那么，不良的人品只会使他们的人生充满怒火和怨恨，毫无快乐可言。

人与人相处，难免会有些摩擦与不愉快，在铜墙对铁壁，互不相让，僵持不下时，宽容是最有效的，退一步海阔天空，俗话说得好：宰相肚里能撑船。一个人如果懂得了宽容，他的理性认知就会提高。有了理性就不会冲动。本身鸡毛蒜皮的小事就不会大动干戈，很有可能他们就会化干戈为玉帛。

尊重他人，才能得到他人的尊重

人与人之间的交流是建立在真诚与尊重的基础上。只有学会尊重别人，才能赢得他人对自己的尊重。尊重他人不仅仅是一种态度，也是一种能力和美德，它需要设身处地为他人着想，给别人面子、维护他人的尊严。尤其对于那些“硬骨头”，这种人像是木棍子的性格，能折不能弯，是典型的“吃软不吃硬”。然而，有一种东西能让这种人畏惧，那就是“敬”。比如《水浒传》里的霹雳火秦明，即便是砍他的脑袋，他也不会有丝毫害怕，更别说妥协了，可是只要宋江往地上一跪，就会吓得他跪在地上连磕三个头叫哥哥，甚至当了朝廷的“叛徒”。

所谓“人敬我三尺，我敬人三丈”，说的就是如何学会尊重这个道理。秦明为什么不怕砍头而怕宋江？因为宋江敬重他是条好汉。他人给予你的真正的尊重是自己赢得的，如果你能先弯下腰，别人恐怕就不会对你颐指气使地说话。若想他人“敬我三丈”，你必须先“敬人三尺”。

“三人行，必有我师。”每个人都有自己的优点，任何人的身上都有我们可以学习的东西。只有用这种心态和别人沟通，才能从心底里尊重别人，才能在语言和行动上体现出来。

“尊重别人吧，它会使别人的快乐加倍，也能使别人的痛苦减半。”诗人普希金曾这样说过。尊重别人不仅是你的一种交际风范，而且也是你良好修养的展现。

尊重他人也是尊重自己，尊重来源于自己，自尊是尊重的最基本的要求。一个人没有灵魂如同行尸走肉，而若一个人没有自尊也就没有存在的价值。士可杀，不可辱。自尊表现了一种气节，有了这样的气节，会促使人有无限的动力。

有句话叫“过犹不及”，为人处世必须要掌握好一个度。禅宗有一种处世境界是“花未全开，月未圆”。也就是说花一旦全开，就要凋谢了；月一旦全圆，就要亏损了。而未全开、未全圆，就是你内心有所期待，和朋友相处、和亲人相处都是如此，稍微留一点儿分寸便会海阔天空。尊重需要给别人留点儿空间。给别人留点儿空间，你才会获得自己的空间。生活中的我们应该有一颗仁爱之心，从一开始我们就应该本着平等和理性的态度尊重每一个人，稍微留一点儿分寸，保留一点儿余地，说话做事都不要那么绝对。

赞美他人是一种修行

马克·吐温说过："仅靠一个赞扬我就能很好地活两个月。"科学研究发现，如果得到体贴的照顾和赞美，一棵植物会长欣欣向荣、茂盛丰美。婚姻专家的建议是：如果说送花给妻子是花小钱得大便宜，那么，赞美丈夫就是无本万利的好买卖。

赞美是为自己赢得美德的一种方法，人们总是喜欢戴高帽子，因为赞美使人们有了无限的希望。据说，弥勒菩萨和释迦牟尼原本同时修行，释迦牟尼因为多修了一些赞美的语言，所以早于弥勒菩萨 30 劫成佛。赞美他人和微笑迎人是给予别人最大的爱心馈赠，既然是这样，我们何乐而不为呢?

人是为了得到快乐和幸福才到人间，所谓"良言一句三冬暖"，讲的就是这个道理。会说话的人，首先考虑的是，一句话说出来是为了表达自己的意思，也是希望对方能喜欢接受，或许，有时候你的一句话会影响别人的一生。

1961 年，贫民窟的黑人穷孩子罗尔斯还是个淘气的孩子，当他从窗台上跳下，走向讲台伸出小拇指时，新任校长皮尔·保罗对他说了一句话。

校长说："我一看你修长的小拇指就知道，将来你是纽约的州长。"

当时，罗尔斯大吃一惊，他高兴坏了，因为从来没有人这么赞美过他。从小长这么大，只有奶奶曾经夸奖过他，让他振奋过一次，奶奶说他可以成为 5 吨重的小船的船长，而这一次，皮尔·保罗先生竟说他可以成为纽约州的州长，这太让他感到意外了。于是，他从此记下了这句话，并且相信了自己能够做到。

从那天起，罗尔斯就记住了那句话，纽约州的州长就像一面旗帜鼓舞着他。因为有了这样的信念，他开始注意自己的言行举止，他的衣服不再沾满泥土，每次出门，他都整装待发，用纽约州的州长的职位来约束自己，他说话时也不再夹杂着污言秽语，开始挺直腰杆走路，没过多久，他就成了班主席。

之后的40多年间，他没有一天不按州长的身份要求自己，终于在51岁那年，他真的成了州长。

由此可见，赞美别人的重要性是如此巨大，一句话也许能开启一个人的心灵之门。多赞美别人是对别人的一种尊重，也是自我的一种修行。与之相反，你的一句不经意的恶语可能能令人寒彻心肺、记恨终生，诚如孙子所言："赠人益言，贵比黄金；伤人之言，恶如利刃。"

小时候，当有人夸我们，我们会高兴得半天感激不尽，有一种想去亲吻对方的冲动。但是有时候，对于他人对我们说的一句伤害我们的话，哪怕是仅仅一句话，我们就会因此而记恨他一辈子。

"语言是老虎"，语言也有可能会杀人，如果你不想赞美别人，请不要用语言去伤害别人，因为往往你的一句恶语会毁了朋友的一生，而一番得体的美言则可以令人为你赴汤蹈火、追随一生、无怨无悔。杨修因为一句话而遭曹操的杀害，而刘备陇中的一番美言却说动诸葛亮出山为己效力，鞠躬尽瘁、死而后已。

没有人不愿意听好话，上至高僧圣贤、豪门大贾；下至贩夫走卒、毛头小孩儿。

赞美他人如同洒香水，当你洒向他人时，自己身上也会散发着香气。看似平淡无奇的赞美，其实背后是有哲学的。这实在是一种双赢的艺术。威廉·詹姆士曾经说过："人类本质里最深远的驱动力是希望具有重要性。人类本质中最殷切的需求是渴望得到他人的肯定。"

人区别于动物的最本质的区别是其具有主观能动性，人所具有的这种渴望被尊重的存在感也随之而来，有了这种需求，才产生了丰富的人类文化。赞美正是抓住了人性深处的这一"渴望重要"的软肋。

赞美别人是你的一种修养，赞美别人体现了你的人品，不要吝啬你的美言，在今天这样一个迷茫困惑的时代，也许因为你的一句赞美之语，会让他人觉得存在的价值。因为赞美，我们会发现自己在被关注着；因为赞美，我们会发现自己在被尊重着；也因为赞美，我们才发现自己在被喜欢着。学会赞美的处世之道，因为它将引导你步往成功的天梯，成为生活的赢家。

把他人放在心上

作为一名普通的士兵，与辉煌的胜利相比，我不重要。

作为一个单薄的个体，与浑厚的集体相比，我不重要。

作为一位奉献型的女性，与整个家庭相比，我不重要。

作为随处可见的人的一分子，与宝贵的物质相比，我们不重要。

我们——简明扼要地说，就是每一个单独的“我”，到底重要还是不重要？

这是毕淑敏的作品《我很重要》中的一段话，“我很重要”无疑是在强调“我”的重要性，而为什么要强调呢？因为别人忽视了“我”，别人忘记了“我”。每一个人都是独立的个体，当你向别人大声疾呼“我很重要”的时候，你是否想过别人也很重要？你是否把别人放在心里？

王嘉廉是美籍华人、CA公司的创始人。作为软件界的大腕，他被誉为“华人中唯一可与比尔·盖茨抗衡的人。”取得如此美誉的人到底有什么秘诀呢？据说，在他的公司，员工的忠诚度相当高，作为企业来说，这一点至关重要。其他企业都羡慕万分，他是如何建立企业员工忠诚度的呢？他的秘诀是除了给予员工高于同行的待遇外，还有一点就是让员工时刻感到受重视、受关注。

琼就是一个很好的例子。琼是一位在台湾出生的普通电脑程序员，在一般公司，像她这种基层人士是没有多少机会跟高层领导打交道的。一次，她跟王嘉廉以及王嘉廉之兄碰巧在电梯中相遇，王嘉廉向兄长介绍她时，她发现王嘉廉对她的工作及个人状况相当了解，这让她产生了一种被重视的感觉，不禁受宠若惊。还有一次，在闲聊中．王嘉廉问她会不会烧冬瓜，她说会，并且说这是她很爱吃的一道菜。没过多久，她收到王嘉廉在自家后院种的一只巨无霸冬瓜。这虽然是件小事，却让她非常感动。

成功学家拿破仑·希尔曾说过：“你以怎样的态度对待别人，别人也会以怎样的态度对待你。”你尊重别人，别人也会尊重你。当你第一时间喊出别人名字的时候，别人一定会欣喜万分，因为他会觉得自己在你心目中很重要。虽然琼只是一个普通的员工，但是王嘉廉却能如此重视她，这怎能不让琼对公司忠诚?

有时候，一个手势、一句问候都会让别人对你感激万分，因为你在乎他、你心里有他。无论你是什么身份、什么地位，你若尊重他，他定会心里有你。

西奥多·罗斯福是深受美国人民爱戴的总统，他之所以获得了惊人的声誉，是因为他能够真诚地对待每一个人，无论这个人是一名议员还是一名仆人。

他的贴身男仆安德烈向人们讲述了这样一个故事。

有一天，一生都没离开过华盛顿的安德烈的妻子问罗斯福总统野鸭是什么样子，当时罗斯福总统并没有感到很吃惊，而是很耐心地向她描述野鸭的模样和习性。

安德烈和他的妻子住在一栋小房子里，他们离罗斯福总统的住处很近，没想到第二天，安德烈房里的电话响了，电话那头传来了罗斯福总统的声音，罗斯福告诉安德烈的妻子，他们房子外面的大片草地上就有一只野鸭。

安德烈的妻子推开窗户，看见了对面房屋窗户里罗斯福微笑的面庞。像这样的人，谁会不热爱他呢？即使他不是总统。

就这样，他跟每个人都打招呼，就像多年不见的老朋友一样。后来，在白宫服务了30年的厨师史密斯含着热泪说：“罗斯福总统是那样的热情、那样的关心人，这怎能不让人感动呢?”

如果你轻视一个人，你肯定不会把他放在心上，因为你根本不在乎他的感受，对他所有的一切都漠不关心。如果你在乎一个人，那你就会关心他的感受、关心他所处的状况、关心他所有的一切。像恋爱中的情侣一样，双方会感受到彼此的轻视或重视，当你想和某个人交往时，把他放在心上，你才会得到他的友谊。为人处世也是一样，你若想和一个人相处，首要的一点就是你要重视他，当然还有一些别的方法。

比如，让对方感受到你的关注。你的关注将是你重视对方的一种表现，这会让对方感之于心而发之于情，从而对你产生很深的好感。

让对方感受到你的关注其实并不难，也许在不经意间流露出来情感都会让他觉得他在你心目中很重要。其中，记住对方的名字、了解他的生活与工作情况非常重要。

给对方一个真诚的问候是最有效的方法。人与人之间需要交往来维持关系。但是，由于工作繁忙，你可能不会有太多的时间跟每一位朋友、上司或下属保持经常来往。如果你与他们经常不联系，时间久了，关系自然就疏远了。假如你想和他们来往的话，就要经常抽出一点儿时间给他们一个真诚的问候，不要中断联系，并表示你仍把他们放在心上。

“不对别人感兴趣的人，他一生中的困难最多，对别人的伤害也最大。所有人类的失败都出自这种人。”这是维也纳著名心理学家亚佛·亚德勒的一本名为《人生对你的意识》中所说到的一句话。是的，不对别人感兴趣、不把别人放在心上的人永远不会成功。

生活中有太多太多的问题是由于一方不把另一方放在心上，或者是双方互相不把对方放在心上引起的，种种仇视和敌意也因此而生，并带来数不清的麻烦。夫妻双方、朋友之间最忌讳的也莫过于忽视对方，不把对方放在心上。如果每个人都对别人多一份关注、多一份重视，这个世界将会变得更加温馨和谐。

给别人留点儿空间

尊重就像一面镜子，镜子里面的你会随时根据自己的一颦一笑而变化，伤心流泪时对着镜子看，越看自己越觉得悲惨。只有学会尊重人，给别人留点儿空间，才能赢得他人的信任。

每个人都有其独特的一面。人外有人，天外有天，我们往往很敬重那些德高望重的前辈，因为他们有很高的学识和素养，他们值得我们尊重，而职位、能力、水平还不如自己的人，我们往往会忽视他们。

在人际交往中，每个人的爱好、性格都不一样，我们不能用单一的标准去衡量、要求，更不能因为别人和自己的性格爱好不同而去否定别人。在为人处世中，我们只有怀着一颗宽厚、温和、仁爱的心，才会创造一种和谐、融洽的气氛。

在办公室里，不管是对同事还是对上司，如果你的内心充满着尊敬，当你对别人说话时是一种发自内心的真实感受，别人一定会感觉到；而如果你是怀着恶意，一味地去抨击讽刺别人，你一定会遭到大多数人的鄙视。

一个人值得我们去尊重，定会有值得我们尊重的理由。也许一两句隔靴搔痒的话不足以证明他就是个道德败坏的人，有时候，即使是敌人，即使是伤害过你的人，你也应该对其抱有一颗宽大无私的胸怀。给别人留条路，会使自己的路走得更宽阔。

三国时期，曹操被称为是最有名的奸雄。提起他，人们总是会说他诡计多端、手腕十足，但是他的英气和壮志却让人赞不绝口，事事体现出大将风范。

官渡之战前，陈琳在一篇檄文中这样说曹操："曹主实乃古今第一贪残虐烈无道之臣。"这篇檄文是他为袁绍讨伐曹操写的，言辞很犀利，从曹操的祖父骂起，一直骂到曹操本人。此篇文章被传到曹营，顿时沸沸扬扬，没有人不咬牙切齿，觉得陈琳完蛋了，曹主是不会放过他的。

据说这篇文章对曹操的打击不小，确实点中了他的要害。听到这篇檄文时，他还正头痛万分，看完之后一身直冒冷汗，不禁大声厉喊，突然间，头竟然不疼了。

历史往往就是那么巧合，谁也不曾预料到，袁绍战败后，陈琳转投曹操，众人皆认为曹操这回肯定会狠狠惩罚陈琳。虽然曹操对这篇火力凶猛的檄文仍耿耿于怀，但他还是平息了自己的怒火，问陈琳："你骂我就骂我吧，为何要连我的祖宗三代都不放过呢？"陈琳的回答言简意赅、不卑不亢："箭在弦上，不得不发耳！"曹操听了呵呵一笑，不再计较。此后，曹操对陈琳依然尊重，对于檄文一事不再提及，而陈琳从此对曹操忠心耿耿。

曹操此举无疑是非常聪明的。当年陈琳为敌人办事，自然处处针对曹操，这是臣子应尽的职责。如果杀掉陈琳，虽然别人无话可说，却会扰乱军心。留下他、重用他，这让天下文人武将都能看到曹操对人才的渴求和尊重，其胸怀之宽广更是贤明君主的表现，继而吸引更多能人投奔，可谓一箭数雕。

尊重别人，显示了一个人的自信、气度和胸怀。你若能做到真正地尊重别人，你就会是一个很洒脱的人。有句话叫“君子坦荡荡，小人长戚戚”。讲的就是这个道理。不以高人一等的心态来对待别人，你会发现尊重别人是一件很容易的事。其实，你大可不必担心别人胜过自己、超越自己，更没有必要担心别人不尊重自己。当你学会尊重他人时，你就有了自信。一个宽容、虚怀若谷的人势必赢得广泛的敬意。

某商贸公司新招聘了客服人员赵青和马莉，两个女孩学历都不低。赵青很有“眼色”，如果对方是老板，她就笑得像一朵花似的. 说话还嗲声嗲气的，一脸谄媚地去迎合顾客，而相反，如果前来的是一个普通人，她一般都会板着脸、爱答不理的。马莉则不同，不论对方是老板还是普通人，她都平等对待、一视同仁，和同事相处得很融洽。

一天，有一个人到公司找总经理，那位来访者来到前台，赵青正在那儿忙自己的其他事务，来访者说：“小姐，请问林总经理在吗？”

赵青抬起头一看，对方身穿的西装一看就不是什么牌子，还土里土气的，说话一口的方言味儿，于是她很不屑地问：“你找我们总经理有什么事？有预约吗？”那人称自己来得仓促，还没来得及联系经理。

“那不行，公司有规定，没有预约我不能让你见。”赵青强硬地回答。

“可是，我有重要的事情找你们总经理，麻烦你给通融通融。”

“我是照章办事，没有什么通融不通融的，请回吧！”

“我真的有很重要的事情，从外地赶来，下午还要赶飞机，请您通报一声，如果他不见我，我立马就走！”

“我说不行就是不行，要是每个人都像你这样，我们经理还不忙死？你下次再来吧！”

“我说你这个小姐怎么这样呢？你们公司一向不是这样待客的呀！”

“那也得看什么客，像你这样的，哼！”

话音刚落，这位中年人就很生气地与赵青争执起来，刚好总经理从门外进来，一眼就认出了那个中年人，这位中年人正是公司目前正在谈的一个大项目的供应商，于是马上客气地把他迎到了自己的办公室。

赵青看着总经理对那位中年人客客气气的样子，顿时傻眼了。没多久，赵青就被公司解聘了，受人喜爱的马莉却在一年半后当上了客服主管。

你可以不喜欢他人，但是你必须学会尊重他人，因为这是自身获得尊重与信赖的基础。当然，你可以去让别人喜欢你，也许会与对方有利益合作，但是你决不能一棒子打死人，置别人于死地，那样只能是两败俱伤。

尊重不是一味地去讨好别人，也不是绝对地信任别人，它是在你与人相处的过程中所表现出来的一种优秀的人格魅力。为人处世，尊重是基本的要求，给别人留点儿空间，会让自己的空间更为丰富。

尊重不是讨好他人，而是一种优秀的人品

阿谀奉承、善于拍马屁的人总会认为尊重是一种讨好的心理，其实尊重和讨好没有必然的联系，讨好他人的人只是一厢情愿地牺牲自己的尊严罢了。

尊重与讨好两者的关系有时候很模糊，因为在某种意义上，两者都能够满足人的精神需求，能使人感到欢欣愉悦。然而，尊重与讨好又有着本质的区别。

在与人沟通时，不管是在家里还是在单位，无论是你的上司还是你的同事，都要内心充满着尊敬，不是只在表面上肯定他人的道德、权力、价值，而是一种发自内心且并不流于形式的感受，那么别人同样也会尊重你，愿意和你相处。而讨好则意味着抛弃自我的尊严一味地顺从对方，并且在大多数时候，被讨好的对象与自己的利益休戚相关。

理解了尊重和讨好的关系，我们便知道尊重有时过了火，表现的就是一种对利益的奉承，而我们在得到利益的无形之中也就丢失了一个人的优秀

人品。

一次，一位旅居法国的中国富翁在家里开了一次盛大的宴会，所请的嘉宾都是当今社会政治界、经济界的名流。宴会即将开始，这位富翁便到自己家门口迎接客人的到来，突然有一辆大货车开来，富翁心想：邀请的都是贵宾，怎么会有开着货车来的呢？是不是走错了？

正当富翁疑惑不解时，货车突然停下，从上面下来一个人，富翁急忙上前去，仔细一看，原来是位政府官员，富翁顿时傻眼了，问了一下政府官员："您怎么开着货车来了。"没想到，对方笑了一下回答说："我是物流部的．开货车为了方便卸货啊，况且我们政府官员的工资低，那点儿工资都不够日常开销的。"富翁很诧异地问道："您在政府部门为官，一定有很多人讨好巴结您，生意应该也很好的。"富翁说道。

"如果我以权谋私，利用自己的职位去拉拢自己的生意，到了下次竞选时，民众一定会唾骂我，我也一定会失败。"官员回答道。

富翁又问："既然政府官员这个职位对您没什么好处，您为什么还要当呢？"

政府官员说："不能这么说，我看中的是别人对我的尊重，这样的心理感受就是我要的利益！别人肯定我、支持我，我就获得了利益。"原来是这样，富翁对这位官员佩服得五体投地。

这位富翁和大多数人一样都错误地理解了尊重的含义，从某种意义上来说，尊重也是一种利益，这种利益比讨好更令人舒心。试图讨好每个人的人必定会是个失败者，一个聪明的人更喜欢被尊重，也更愿意去尊重别人。

第七章

君子胸怀重在德与行

生活中，很多事情一旦涉及个人利益，就会让人情不自禁地警觉起来，并在心里盘算着自己的小九九：这件事对我是有利的还是不利的？为什么能给他带来那么多好处？我付出那么多，凭什么得到的比他的少？等等。的确，人都有一种与生俱来的利己心理，但那些人品好的人，虽然可能做不到毫不利己，专门利人，但至少他们都具备成人之美的胸怀。

忍让是一种风度和美德

忍让，主要是指一个人与他人交往时，保持一种谦和、克己、委曲求全的态度和行为。忍让是一种智慧，一种修养，一种风度，一种品格。忍让是做人做事的基础，凡事斤斤计较，不懂得忍让的人最终将一事无成。

一个人生活在社会中免不了要与各种各样的人打交道，一切都由着自己的性子来，要求一切都合乎自己的心愿是不可能的。这也是社会不允许的，他人也是做不到的。忍让体现了一个人的大度。人在一生中会遇到许多不愉快的、难堪的事情，有时甚至会感到很气愤，很窝火。此时此刻也最能体现出一个人的修养、气质和风度。

欧洲医学界有一位极为著名的眼科医生，他的名字叫居尔·斯特兰德，凭借着自己对眼部的研究，他曾荣获了诺贝尔医学奖。居尔·斯特兰德的父亲也是一位眼科医生，而且很有名气，他家在瑞典的朗茨克鲁纳，这里最有钱的富豪是玛尔盖勋爵。朗茨克鲁纳海滨的面粉厂、化工厂、造船厂等，都是玛尔盖的资产。

除了这些实业外，富豪玛尔盖也在贫困地区创建了一所医院。贫困区以前有个小诊所，就是老文诺的眼科诊所。不但瑞典国内的患者，连外国的患者也常慕名而来找文诺就医，由此可见其名气之大。但是玛尔盖对此并不感到高兴，因为这样一来玛尔盖医院的名气就不大了。更何况老文诺以医济世，不以术致富。有人建议请文诺来玛尔盖医院主持眼科，玛尔盖对文诺的学历不屑一顾，并且对他的医术一直抱有怀疑和敌视的态度，于是予以拒绝。老文诺听说后，感到受到了歧视和侮辱，非常生气。

不过后来，玛尔盖还是出于好心让文诺的三儿子居尔·斯特兰德去医院当实习医生。居尔·斯特兰德心里并不顺畅，下决心要干出个样子来，以报复玛尔盖，给父亲出出气。

居尔·斯特兰德 18 岁时，以优异成绩考入医院；5 年毕业后回到父亲的小诊所，他接替了父亲和玛尔盖医院争着干。就在这所小诊所里，斯特兰德28岁获得博士学位，他的博士论文轰动了瑞典首都斯德哥尔摩，30岁时他被任命为斯德哥尔摩眼科诊所所长。

对于居尔·斯特兰德的成就，富豪玛尔盖是看在眼里的。他越来越感到后悔，自己当初不应该把事情做得太绝，以至于使两家的关系不好。

恰好正在这个时候，玛尔盖家的四小姐芬妮得了严重的眼病，他家医院里的眼科医生都不知所措，眼睁睁看着她一天天走向黑暗。玛尔盖不怕花费用，把北欧各国的著名的眼科专家都请来了，然而还是没能治好。两块黑色的云翳盖在四小姐芬妮的瞳孔上，一动手术就可能失明，不动手术等于有眼无珠，玛尔盖真的绝望了。最后还是芬妮自己提出，要去请斯特兰德，或许他能治好。

对于玛尔盖家的邀请和求助，居尔·斯特兰没有拒绝。他好像已经忘记了以前玛尔盖歧视、冷遇他父亲的前嫌。就像对一般的病人一样，居尔·斯特兰为芬妮做手术，令人惊喜的是，手术十分成功，而且，更让人不可思议的是，重见光明的芬妮爱上了斯特兰德，要将自己的终身许给他，以报答他的恩情。但是，斯特兰德没有答应。他既没有因前嫌对芬妮坐视不理，也没有因治疗的成功而接受她的爱情，他离开家乡到乌普萨拉大学就任眼科教授。

忍让是一种智慧，是一种成熟睿智的气度，充分展现了一个人的良好人品。在生活中，忍让无处不在，忍让无人不需。不能忍让的人必然是害了别人，毁了自己。

人要做到忍让，首先必须具有豁达的胸怀，在为人处世、待人接物时，不能对他人要求过于苛刻。应学会宽容、谅解别人的缺点和过失。要做到这一点，就要有气量，不能心胸狭窄，而应宽宏大度。特别是在小事上，如果宽大为怀，尽量表现得“糊涂”一些，便容易使人感到你通达世事人情。

有一个禅意故事，说的是一位住在山中茅屋修行的禅师，有一天趁夜色到林中散步，在皎洁的月光下，他突然开悟了自性的智慧。

他喜悦地走回住处，却看到了自己的茅屋正遭小偷光顾。找不到任何财物的小偷要离开的时候在门口遇见了禅师。原来，禅师怕惊动小偷，一直站在门口等待，他知道小偷一定找不到任何值钱的东西，所以早就把自己的外衣脱掉拿在手上。

小偷遇见禅师，正感到惊愕的时候，禅师说："你走老远的山路来探望我，总不能让你空手而回呀！夜凉了，你带着这件衣服走吧！"说着，就把衣服披在小偷身上，小偷不知所措，低着头溜走了。

禅师看着小偷的背影穿过明亮的月光，消失在山林之中，不禁感慨地说："可怜的人呀！但愿我能送一轮明月给他。"

禅师目送小偷走了以后，回到茅屋赤身打坐，他看着窗外的明月，进入空境。第二天，他在温暖阳光的抚触下，从极深的禅定中睁开眼睛，看到他披在小偷身上的外衣被整齐地叠好，放在门口。禅师非常高兴，喃喃地说："我终于送了他一轮明月！"

总之，忍让不是无能的表现，而是一种美德。俗话说得好"小不忍则乱大谋"。学会忍让，你永远是人生的大赢家。

忍让，并不是不辨是非、放弃原则、毫无限度地对一切事物的忍让。忍让是理性的，以退为进，该忍时忍，不该忍时则寸步不让。能够忍让者意志坚定，性格坚韧，能做到大丈夫能屈能伸，这才是成功者具有的度量。

人品好的人不嫉妒

嫉妒是一种不良心理，它向来和品德高尚的人无关。

英国哲学家斯宾诺莎说："嫉妒是一种恨，这种恨使人对他人的幸福感到痛苦，对他人的灾难感到快乐。"

巴尔扎克说："嫉妒者受到的痛苦比任何人遭受的痛苦更大，他自己的不幸和别人的幸福都使之痛苦万分。嫉妒心强的人，往往以恨人开始，以害己而告终。"

伯特兰·罗素是20世纪声誉卓著、影响深远的思想家之一，1950年诺贝尔文学奖获得者。他在其《快乐哲学》一书中谈到嫉妒时说："嫉妒尽管是一种罪恶，它的作用尽管可怕，但并非完全是一个恶魔。它的一部分是一种英雄式的痛苦的表现。人们在黑夜里盲目地摸索，也许走向一个更好的归宿，也许只是走向死亡与毁灭。要摆脱这种绝望，寻找康庄大道，文明人必须像他已经扩展了的大脑一样，扩展他的心胸。他必须学会超越自我，在超越自我的过程中，学得像宇宙万物那样逍遥自在。”

19世纪初，肖邦从波兰流亡到巴黎。当时匈牙利钢琴家李斯特已蜚声乐坛，而肖邦还是一个默默无闻的小人物。然而李斯特对肖邦的才华却深为赞赏，怎样才能使肖邦在观众面前赢得声誉呢？李斯特想了个妙法：那时候在钢琴演奏时，往往要把剧场的灯熄灭，灯一灭，一片黑暗，以便使观众能够聚精会神地听演奏。李斯特坐在钢琴面前，当灯一灭，他就悄悄地让肖邦过来代替自己演奏，观众被美妙的钢琴演奏征服了。演奏完毕，灯亮了，人们既为出现了这位钢琴演奏的新星而高兴，又对李斯特推荐新秀的行为深表钦佩。如果李斯特嫉妒肖邦的才华，他就会成为历史上的丑角，而不会成为一位伟大的艺术家。

现实生活中，能像李斯特一样做到不嫉妒的人并不多。人们的这种嫉妒心理，总是与不满、怨恨、烦恼、恐惧等消极情绪联系在一起，构成嫉妒心理的独特情绪。不同的嫉妒心理有不同的嫉妒内容，但尤为突出的就是名誉、地位、钱财、爱情。嫉妒具有四大特征：

一是具有明显的对抗性，往往不看别人的优点、长处，而总是挑剔别人的毛病，甚至不惜颠倒黑白，弄虚作假；二是具有明确的指向性，一般在同事或同学中，看到那些自认为原先不如自己的人都冒了尖，于是嫉妒心理油然而生；三是具有不断发展的发泄性，如言语上的冷嘲热讽，行为上疏远被嫉妒者，甚至是攻击性强的报复行为；四是具有不易察觉的伪装性，如本来是嫉妒某人的某一方面，却不敢直言，故意拐弯抹角地从另一方面进行指责或攻击。恶意嫉妒能酿成大祸。

嫉妒几乎人人都有，它是人们普遍存在的病症。从本质上看，嫉妒心理是一种不健康的心理。无论是何种形式和内容的嫉妒，都是应该避免的。

佛经上有这样一则故事：

在远古时代，摩伽陀国有一位国王饲养了一群象。象群中，有一头象长得很特殊，全身白皙，毛柔细光滑。后来，国王将这头象交给一位驯象师照顾。这位驯象师不只照顾它的生活起居，也很用心教它。这头白象十分聪明、善解人意，过了一段时间之后，他们已建立了良好的默契。

有一年，这个国家举行一个大庆典。国王打算骑白象去观礼，于是驯象师将白象清洗、装扮了一番，在它的背上披上一条白毯子后，才交给国王。

国王就在一些官员的陪同下，骑着白象进城看庆典。由于这头白象实在太漂亮了，民众都围拢过来，一边赞叹、一边高喊着："象王！象王！"这时，骑在象背上的国王，觉得所有的光彩都被这头白象抢走了，心里十分生气、嫉妒。他很快地绕了一圈后，就不悦地返回王宫。一入王宫，他问驯象师："这头白象，有没有什么特殊的技艺？"驯象师问国王："不知道国王您指的是哪方面？"国王说："它能不能在悬崖边展现它的技艺呢？"驯象师说："应该可以。"国王就说："好。那明天就让它在波罗奈国和摩伽陀国相邻的悬崖上表演。"

隔天，驯象师依约把白象带到那处悬崖。国王就说："这头白象能以三只脚站立在悬崖边吗？"驯象师说："这简单。"他骑上象背，对白象说："来，用三只脚站立。"果然，白象立刻就缩起一只脚。

国王又说："它能两脚悬空，只用两脚站立吗？""可以。"驯象师就叫它缩起两脚，白象很听话地照做。国王接着又说："它能不能三脚悬空，只用一脚站立？"

驯象师一听，明白国王存心要置白象于死地，就对白象说："你这次要小心一点，缩起三只脚，用一只脚站立。"白象也很谨慎地照做。围观的民众看了，热烈地为白象鼓掌、喝彩。

国王愈看，心理愈不平衡，就对驯象师说："它能把后脚也缩起，全身悬空吗？"

这时，驯象师悄悄地对白象说："国王存心要你的命，我们在这里会很危险。你就腾空飞到对面的悬崖吧？"不可思议的是，这头白象竟然真的把后脚悬空飞起来，载着驯象师飞越悬崖，进入波罗奈国。

波罗奈国的人民看到白象飞来，全城都欢呼了起来。国王很高兴地问驯象师："你从哪儿来？为何会骑着白象来到我的国家？"驯象师便将经过一一告诉国王。国王听完之后，叹道："人为何要与一头象计较、嫉妒呢？"

人生在世，一定要有一颗平静和睦的心，切不可心怀嫉妒。俗话说：“己欲立而立人，己欲达而达人。”别人有所成就，我们不要心存嫉妒，应该要平静地看待别人所取得的成功，这是拥有幸福人生的秘诀。

最后，要想克服和避免嫉妒心理，可从以下几个方面入手：

一、提高道德修养

封闭、狭隘意识使人鼠目寸光，因此，应该不断提高自身道德修养，不断地开阔自己的视野，与人为善。

二、正确认识嫉妒

认为嫉妒是对自己的否定，对自己是威胁，损害自己的利益和“面子”，这只是一种主观臆想。一个人的成功不仅要靠自身的努力，更要靠大家的帮助，嫉妒只会损人损己。

三、客观评价自己

当嫉妒心理萌发时，能够积极主动地调整自己的意识和行为，从而控制自己的动机。这就需要客观、冷静地分析自己，找差距和问题。

四、见强思齐

一个人不可能在任何时候都比别人强，人有所长也有所短。人固然应该喜欢自己、接受自己，但还要客观看待别人的长处，这样才能化嫉妒为竞争，才能提高自己。

五、看到自己的长处

聪明人会扬长避短，寻找和开拓有利于充分发挥自身潜能的新领域，这样在一定程度上补偿先前没能满足的欲望，缩小与嫉妒对象的差距，从而达到减弱乃至消除嫉妒心理的目的。

六、经常将心比心

嫉妒，往往给被嫉妒者带来许多麻烦和苦恼，换位思考就会收敛自己的嫉妒言行。

七、转移注意力

积极参与各种有益的活动，嫉妒的毒素就不会滋生、蔓延。

八、学会自我宣泄

最好能找知心朋友、亲人痛痛快快地说个够，他们能帮助你阻止嫉妒朝着更深的程度发展。另外，可借助各种业余爱好来宣泄和疏导，如唱歌、跳舞、练书法、下棋等。

当嫉妒心理萌发，或是有一定表现时，要积极主动地调整自己的意识和行动，从而控制自己的动机和感情。这需要冷静地分析自己的想法和行为，同时客观地评价一下自己，从而找出一定的差距和问题。当认清了自己后，再重新评价别人，自然也就能够有所觉悟了。

不在背后说别人坏话

生活中，我们都很讨厌在背后说人坏话的人，这样的人常被我们说成是人品不好。实际上，每个人都知道说人坏话不好，而且任何人也不想自己被视为“烂舌头”，但在这个世界上，恐怕很难找到从不说别人坏话的人。

心理学家相信这是一种普遍行为，因为“60%的成人对话都是为了谈论某个不在场的人，而且大多数情况下都会对此人有所评价”。

正如俗话所说，“谁人背后无人说，谁人背后不说人。”那么，为什么不宜在背后说人坏话呢？这主要有以下几个方面的原因。

一、六度空间

人与人之间的距离，最远不超过六个人，即使一个在你看来绝无可能与你建立起关系的陌生人，你们之间的距离，也绝不超过六个人。所以你说过的任何话，都有可能传到当事人的耳朵里。套用俗语就是没有不透风的墙，你背后说人坏话，难免会传到对方耳朵里，所以为保险起见，最好不要说。

很多人就是因为只懂得上面的这条原因，而认为跟自己最亲密的朋友说说他人的坏话没有关系，但事实绝非如此。下面的两条原则同样十分重要。

二、放大效应

假设这样的一种情况：A 不认识 B，既没见过，也没有听说过，而是从你的口中第一次听到关于 B 的描述。这时你的观点就显得十分重要，因为你说的任何关于 B 的话，在 A 那里都会被放大。假如你说 B 是一个聪明、勤奋、友善的人，那么这些品质在A的感觉里会放大很多倍（联想一下自己的亲身经历，是否真的如此？如果你的朋友不停地向你说起一个你不认识的人的良好品质，你是否会对那个人产生非常好的印象，产生强烈的结识他的愿望）。而且第一印象往往很难消除，这些描述会长久地存在于A的感觉里。自然的，如果A从你口中听到的是一些不好品质的描述，这种负面印象也会被放大很多倍，在A那里造成对B的持久偏见。如果事后A发现你对B的负面描述不那么准确（这是必然的），会认为你故意诋毁B，不诚实（而你的正面描述会加强A对你的好印象）。

三、潜意识影响

当你向A诉说B的不良品质的时候，A耳中听到的是一些不好的描述，但眼中看到的却是你的脸。虽然从理性上来说A知道你在描述B，但潜意识却不受理性的控制。所以当事后回忆起此事的时候，A回忆起一些诸如吝啬、固执、保守等负面词汇（当然你的描述可能更糟），而脑海里浮现的却是你的脸。在潜意识中，A把那些负面词汇与你建立起了联系，所以当下次A看到你的脸时，想到的就是那些负面词汇。这种潜意识里造成的影响，人们难以察觉，但绝不能因此忽视它的实际作用。因为现实就是：A不自觉地把那些负面词汇和你联系在了一起，久而久之，那些负面品质就变成了对你本人的描述。

当你向A所说B的不良品质时，在A的潜意识里，认为你描述的不是B，而是你自己。所以，尽可能地赞美他人吧，因为你不是在赞美别人，你是在赞美你自己。

既然不能在背后说人坏话，那么，显而易见，就要在背后多多说人的好话。

喜欢听好话似乎是人的一种天性。当来自他人的赞美使其自尊心、荣誉感得到满足时，人们便会情不自禁地感到愉悦和鼓舞，并对说话者产生亲切感，这时彼此之间的心理距离就会因赞美而缩短、靠近，自然就为交际的成功创造了必要的条件。

说别人好话，会赞美别人是成功交际的重要条件之一，但是如果能经常在背后说别人的好话，便会使你的交际魅力永葆青春。

要经常在背后说别人的好话，这样你从不用担心你说的话会传到其他人的耳朵中。喜欢听好话似乎是人的一种天性，当你的赞美声有一天传到受赞者耳朵里时，他就会获得极大的自豪感和荣誉感，从而对你产生亲切感，从而拉近彼此的心理距离。这样的好事何乐而不为呢？

史湘云、薛宝钗劝贾宝玉做官为宦，贾宝玉大为反感，对着史湘云和袭人赞美林黛玉说："林姑娘从来没有说过这些混账话！要是她说这些混账话，我早和她生分了。"

凑巧这时黛玉正来到窗外，无意中听见贾宝玉说自己的好话，"不觉又惊又喜，又悲又是叹。"结果宝黛两人互诉肺腑，感情大增。

这时林黛玉会想："宝玉在湘云、宝钗、自己三人中只赞美自己，而且不知道自己会听到，这种好话就不但是难得的，还是无意的。"倘若宝玉当着黛玉的面说这番话，好猜疑、小性子的林黛玉怕还会说宝玉打趣她或想讨好她呢。

要背后说别人的好话更能赢得别人的信任，更能极大地表现你的胸怀的诚实，有事半功倍的效用。比如，你夸上司，说他公平，对你的帮助很大，而且从来不抢功。以后，你的上司在抢功时，可能会有那么一点点顾忌，也会手下留情。

当你的好话在背后说时，人家认为你是出于真诚的，是真心说他的好话，人家才会领你的情，并感激你。假如你当着上司和同事的面说你上司的好话，你的同事们会说你是讨好上司，拍上司的马屁，而容易招致周围同事的轻蔑。反之，这种正面的歌功颂德，所产生的效果反而很小，甚至有产生反效果的危险。你的上司脸上可能也挂不住，会说你不真诚。与其如此，倒不如在公司其他部门、上司不在场时，大力地"吹捧一番"，这些好话终有一天会传到上司的耳中。

如果别人了解你像对任何人都一样真诚时，如果你能够在背后说他的好话传到他的耳朵里时，那对你的信赖肯定会日益增加。

在背后说别人的好话，会被人认为是发自内心，不带私人的动机的。其好处除了能给更多的人以榜样的激励作用外，还能使被说者在听到别人传播过来的好话后，更感到这种赞扬的真实和诚意，从而在荣誉感上得到满足的同时，增强了上进心和对说好话者的信任感。

假如有一位陌生人对你说："某某朋友经常对我说，你是位很了不起的人！"相信你感动的心情会油然而生。因为这种赞美比起一个魁梧的男人当面对你说"先生，我是你的崇拜者"更让人舒坦，更容易让人相信它的真实性，从而对你产生信任感。

俗话说"礼多人不怪"，一个人受到别人赞美，绝不会觉得厌恶，除非你油嘴滑舌，故意向对方献媚，使对方觉得你的话说得太离谱了。

其实，赞美是一种学问，其中的奥妙无穷，但最有效的赞美则是在第三者面前赞美对方。所以，在别人面前说好话更能获得别人的认可和信任。

坏话非说不可时，也要掌握一个原则：要只针对这个人做事的方式，而不上升到人格攻击。比如我不能理解他为什么这样解决这个问题；坏话说过之后，还有一个结尾好，一切都好的原则就是把坏话的结尾结好了，比如唉，我发了这么多牢骚，心里不堵了，谢谢你借我耳朵啊！这样能够减轻说的那些坏话的分量，也能化解尴尬。

不挡别人的财路

生活中，总有一些似乎患了红眼病的人，就是见不得别人好，如果别人不如自己，却发了大财，就更觉心理不平衡，甚至产生挡人财路的想法。这样的人，人品肯定大大有问题。

正所谓"夺人道路人还夺"。在人际交往中，最好不要挡人财路。挡人财路，别人就要挡你财路，夺你财路。俗话说：穷帮穷，财气雄；富斗富，没房住。这种两败俱伤的事，不是智者所为的。

金钱不是万能的，但没有钱却是万万不能的。绝大多数的人都是为钱而工作，这无可厚非，因为生活需要钱，没有钱便无法生活了。就算生活已经无虞，钱还是人人喜爱的东西，这是人类最基本的欲望之一，所以挡人财路是一件很严重的事情，也是很得罪人的事情。它是人际交往中的一大忌。

挡人财路无非就是指阻挡别人赚钱、获取利益的机会。一般来说，挡人财路行为的发生并不是偶然的。当资源有限时，因为你拿多了，我就拿少了，你全部拿了，我便没有了。为了保障自己的利益，便用各种方法去争夺对方的利益。这种挡人财路行为的发生无非是受了个人利益的驱使。

“挡人财路”行为的发生主要有以下几种情形。

一、争夺

当资源有限时，因为你拿多了，我就拿少了，你全部拿了，我便没有了。为了保障自己的利益，便用各种方法去争夺对方的机会。

二、嫉妒

纯粹是嫉妒，看你拿得多，或是我虽然也拿得不少，但你拿得比我更多，于是我就起了嫉妒心，让你什么也拿不到。

三、贪欲

没有什么原因，只因认为自己拿得不够多，便挡对方财路，看能不能将之据为己有。

四、报复

某人和我有怨，逮到机会便挡他财路，虽然自己也得不到，但却满足了报复的快感。

刘某与孙某的厂子都同时开发一个项目，但由于孙某的技术力量雄厚，他的项目比刘某早一个月出市，本来与孙某共同研究一个项目，刘某就感到窝火，没想到还让他抢了先机，刘某更是气上加气，于是他匿名向质检部写了一封检举信，检举孙某的产品有质量问题。结果弄得孙某停产一个月接受检查，损失惨重。孙某知情后也愤怒地把刘某告上了检察院，还花重金买到了刘某厂子的独家资料。正当刘某为挡了孙某的财路而沾沾自喜时，也接到了检察院的检查通知信，这股风竟然刮到了自己的头上。刘某最终因产品不合格而不得不停产。刘某真可谓是赔了夫人又折兵啊，挡人财路最终害人害己。

挡人财路的原因和手段有很多，但后果都只有一个，就是会引起对方的怀恨。有的立即做出反扑的动作，有的则“君子报仇，十年不晚”，至少你和对方已有了嫌隙。当然，如果对方不知是你所为则另当别论。

所以，在社会上行走，最好不要挡人财路。别人有机会升官加薪，不管你心里感受如何，最好不要去从中作梗。你若因为报复、嫉妒而去挡人财路，这事迟早会外露的；别人的津贴拿得多，又不合理，如果不影响你的利益，你就不要去抗议，即使抗议成功，也没人会感谢你，而你却得罪了一个人。

杨澜向我们讲述了这么一段关于李敖的话。她说她采访李敖时，李敖骂人骂得很凶。他很神秘地说，你知道为什么我骂人骂了那么多年，骂得那么狠但是没有人来害我吗？她说："为什么？"他说因为我没有断过别人的财路。

精明和洞察世事的人都能明白李敖话语的正确性。很多时候不是我们不够厉害和聪明，而是没有磨炼出为人处世和谋求利益的小藏心术。不需要坑蒙拐骗，更不需要处心积虑地陷害别人，需要的只是我们一颗练达的心，指导我们的行为，不至于站在别人获取财路的当口，成为别人的阻碍。

每个人都有争强好胜的心态，都会产生嫉恨的心理。因此，学得精明一点，让自己远离是非和麻烦。

一、低头做事，抬头看人

只低头做事的人永远不会知道自己的位置是否恰当，是否站在了不该站的位置。直至惹祸上身还浑然不知就更是不可原谅。经常抬头看看他人，不仅能清楚自己和他人的差距，促进自己的进步，也能及时躲开别人的财路，不做绊脚石。

二、留一步，让三分

这是一种谨慎的处世方法，适当的谦让和退一步不仅不会招致危险，反而是寻求安宁的有效方式。除了原则问题必须坚持，对于小事，尤其是涉及他人的不关乎自己的利益的时候，更要懂得"退"即是"进"，"与"就是"得"的智慧。

三、低调做人，高调做事

俗话说"树大招风"，不可否认，每个人都有自己的优势和缺陷，都可能成为众人眼里的明星，吸引大众的眼球。尤其做商人，一定要明白"树大招风"及张弛有致的道理。商人过于张扬，很容易引起别的商人的妒忌和厌恶，这样做的损失要远远大于收益。

挡人财路也有特殊情况。如果是基于正义，可以适当地挡人财路。比如对你基于正义来揭发不法获利的行为，但你要考虑到你在揭发之后确信能不被对方打倒，有把握将对方制服，并且不泄露自己的作为。如果你都不能做到的话，那么还是明哲保身的好，否则你的正义感会成为别人的笑柄，而你自己也将失去立足之地，甚至遭受到更大的伤害。

学会欣赏你的对手

现实生活中，我们的对手总是无处不在。然而对很多人来说，要做到欣赏对手是很难的。难就难在这些人走入了观念上的误区，总认为对手给自己的困难多，对手给自己的伤害多，对手使自己的损失多，伤心和仇视还没个完呢，要自己去欣赏对手能不困难吗？其实这是错误的思想认识，是平庸之人的见解。

对手和我们，犹如一枚硬币的正面和反面，失去了一方，另一方的存在就变得没有意义。正是由于对手的存在，你的存在才富有意义，你的存在才是真实的存在。你才有充满活力和精神的存在。

在秘鲁的国家级森林公园，住着一只年轻的美洲虎。由于美洲虎是一种濒临灭绝的珍稀动物，全世界现在仅存 17 只，所以为了妥善地保护这只珍稀的老虎，秘鲁人便在公园中专门辟出了一块近 20 平方公里的森林作为虎园，还精心设计并建盖了豪华的虎房，好让它自由自在地生活。

虎园里森林藏密，百草芳菲，沟壑纵横，流水潺潺，并有成群人工饲养的牛、羊、鹿、兔供老虎尽情享用。凡是到过虎园参观的游人都说：如此美妙的环境，真是美洲虎生活的天堂。

然而，让人感到奇怪的是，从没有人见过美洲虎去捕食那些专门为它预备的活食。从没人见过它王者之气十足地纵横于雄山大川、啸傲于莽莽丛林。甚至，也从未见过它有模有样的吼叫声。人们最常看到的是它整天待在装有空调的虎房里打盹儿，吃饱了睡、睡饱了吃；整天无精打采。

有人说它大概是太孤独了，若有个伴儿，或许会好。于是，政府又通过外交途径，从哥伦比亚租来一只母虎与它做伴，但结果还是老样子。

有一天，一位动物行为学家到森林公园来参观，见到美洲虎那副懒洋洋的模样，便对管理员说：“老虎是森林之王，在它所生活的环境中，不能只放上一群整天只知道吃草，却不知道猎杀的动物。这么大的一片虎园，即使不放进几只狼，至少也应放上两只豺狗，否则，美洲虎是无论如何也提不起精神来的。”

管理员们听从了动物行为学家的意见，不久便从别的动物园引进了几只豺狗放进虎园。

这一招果然奏效，从豺狗进去虎园的那一天开始，这只美洲虎就再也躺不住了。它每天不是站在高高的山上愤怒地咆哮，就是有如飓风般地俯冲下山岗，或者在丛林的边缘地带警觉地巡视和游荡。

美洲虎那种刚烈威猛、霸气十足的本性被重新唤醒。它又成了一只真正的美洲虎，成了这片广阔的虎园里真正的森林之王。

一种动物如果没有对手，就会变得死气沉沉。人亦然。因为对手的存在，你才会永远都是一只威风凛凛的“美洲虎”。

同样的，一个人如果没有对手，那他就会甘于平庸，养成惰性，最后，终致庸碌无为。一个群体如果没有对手，就会因为相互的依赖和潜移默化而丧失活力，丧失生机。

一个企业如果没有了对手，就会逐步走向懈怠，甚至走向腐败和堕落。一个人如果没有了对手，就会丧失进取的意志，甚至会因为安于现状而逐步走向衰亡。

在人生的道路上，对手就是我们忠实的伙伴，对手唤起了我们的勇气和信心。有了对手，便会有竞争，有竞争，便会有进步，便会有成功。没有对手，人生便毫无价值。人一定要觅得对手，知音难寻，对手更难求，在竞争中要学会欣赏对手，没有对手，你将会不知所往，你的生命也因此毫无意义。

我们提出要欣赏对手，就是要虚心向对手学习，多看别人的长处，取人之长补己之短，是一种积极的人生态度。用欣赏的眼光看人，才符合事物发展的客观规律，才是从善如流。只有欣赏对手，才能善待对手；只有欣赏对手，才能感恩对手；只有欣赏对手，才能真正意义上战胜对手，走上成功之路。

不懂得欣赏对手，就会缺少阳光心态，产生嫉妒和仇恨心理，就会缺少成长的潜在动力，产生自满自足，就会丧失进取的意志，丧失活力，丧失生机，甘于平庸，碌碌无为，逐步走向衰亡。

只有善于欣赏对手，才有危机感，才有竞争力，才能给自己确立正确的方向，奋斗的目标。著名作家沙米亚金说过："盲目的仇恨心理是很可怕的，甚至会导致本身的毁灭。"欣赏对手是走向成功的秘诀。

小镇上有两个报童，一个叫布莱克，一个叫比尔。而且两个人卖同一份报纸，于是二人便形成了竞争对手。

先说比尔。他很勤奋，每天都沿街叫卖，嗓门也很响亮。可尽管他每天叫卖不断，付出了不小的力气，卖出去的报纸就是不多，而且出现日益减少的趋势。而布莱克呢，是个十分肯动脑子的人，他不光是注意卖力气沿街叫卖，更注意想点子，找窍门。比如，他除去沿街叫卖外，还每天坚持去一些固定的场合，而且一到那里，不管别人买报不买报，他就要给大家分发一份报纸，过一会儿再来收钱。就这样，他地方越跑越熟，报纸呢也是越卖越多，因此他的生意越做越好。在同一个地方，有两个竞争对手存在，一个卖的报纸越来越多了，另一个肯定卖得就越来越少，到实在混不下去的时候，不得不另谋生路。最后，只剩下布莱克一个人卖报，他的效益也必然是越来越好。事实证明，在卖报上，布莱克战胜了对手比尔。

事后有人向布莱克探讨经验，真没想到他的一些思想认识和经营理念竟如此让人吃惊。他说，在一个固定地区，对同一份报纸，读者客户是有限的。买了我的，就不会买他的。关键是如何把报纸先发出去，这些拿到报纸的人肯定不会再去买别人的报纸了。我把报纸发给大家，就等于先占领了市场。我发得越多，对方的市场就越小，这就给竞争对手在信心和利润上都构成了打击。其次，报纸不像别的消费品，一张没几个钱，只要卖出去退货的很少，即便是有的读者今天没带零钱，明天也会一起给的。再者，退一步讲，即使有个别人看了报不给钱，或者退报，也没什么关系，因为这毕竟是极少数。但是只要他已经看了我的报纸，他肯定就不会再去买别人的报纸了，这些人还是自己潜在的客户。

布莱克卖报的故事告诉我们，生活中需要对手，要真诚感谢对手，善于欣赏对手，没有对手就没有进步，要敢于把强手当对手，要重视每一个对手。

有了对手，才有危机感，才会有竞争力。有了对手，你便不得不发愤图强，不得不推陈出新，不得不锐意改革，甚至，不敢稍有懈怠。否则，你就只有等着被吞并、被替代、被淘汰命运的到来。

欣赏对手体现了一个人的气度和胸怀，展现了一个人高尚的情操和品行。许多人都会把对手视为是心腹大患、是异己，是眼中钉、肉中刺，恨不得马上除之而后快。其实，只要反过来仔细一想，便会发现拥有一个强劲的对手，反倒是一种福分、一种造化、一种促使自己积极进取的力量。

像君子一样成人之美

孔子说："君子成人之美，不成人之恶。小人反是。"意即君子帮助别人成全好事，不帮助别人成全坏事。小人却和君子相反。成人之美，是一种修养，也是一种高尚的品德，它需要有宽广的胸襟和与人为善的美德。

君子内在修身、外在达人，尽可能向他人提供方便，尽量给予他人帮助。如儒家的"人溺己溺、人饥己饥""己所不欲，勿施于人"；道家的惩恶扬善；佛家的教人向善、慈悲普度等，无不包含了成人之美的思想境界。圣王明君治世，使国泰民安；贤相良臣尽忠报国，荐贤举能，不谋私利；实践和传播儒、释、道思想以济世的道德之士，与人广结善缘，使人提升道德；乃至给人劝善、鼓励的一句话，使人择善而从，都体现出成人之美。自古以来有很多佳话流传至今。君子莫大乎与人为善。

如孟子称赞舜帝说："大舜有大焉，善与人同，合己从人，乐取于人以为善。自耕稼陶渔，以至为帝，无非取于人者。取诸人以为善，是与人为善者也，故君子莫大乎与人为善。"

又如唐太宗李世民，开创了"贞观之治"，在历史上写下了辉煌的一页。他总结说，他成功的主要原因在于用人：第一，不妒忌有才能的人，看到别人的才能，好像就是自己的才能；第二，用人所长，避免其短；第三，敬重贤良，原谅犯错误的人；第四，褒奖正直，从不苛责任何一个人。这些都体现出圣王明君的仁爱和包容的胸怀。

再如荐贤举能，谦虚无私。当齐桓公准备拜鲍叔牙为国相时，鲍叔牙却辞谢而推荐了管仲，说："管仲是国家的栋梁之材，我有几方面不及他：以宽厚仁慈来安抚民众，我不及他；治理国家不忘根本，我不及他；为人忠实诚信，能得到百姓的信任，我不及他；制定的礼仪足以使天下效法，我不及他。"齐桓公于是拜管仲为相。鲍叔牙的荐贤是出于对管仲的了解、敬佩和对齐国的忠诚。齐国有管仲这样的贤臣，有鲍叔牙这样的荐贤良臣，国家果然得到大治。后来人们称赞鲍叔牙"知贤智也，推贤仁也，引贤义也"。

真正能成人之美的人，是真正有品德的人，他们行事并不拘泥于世俗的条条框框，只要是有好结果的事情，他都会去竭力促成，并以此而感到快乐。

沈从文，原名沈岳焕，出生于湖南凤凰，现代小说家。1924年，在《晨报》副刊上发表了他的处女作《一封未曾付邮的信》。一生共出版过三十多部短篇小说集和六部中长篇小说。

青年时代的沈从文就因写过一些新潮的白话小说而在文坛小有名气，由于诗人徐志摩的介绍，他被中国公学校长胡适聘为教师。然而木讷的沈从文第一堂课就洋相百出，他万万没有想到在那些目睹他出洋相的女学生中，就有以后成为他夫人的张兆和。

18岁的张兆和在中国公学曾夺得女子全能第一名，她聪明可爱，单纯任性。兆和身后有许多追求者，她把他们编成了"青蛙一号""青蛙二号""青蛙三号"。二姐张允和取笑说沈从文大约只能排为"癞蛤蟆第十三号"。自卑木讷的沈从文不敢当面向张兆和表白爱情，他悄悄地给张兆和写了第一封情书。

这位老师的情书一封封寄了出去，点点滴滴滋润着对方的心。女学生张兆和把它们一一编了号，却始终保持着沉默。

后来学校里起了风言风语，说沈从文因追求不到张兆和要自杀。张兆和情急之下，拿着沈从文的全部情书去找校长理论，那个校长就是胡适。兆和把信拿给胡适看，说："老师老对我这样子。"胡校长答："他非常顽固地爱你。”

兆和马上回他一句：“我很顽固地不爱他。”胡适说：“我也是安徽人，我跟你爸爸说说，做个媒。”兆和连忙说：“不要去讲，这个老师好像不应该这样。”

没有得到校长胡适的支持，张兆和只好听任沈老师继续对她进行感情文字的狂轰滥炸。沈从文开始了他马拉松式的情书写作。

1932 年夏天，张兆和大学毕业后回到了合肥的老家。沈从文带着巴金建议他买的礼物——一大包西方文学名著敲响了张家的大门，二姐允和出来招呼了这位不速之客。

弄堂很窄，允和对站在太阳底下的沈从文说：“你进来吧，有太阳。”沈从文不进来，允和就对他说三妹上图书馆去了，不在家，让他进来等。沈从文听完说了声“我走吧”，回头就走了。

沈从文回到了旅馆，一个人躺在床上胡思乱想，满脑子尽是张兆和的音容笑貌。

三妹回来后，允和把她骂了一顿：“你假装用功，明明晓得他今天要来。”兆和说：“我就是用功，哪晓得他这个时候来啊。”允和让妹妹大大方方地把老师请到家里来，兆和终于鼓起勇气请了沈从文。

心潮澎湃的沈从文回到青岛后，立即给二姐允和写信，托她询问张父对婚事的态度。他在信里写道：“如爸爸同意，就早点让我知道，让我这个乡下人喝杯甜酒吧。”张兆和的父亲开明地答：“儿女婚事，他们自理。”

带着这份喜悦，两姐妹便一同去了邮局，给沈从文发电报。允和拟好的电报是：山东青岛大学沈从文允。很简单。兆和的则是：沈从文乡下人喝杯甜酒吧。这也许是中国最早的白话文电报了，但邮局没有收，而收下了允和的。

1933 年 9 月 9 日，沈从文与张兆和在当时的北平中央公园宣布结婚，但并没有举行任何仪式。新居是北平西城达子营的一个小院子，这个媒是允和做的，所以沈从文一看见二姐允和就叫她“媒婆”。

新婚不久，因母亲病危，沈从文回故乡凤凰探望。他在船舱里给远在北平的张兆和写信说：“我离开北平时还计划每天用半个日子写信，用半个日子写文章，谁知到了这小船上却只想为你写信，别的事全不能做。”

不幸的是，20世纪五六十年代的历次政治运动都没有放过沈从文。一次又一次来势汹涌的打击，使忧郁过度的沈从文陷入病态的迷狂状态，他不断念叨着“回湘西去，我要回湘西去”，张兆和无言地面对此情此景，眼泪禁不住滚滚而下。后来，在妻子悉心的照料和药物治疗下，沈从文渐渐恢复了健康。

这些难忘的经历使他的心灵产生了对苦难的免疫力，使他和妻子坚强地度过了艰辛清贫的岁月。

在沈从文与张兆和的“师生恋”中，胡适作为校长，并没有以“道学家”的面目出现，兆和的二姐允和也没有以势利的眼光看从文，他们都认为这是一件好事，并竭力劝当事人，以玉成其事。这种君子成人之美的做法，成了中国现代文学史上的一段佳话。

总之，成人之美之人，是出于对别人的尊重和关爱，对别人的缺点善意地指出，对别人的危难尽力相助，成功时不居功自傲，而是更多想到别人对自己的帮助和感恩。古语说：“夫人之相知，贵识其天性，因而济之。”这里的“天性”是指上天赋予人的美好品性，因此人们乐于为善，乐于为他人着想，促成其善愿如愿。

人与人之间的交往贵在与人为善，应尽可能向他人提供方便，尽量给予他人帮助。可以说，宽以待人是一个道德水准较高的表现。对于别人的好事，要极力给予支持和赞赏；对于别人的坏事，不要幸灾乐祸甚至落井下石。这是一个深谙为人处世之道的人最基本的品行和操守。

慷慨大方，善待落魄的人

“把握生命里的每一分钟，全力以赴我们心中的梦，不经历风雨怎么见彩虹，没有人能随随便便成功。”《真心英雄》里的这段歌词真实地道出了成功者的心里话。是的，不经历风雨怎能见彩虹？在人生漫漫路途中，谁也不曾都是辉煌的，每个人都有落魄的时候。

我们总是在等待生命中的那个伯乐的出现，尤其是在我们失意落魄的时候，可我们可曾想过别人落魄之时，我们有过善行吗？与人相处，需要我们以一颗善良诚恳的心。假如你在最困难的时候有人帮你一把，你定会感激万分。俗话说患难见真情，你对别人没有恩，别人怎么会回报你呢？

善待落魄的人，对别人是一种恩惠，对自己也是一种修行。滴水之恩当以泉涌之报，每一个人都有一颗善良之心，一个真正有知识的人是对社会有责任的人。

汉三杰之一的韩信，和张良一样，亦是出身贵族。但楚国灭亡后，沦落潦倒不堪，曾在南亭亭长家混饭吃，时间长了，亭长老婆对他很厌恶，一天大早坐在床上把饭吃完了。韩信赶饭，扑了个空，知道是自己蹭饭遭嫌，人家以此来羞辱自己。他也不说什么，气呼呼地就跑出去了。

跑到外面也没吃的，只好去河边钓鱼。这时，有一群帮人家洗衣服布匹的妇女（漂母）刚好也到河边来洗衣布，其中一位老妇见韩信饥饿可怜，每天都将自己的那份饭分成两半，留给韩信一半，就这样毫无厌倦之色地救济他，韩信非常感动，对漂母说：我将来富贵了，一定要重重地报答您老人家。漂母生气地说：我给你饭吃，是看你实在可怜，不是为了图你报答。

陈胜吴广起义后，韩信投靠刘邦，立下赫赫战功，后来天下平定，韩信被改封为楚王。

韩信衣锦还乡，找到当年的漂母，报以千金。

比尔·盖茨说：善待他人就是善待自己。面对纷繁复杂的社会，我们应该始终有一颗善良的心。请不要吝啬你的善举，帮助那些落魄的人，也许你的明天会更美好。

一个谎言会招来更多的谎言

梁启超先生曾说：“心口如一，就不失为光明磊落丈夫之行为也。”他的意思是说，做人应该光明磊落，心中所想和口头所说的要完全一致。在古代，我们称这样的人为正人君子，现在我们称他们为诚实的人。

对于一个言行诚实的人来说，因为有正义与公理作为支撑，所以会显得更加淡定，他从来不会惧怕这个世界。而一个满口谎言的人会经常对自己这样说道："我是一个戴着面具的人，我在说谎，我不是一个诚实的人。"有一句话是这样说的："卑鄙是卑鄙者的通行证，高尚是高尚者的墓志铭。"若要做一个高尚的人，就永远不要欺骗任何人。

卢梭是法国著名的革命家、哲学家。在他小的时候，发生过一件令他十分懊恼的事情。因为家里穷，为了生存，卢梭被人介绍到一家有钱人家里打工。没想到，卢梭刚到他们家没几天，女主人就去世了。女主人死的那天，家里很混乱，卢梭出于好奇，便偷偷地拿了这家小姐的一条绣带，而他却没刻意藏起来。没想到，没过几天，戴在身上的绣带被老管家发现了，老管家很严厉地问卢梭："这条绣带是从哪里来的？"

当时卢梭非常紧张，他不知道说什么好，吓得直冒虚汗，吞吞吐吐了半天之后才说："是马里翁送给我的。"

大家听说是马里翁偷了绣带，都不相信，因为家里人都知道马里翁的为人，她长得漂亮，而且乖巧、谦虚、诚实，大家都很喜欢她，她怎么可能会偷绣带呢？管家怀疑卢梭在撒谎，于是把马里翁叫来，当面与卢梭对质。

卢梭由于做贼心虚，看到马里翁之后便抢先大声地说："就是她！是她把那个东西送给我的。"马里翁吃惊地瞪大眼睛看着卢梭，好半天才说："不是的，管家，我真的不知道这件事。我不知道您为什么要怀疑我，我也没见过这条绣带。"

卢梭仍然硬着头皮说："你撒谎，就是你送给我的。"

马里翁一脸很无辜的样子看着卢梭，说："卢梭，求你说实话，你这么小，你是不会撒谎的，可不要因为一条绣带而断送了我的前途啊！"

卢梭虽然知道这样诬陷他人是不对的，可是既然话已经说出来了，也不好意思反悔，只好继续很无耻地指控马里翁。

马里翁十分生气，她对卢梭说："卢梭，我原来以为你是个好人，真没想到你是个爱撒谎的坏孩子，我真看错你了。"

她不再理会卢梭，转过头去向管家解释自己的委屈，努力地为自己辩解。最后由于卢梭和马里翁都不承认是自己偷拿了绣带，管家只好把两个人都辞退了，并且说："撒谎者的良心会惩罚罪人的，它会为无辜的人找回公道的。"

之后，老管家的预言果真显灵了，卢梭受到了上帝的惩罚。每次想起那双无辜而又善良的眼睛，卢梭总会陷入深深的自责之中，良心受到谴责。是他害了一位诚实善良的姑娘，害她丢了工作，还背上了小偷的罪名。一想到这些，卢梭就觉得有千万只虫子在肚里来回翻腾。

一个谎言常常能导致更多的谎言。也许在马里翁以后的工作中，为了掩盖自己被辞退的理由，可能会说一个更大的谎言，又或许当她再次遇到这样的情况时，她也会选择把罪责嫁祸于别人，结果使一个恶果产生了更多的恶果。而卢梭因为诬陷一位无辜的姑娘，终生都将受到良心的谴责。如果时间可以倒转，卢梭一定会毫不犹豫地对管家说出事实。

有一位父亲在教育自己的孩子时曾这样说过："永远不要说谎，一句也不可以，你只要说一句，就要用 15 句来掩饰。"一句谎言要用 15 句谎言来掩饰，这不是得不偿失吗？真相总有公布的那一天，纸是包不住火的，即使你掩饰得再完美，也有被揭穿的那天。用编造谎言来伪装自己，所付出的代价是很惨痛的。

有位男士在网上交了一位女友，这个女孩长得并不漂亮，但是男士和她见过面之后很能谈得来，于是他开始对这个女孩上心了。男士的朋友帮他介绍女朋友都被他拒绝了。他从心底里喜欢这位女孩，他愿意追求她。

后来女孩病了，男士非常疼她，便陪她去医院看病，为了这事还耽误了工作，差点儿被老板炒鱿鱼。男士一直希望女孩能告诉她实话，最起码告诉她工作单位和家是哪儿的，可女孩总是含含糊糊，编了一个又一个谎言，而他们约会的地点也总是商场、咖啡厅、饭店等公众场合。男士非常痛心，他多次想多了解女孩，可是女孩总是在掩饰。他们交往了一个月，吃饭、逛街、买衣服花了男士 3000 多块钱，男士从来不为钱感到痛心，他只是一直在等待女孩能对他说句实话，但是女孩没有。最终，男士选择了放弃。

这时，女孩终于有了悔意，原来，这位像风一样神秘的女孩果然是个骗子，这位男士已经是她第 4 个骗过的人了。男士的离开让女孩觉得自己好卑鄙，其实她从心里还是喜欢这位男士的，只不过抵不过现实的诱惑，她以为只有这样用谎言来掩饰才能保持她的神秘性，这样男人就会一直对她好。

女孩开始醒悟，她知道从一开始就在骗别人，最终的结果也是理所当然，可是男士已经离开了，他们再也不可能继续交往了。

人的生命不可能从谎言中开出灿烂的鲜花，女孩的爱情在谎言中被葬送了。一位哲人说得非常好："一旦撒了一次谎，就需要有很好的记忆力把它记住。"为了不让自己尴尬，为了不让自己难堪，为了圆一个小谎，你需要编造更大的谎言来掩饰。在社会中，撒谎的人往往就是这样被谎言一步步逼上不归路的，从小骗子变成大骗子，最终把自己骗到监狱里。

周恩来说过："自以为聪明的人往往是没有好下场的，世界上最聪明的人就是最老实的人，因为只有老实的人才能经得起事实和历史的考验。"为人处世，诚实守信是根本，谎言只会像雪球一样越滚越大，最后无法收场；谎言不能代替谎言，只有诚实的人才会走得更远。

注意德行，对自己的人生负责

"人最宝贵的是生命，生命对人来说只有一次。人的一生应当这样度过：当回忆往事的时候，不会因为虚度年华而悔恨，也不会因为碌碌无为而羞愧；在临死的时候，他能够说：'我的整个生命和全部精力都已献给了世界上最壮丽的事业——为人类的解放而斗争。'"

这是《钢铁是怎样炼成的》中保尔·柯察金的一句话，这句话曾经为很多迷茫的人指引了方向。生命对于每个人都只有一次，我们应该对自己的人生负责，没有任何人可以替而代之。生活在和平年代的我们也许不需要再喊为人类的解放而斗争，但是和平时代有和平时代的新意，我们对时代负责也是对自己负责。我们需要对自己的人生负责，注意自己的德行，只有这样，我们才不会虚度年华，才会活得有意义。

"上善若水，厚德载物。"做人的最高境界应该像水一样，以深厚的德泽育人利物。生活不可能一帆风顺，在为人处世中不免要遇到很多的问题，我们不妨以水的心态对待，用水洗涤我们的心灵，德行天下，从而使我们的人品更加完善。

东汉末年有一位特别有才的大名士，他的名字叫陈蕃，陈蕃是“三君”之一。所谓“三君”，是指封建士大夫里面的等级，最高的是“三君”，其次是“八俊”，以下依次是“八顾”“八及”“八厨”，由此可见三君是最高的等级，同时也是影响力最大的。陈蕃当时德高望重，人人都非常敬重他，他的一言一行都是当时士大夫效仿的楷模。

陈蕃刚出来做官的时候，野心十足、志向很高，他想把天下的事都治理好。他在担任豫章太守的时候，一到任就赶紧去拜访当地的名士徐孺子。徐孺子就是王勃在《滕王阁序》中所说的“徐孺下陈蕃之榻”的徐孺。陈蕃刚到任就前去徐孺子家拜访，他的主簿对他说：“大家希望太守您先进官署。”而陈蕃回答说：“当年周武王刚打下天下，就去商朝贤人商容旧居致敬，今天我也不先进官署，而先去礼敬贤人，这又有什么不可以的呢！”陈蕃的这次拜访是得民心的。

在以后的工作中，陈蕃也是克己奉公、修身养性，对老百姓很负责，很快成为一代父母官。一个外地官员有这样的举动，实在让人很佩服他的人品。

对别人施以恩德，也是对自己的人生负责。陈蕃的言行和举止让他的下属着实佩服，为他赢得了一个好的名声。其实，无论是为官还是做人，德行就是一个品牌，有了这个品牌，大家就会很信任你。我们中华民族是一个以德行天下的民族，善待他人是我们义不容辞的一种责任。

远离恶习和不良风气

“近朱者赤，近墨者黑。”与优秀的人在一起，会潜移默化地受到影响，时间久了，你也能成为优秀的人，反之，与品德败坏的人在一起，你也会变得很没素质。坏习惯是会传染的，生活中，我们都会在不经意间接受来自环境的一些潜移默化的影响，从而不知不觉地改变了自己的品行。

欧阳修是北宋的文学家、政治家、唐宋八大家之一。欧阳修在颍州当长官的时候有一名手下，他的名字叫吕公著，有一次，欧阳修的好朋友范仲淹办事经过这里，便顺便拜访一下欧阳修，欧阳修就请吕公著和他一起招待客人。

趁着欧阳修离开的时候，范仲淹对吕公著说："你能在欧阳修身边做事真是太好了，你应该多向他请教作文写诗的技巧。"吕公著若有所思地点了一下头，他知道范仲淹说得很有道理。之后，吕公著天天跟着欧阳修学习，不仅学到了很多为人处世的道理，而且很快便使自己的写作水平有了很大的进步。

好的习惯不是一天两天养成的，好的风气会促使一个人朝着一个正确的方向发展，而坏的风气则会毁了一个人。"君子坦荡荡，小人长戚戚"，为人处世需要坦诚、正直，欧阳修的学识能够影响吕公著，使他有了很大的提高，这说明欧阳修本人有着良好的品行。

好的东西和习惯总会给人带来好的影响，很难想象一个小偷能把孩子教育成法官。"上梁不正下梁歪"，有时候父母是孩子最好的老师。

有一对夫妻，为人处世很圆滑，尤其是妻子总是把自己的利益放在第一位，丈夫也不觉得有什么不对的地方，两个人可算是"臭味相投"的一对，夫妻俩一唱一和，日子过得还挺好。

一天，他们的儿子的老师打来电话，让他们去学校一趟。夫妻俩觉得有点儿异常：平时儿子挺懂事的，老师怎么会让他们去学校呢？是不是儿子惹祸了？

于是两个人急急忙忙赶到学校，看到儿子安然无恙，他们便松了一口气，他们心想：反正儿子没事，也没吃什么亏！

夫妻俩被老师叫到办公室，老师说："王林和同学发生了争执，把别的同学的脸都给撕破了，你们可得好好管教管教，这样可不行啊！"

他们装作很坦诚的样子连忙点头，还说道："真是对不起，我们没有好好管教孩子，给您添麻烦了。王林，快点给老师道歉，以后不准再打架了。"

谁也没想到，王林竟然义正词严地说："我没有错，错的是他。"

这时，身边的同学气愤地反驳道："你这个大骗子，昨天刚借我的笔，今天却说没借。”

王林依然很坚定地说：“我没借过你的笔，谁能做证？是你自己弄丢的，还找别人的麻烦，你才是个大骗子呢！”

尽管王林说得很坚定，但是夫妻俩从儿子紧张的表情中可以看出儿子在撒谎，于是夫妻俩赶紧给老师表了态，保证以后好好管教孩子，拉着王林就走了。

等晚上回到家，王林向父母说了实话，并且反问了爸爸：“爸爸，难道你们今天没有撒谎吗？你们平时不都是计划怎么撒谎瞒过人吗？怎么就没事呢？”

夫妻俩一时被儿子说得无话可说，互相看了看，对儿子说：“小孩子懂什么，别乱说话，爸爸妈妈哪有骗过人？你听谁说的？”王林委屈地说：“跟你们学的啊，我看你们平时骗人多开心啊！为什么你们能，我就不能呢？我不管，反正以后你们要教我怎样既能骗到好东西又不受人责怪。”

听到这话，夫妻俩吓坏了，心想儿子怎么变成这样了？照这么发展下去，那还了得，自己是不是该反思一下以身作则，把这些坏毛病改掉了？

这一对夫妻其实早知道自己做得不对，但是仍然在家里创造这样的气氛，久而久之就养成了一种风气，儿子理所当然地受到了影响。子不教，父之过，父母天天商讨怎么骗别人，儿子能学好吗？

也许会有人认为小小的恶习无伤大雅，不会对生活造成太大的影响，其实这种想法是大错特错的。“千里之堤，溃于蚁穴”，小恶习看起来没有多大的危害，其实里面蕴藏着无穷的祸患。可以说，故事中的父母并没有犯下什么不可饶恕的罪过，但是他们的恶习在家庭里形成了一种不良的风气，而这种不良的风气又被他们的下一代沾染上了，如此反复，最终必将酿成他们无法承受的恶果。

生活中，总有一些恶习在我们周围，它关乎我们的人品，关乎我们的形象。针对恶习和不良风气，我们如何去辨别和对待呢？

一、辨认恶习

我们每个人基本上都有自己的盲区，对于别人的意见，我们往往听不进去，我们自己也不知道，有时候身边的人和事都会影响到我们的判断。渐渐地，我们会失去自己的辨别力，慢慢地便形成了一种风气，长此以往，恶习也就侵扰了我们，这种风气会危害社会。其实，清楚地分辨恶习不是那么难的事，只要你头脑清醒，有自己的思想，客观地对待事物，恶习一定不会对你产生影响。

二、远离恶习

学会了辨别之后，接下来你就要远离恶习。远离带有恶习的人和事，才能断绝恶习与你的联系，才能保证你的人生是积极向上的。

三、根治恶习

任何事情都有解决的办法，如果想彻底根除恶习，就需要从自身做起。保证自己朝着正确的方向前进，永远不要迷失方向。把恶的引导成善的，把错的引导成对的，多考虑内因，让自己生活的环境有个良好的风气，让自己的人生更加美好。

不要揭他人的“伤疤”

俗话说：“上善若水。”做人要有水的精神，这里所说的水的精神并不是随心所欲，尤其是在日常说话的时候一定要注意讲究分寸，避免恶语伤人。

俗话说：“打人不打脸，骂人不揭短。”人和人之间相处最忌讳的是拿别人的短处来做文章，我们通常都会很鄙视这种行为，认为这是小人之举。其实，这种行为不仅反映了一个人的品行，而且也反映了对他人自尊的践踏。

语言是一种沟通的载体，说话是一门艺术，生活中的我们在不经意间说错了话，有可能会招致祸患。说话要注意分寸，为人要厚道、坦诚，说出去的话等于泼出去的水，谁也无法挽回，恶语伤人是一种道德败坏的表现，特别是揭人伤疤、说人短处。

在我国古代有这样一个故事。

与朱元璋小时候一块长大的挚友千里迢迢从老家赶到南京，费了好大周折，总算进了皇宫。刚进大殿，这位老兄便冲着文武百官大叫大嚷起来：“哎呀，我说朱老四，你现在当了皇帝可真威风呀！不知道还记得兄弟我吗！想当年咱俩可是光着屁股一块儿长大的，你总是爱惹事，干了坏事就往我身上推。还记得吗？有一次咱俩一块儿偷豆子吃，背着大人用破瓦罐煮，你真够馋的，豆还没煮熟你就先抢起来，结果把瓦罐都打烂了，豆子撒了一地。我让你慢点儿吃，你非得吃得那么急，结果，豆子卡在嗓子里，后来还是我帮你弄出来的。怎么，你不记得啦！”

这位兄弟也不知道怎么了，说起来没完没了。宝座上的朱元璋再也坐不住了，心想：这个人太不识相了，竟然当着文武百官的面揭我的短处，让我这个当天子的脸往哪儿搁？震怒之下，朱元璋下令把这个穷哥们儿杀了，这就是揭人之短的下场。

每个人都有自己的长处，也有自己的短处，朱元璋作为皇帝，当然不愿意别人这样来提起他以前的穷酸日子，他觉得有失天子的尊严，而这位兄弟的举动无非是为了想套近乎，让朱元璋给他点儿好处。拿别人的短处来换取自己的利益，当然不会有好下场。现实生活中，为人处世，一个很主要的因素就是擅长发现对方身上的长处，夸奖别人、赞扬别人，多说说别人的优点，而不是捉住别人的隐私、痛处与毛病大做文章。切记：揭人之短会伤人自尊。

“揭短”是不尊重别人的一种表现，是一个人道德修养低下的体现，有时可能是故意的，由于相互仇视对方，所以要用语言进行攻击。“揭短”，有时是无意的，可能由于某种起因而一不小心犯了对方的忌讳。然而，无论是有心也好，无意也罢，与人相处时，揭人之短都会伤害到对方的自尊。

“祸从口出”，做人要口下留情，不要说过头的话，不要胡说乱说，刻薄、尖酸、挖苦或讽刺的话最好不要说，因为伤害感情的话会给别人的心灵留下创伤。把握分寸、深知礼仪、尊重别人，才能与他人和睦相处，营造良好的人缘。

有位养鸡场的主人向来对传教士的印象很不好，因为他觉得多数传教士都是一个样，说一套，做一套，道貌岸然。尤其是有些人，表面上满口仁义道德，私底下却干些见不得人的勾当，这当然是主人对传教士的偏见。为了体现自己“替天行道”的正义感，养鸡场的主人有事没事总爱信口散布传教士的坏话。

有一天，两个传教士走进主人的养鸡场，说要买只鸡。有生意做，总不能往外推吧，所以主人就让他们在偌大的养鸡场里随便挑，没想到他们却挑了一只丑得不能再丑的公鸡——这只公鸡的毛掉得几乎秃了，并且还跛了一只脚。

主人有点儿纳闷，他们这是来买鸡吗？于是就问他们为什么要买这只丑陋难看的公鸡，其中一位传教士回答："我们想把这只鸡买回去养在修道院里，如果路过的人看见要问起，我们就说这是你的养鸡场养出来的鸡。"

主人一听急了，连忙摇头："不行，不行！你们看看我这养鸡场里面的鸡，哪一只不是养得漂漂亮亮、肥肥壮壮的？就这一只不知道怎么搞的，一天到晚爱打架，才会变成这种丑模样，你们拿它对外当代表，别人会误会我的鸡都这样，对我实在太不公平了！"

另外一位传教士笑嘻嘻地回答："对呀！少数几个传教士的行为不检点，你却有那么大的偏见，天天散布我们的谣言，这对我们来说也同样太不公平了！"

主人听了惭愧万分，觉得自己好尴尬。

每个人都有自己的缺点，都有自己的忌讳之处，如果把别人的短处在大庭广众之下说出来，无疑是打了人家一个大耳光，就太不给人留情面、留余地了，而揭人之短的人除了招致对方的怨恨、报复外，将一无所得。

做人要有一颗宽容之心，处世要多站在别人的立场上考虑一下。试图拿别人的缺点来打击别人是一种不道德的行为，打人不打脸，骂人不揭短，请善待你身边的每一个人。

第八章

职场里，需要的是自律与责任

能力合格的人不一定是人才，而人品不合格的人一定是“危险品”。一个人人品不好，即使有天大的才能，也不可能为公司创造福利，甚至会威胁公司的发展；而一个品德高尚的员工，即使他没有过人的才华，也定能撑起一片天地。

不要把坏情绪带到工作中

无论男人、女人、企业的总裁还是普通职员抑或是办公室白领，都难免逃脱情绪的包围。喜、怒、哀、乐是我们生活的基本情绪元素，也构成了丰富的情感元素及旺盛的生命力。或许可以这么说，我们都是情绪的“奴隶”。

情绪不仅仅是人外在的一种肢体语言，而且是人生理状况的一种表现，情绪对健康有一定的影响。美国生理学家艾尔玛为了研究情绪对健康的影响，曾做过一个简单的实验：他将一支支玻璃管插在摄氏零度、冰和水混合的容器里，借以收集人们在不同情绪时呼出来的“汽水”。研究结果发现，心平气和时呼出的气凝成的水澄清透明，无色、无杂质，而人在生气时则会出现紫色的沉淀物。研究者将这“带有紫色沉淀的水”注射到白老鼠身上，几分钟后，白老鼠居然死了。

这个小小的实验无疑告诉我们：情绪对一个人的影响是如此之大，有可能还会危及人的性命。在职场中，成功的秘诀在很大程度上取决于我们自身情绪的控制和严格的自律。如果一个人不能驾驭自己的情绪，不能做情绪的主人，总带着坏情绪去上班，那么他在工作中一定会遇到很多问题，以致无法静下心来工作。

陈硕是一家商店的售货员，每天都乘地铁上班。这天早晨，地铁内很挤，刚刚出了地铁后，她着急地想看一下时间，但是翻遍包里所有的东西也找不到手机，这时，她突然想起在地铁口有个人挤了她一下，手机肯定是被那个人偷了。这可是她新买的手机，陈硕气得直跺脚，发誓挖地三尺也要找到那个小偷。

结果，人海茫茫，哪里还找得到那个人。这下还耽误了上班，迟到了几分钟，没想到被小组长看见了，又挨了一顿骂，陈硕的心里更是恼火。这时有位顾客来到她的专柜，想看看帽子，但陈硕装作没听见，置之不理。顾客以为对方没听见，又上前一步把刚才的话大声重复了一遍。陈硕不耐烦地看了她一眼，没好气地大声嚷道："喊什么喊！不就是看帽子吗?"同事见此状况都在旁边窃窃私语，不知道出了什么事。顾客听后非常生气，直接反映到商店老板那里。结果，陈硕不仅受到老板的严厉批评，还被扣了工资，差点儿连工作都丢了。

一个人带着情绪去上班，把情绪当作工作的晴雨表，只要遇到不顺心的事情就挂在嘴边，最后肯定会陷入"沮丧—出错—倒霉"的恶性循环中。现代社会是一个信息爆炸的社会，面对职场中的竞争压力，没有人愿意接受别人的埋怨和牢骚。像上述事例中的陈硕那样把所有的怨气都撒在工作中，带着坏情绪去工作，结果被组长批评、被同事冷落，导致自己身心疲惫，还差点儿连工作都丢了，真是得不偿失。

职场中，使人们充满压力的情况无处不在，预算削减、裁员以及部门变更等都会带来压力。如何在这种情形下管理好自己的情绪显得至关重要。如果你把积极的情绪带到公司，那么你的快乐大家都能分享；反之，如果你把消极的情绪带到工作中，就会在工作中不能平静下来安心地工作，处理事情的时候难免会有误差，与此同时，同事也会疏远你，还有可能引起误解和激化矛盾。"己所不欲，勿施于人。"孔子在两千多年前就已经教育他的弟子不要把自己不想要的东西强加给别人，这句话同样也适用于今天的我们。在职场中，你的坏情绪有可能会影响到别人，换位思考一下，假如别人对你冷嘲热讽，把你当作"出气筒"，你愿意吗？你不愿意承受的东西为什么要让别人来承受呢？所谓"言寡尤，行寡悔"，做事情前一定先想到后果。

在现实生活中，我们每个人都会受到情绪的影响。当遇到不开心的事情时，我们会情绪低落，有时还会发脾气；当遇到开心的事时，我们的情绪又会无比高涨。但是，在职场中，我们必须控制自己的情绪，因为情绪是可以传染的，我们的坏情绪很可能影响到其他人。没有人喜欢和每天皱着眉头的员工和同事打交道。

针对现实生活中出现的种种不开心的事情，我们如何做到控制自己的情绪，不把坏情绪带到工作中呢？我们不妨试一下下面的几种方法。

一、学会隐藏情绪

如果你在工作中遇到不良情绪时，这个时候，你可以像一个将军一样，命令自己脸上挂着微笑，因为笑脸可以将你的情绪隐藏起来，或者上洗手间或其他地方，待冷静下来之后再去处理问题。假如你没有这样的境界，或者是走不开，那就强迫自己坐下来喝一杯水，这样做也能起到控制情绪的作用。

二、学会调整情绪

怀着一颗积极的心态去面对现实，不要逃避问题。多数情况下，我们出现情绪化的情况，是因为觉得自己受了委屈或是被伤害，认为错在别人，所以想要把心中的怒火发泄出来。我们能够换一下角度，从比较有益的方面去想问题。比如，碰上对方是性格暴躁、不明事理的人，不妨这么想，对方这么蛮横，陷入自己制造的不愉快的氛围，这是多么的不幸啊！难道我想像他那样做些无聊的事情吗？如此想来，你就不会闹情绪了。

三、学会发泄情绪

过分压抑郁积的心态只会使情绪困扰加重，长期地压抑会导致人精神崩溃，而适度宣泄不良的情绪会让人身心健康。当心情不好、烦闷时，最简单的办法就是“宣泄”；你可以选择和知心朋友谈心，你也可以找个没人的地方或者空旷的原野大声叫骂，或是尽情地向至亲好友倾诉自己认为的不平和委屈等。一旦发泄完毕，你会发现心情也随之平静下来，也能安心地工作了。

生活永远是在现场直播，职场同样不会给予我们排练的机会。在一个浮躁、善变、功利的社会中，我们需要做一个冷静者、坚持者、挑战者。掌握好自己的情绪会对自己的工作起到事半功倍的效果，一个懂得如何管理自己情绪的人在工作中也能如鱼得水。“人有悲欢离合，月有阴晴圆缺”，无论你在工作中遇到什么不如意事，都要记住，不要把情绪带到工作中去，要懂得自律和自制。

自制让你更出色

能克服自己的愤怒，便能克服最强的敌人。在职场中，当你遇到不顺心的事情，你会发脾气吗？你知道什么时候该露出愤怒的表情、什么时候该隐藏愤怒的表情吗？这就需要你有很好的自制力、需要自律。假如你因为公交车晚点而迟到了，老板不问原因便对你大发雷霆，还说要扣你工资，你有一肚子怨气，这时你定会想破口大骂老板，但是你又不能，为此你郁闷了一整天。

有人对各监狱的成年犯人作过一项调查，发现一个惊人的事实：这些犯人之所以沦落到监狱里，有90％的人是因为他们缺乏必要的自制。他们无法控制自己的情绪，以致把愤怒的情绪发泄给对方，最后走上犯罪之路，单就这一点，我们可以想象一下，如果一个人没有自制力，那该是多么可怕的一件事。

成功学创始人拿破仑·希尔曾说过：“自制是人类最难得的美德。成功的最大敌人是缺乏对自己情绪的控制。”

一天，拿破仑·希尔一个人在办公室工作，不知道具体情况的办公大楼的管理员很是不满，于是，他瞅准时机要给拿破仑·希尔点儿颜色看看。没想到他真的这么做了，就在拿破仑·希尔到办公室准备一篇预备在第二天晚上发表的演讲稿时，大楼的电灯全部熄灭了。

拿破仑·希尔急坏了，他知道，这肯定是办公大楼的管理员搞的鬼。他飞奔到大楼地下室，认定那位管理员一定在那儿。而令拿破仑·希尔没有想到的是，当他火速赶到时，却发现管理员正在忙着把煤炭一铲一铲地送进锅炉里，好像什么事也没发生似的，还一边吹着口哨，一边忙碌着。

这位管理员的行为立刻激怒了拿破仑·希尔，他再也忍不住心中的怒火，于是开始破口大骂，一直骂到没力气了才停下来，脑袋里真的再没别的词语可以骂出来了。终于，拿破仑·希尔意识到自己有点儿疯了。

这时候，管理员才慢慢直起身体，转过头看了拿破仑·希尔一下，脸上露出开朗的微笑，并以一种充满镇静与自制的柔和声调说道：“你今天有点儿激动，不是吗?”

拿破仑·希尔怔住了，他不知道如何解释目前这种尴尬的状况。站在他面前的可是一位文盲，而自己却在这场“战斗”中被打败了，他感受到前所未有的耻辱感。他明白，自己必须向管理员道歉，内心才能平静。最后，他费了很长时间去自我调整，下定决心向管理员道歉。

拿破仑·希尔说："我为我的行为道歉，如果你愿意接受的话。"

管理员的脸上仍然洋溢着灿烂的微笑，他说："凭着上帝的爱心，你用不着向我道歉。除了这四堵墙壁以及你和我之外，并没有人听见你刚才说的话，我不会把它传出去的，我也知道你也不会说出去的。因此，我们不如就把此事忘了吧！"

拿破仑·希尔向他走过去，抓住他的手，使劲地握了握。其实，拿破仑·希尔知道自己不仅仅是在用手，而是在用心和他握手、在和他沟通。在回办公室的路上，拿破仑·希尔感到心情十分愉快，因为他终于鼓起勇气纠正了自己做错了的事。之后，拿破仑·希尔下定决心提高自控能力，绝不再因失去自制而做出令人后悔的事情，并为此构思了一句名言："上帝要毁灭一个人，必先使他疯狂。"

疯狂的代价是可怕的，尤其是在今天这样一个竞争极其惨烈的职场上，你可能也经历过像拿破仑·希尔发怒的事情，当然，原因可能是各种各样的。比如，你想当好人，替同事受过，结果被上司骂了一顿，上司暗地里给你穿小鞋，又或者是自己设计的文案被同事剽窃了；有时你总觉得自己该升职了，可结果却是别人升了职，等等。这时，你像一头愤怒的狮子一样控制不了自己愤怒的情绪，你要把所有的不满都发泄出来，似乎情有可原。但你想到这样做的后果吗？后果是你定会心情烦闷、精神恍惚，无法集中精力工作，这样你的领导和同事也会对你另眼相看，自己也会陷入尴尬的境地，你也就成了孤家寡人，甚至老板会将你视为公司的不稳定因素、炒你的鱿鱼，等等，这对于你的事业会有很大影响。

一个有自制力的人往往能够走向成功之路，但是职场中总会出现让人发怒的事情，有时是他人无意的伤害，有时是我们多虑，在关键时刻，我们该如何应对呢？

首先，我们应该等待怒气消解。经过研究表明，一般情况下，愤怒持续的时间不会超过 12 秒，犹如闪电般，来得快，去得也快。愤怒容易引起人走向极端，有时候爆发起来，后果不堪设想。愤怒的期限是 12 秒，那么如何度过这 12 秒呢？你不妨可以用最传统的方法深呼吸或者是在心中默念 10 个数，慢慢地，当你做完的时候，也许你会发现你的怒气已经消除了。

其次，掌控自己的情绪。情绪发生在自己身上，所以解铃还须系铃人，掌握好自己的情绪关键还是看自己。合适的时候表达自己的情绪，会有助于你感觉一切尽在自己的掌控之中。“我对你的行为实在是感到很失望。”这句话比你暴怒时口不择言的更有力量。比如，如果你是老板，你可以微笑着对你的员工说：“这是你最后的机会，下不为例。”如果你是普通的职员，你可以虚心地对老板说：“您别生气，下次我会注意。”切记：在任何时候都不要在冲动的时候作决定。

最后，学会忍耐。“我很好，一切都很好，没事。”即使你的内心充满了愤怒的火焰，但你仍然要展现给别人一张笑脸，这是对真实情绪进行不露痕迹的掩藏。忍一时风平浪静，退一步海阔天空，和谐相处是最明智的选择。

把愤怒的表情收起来，做一个自我情绪的控制者，这是职场中应该具备的最基本的准则，也是与人相处中自我人品的展现。俄国文学家陀思妥耶夫斯基曾说过：“如若你想征服全世界，你就得征服自己。”学会管理自己，做到严于律己，你才会更出色。

严格自律，珍惜自己的名誉

一位哲学家曾说：“世界上唯有两样东西能让我们的内心受到深深的震撼：一是我们头顶上灿烂的星空，二是我们内心中崇高的道德法则。”如果我们不能够严于自律而自我放纵，那么就会像沉渣泛起的浊水那样，思想受到玷污，心境不再纯净，为功名利禄所困，进而动摇理想与信念，人生的方向开始迷失，最后走向危险的境地。因此，要想遵守崇高的道德法则，首先就要珍视自己的名誉。

我们常听说：“人争一张脸，树争一张皮。”这里的“脸”就是指人的名誉，也就是说：名誉相对于人来说就像树皮对树一样重要，是体现一个人价值的根本所在。在职场中，一个人的名誉相当于一个人的招牌，招牌没了，你就很难在职场中混下去了。

徐燕是公司的一名秘书，虽然没有什么才能，但是因为身材和长相都不错，最主要的是能替老板在外面应酬，所以得到老板的赏识。时间久了，老板慢慢对她开始产生了好感。

2010 年 11 月，由于公司的一名部门主管突然辞职，急需一人来代替，这时，徐燕自告奋勇，老板随口答应了，而公司的其他员工都不服，论业绩，他们都比徐燕出色，所以都在背后议论纷纷。徐燕知道获取这个位置的代价——以身相许，其实，她明知道老板是有家室的人，但是为了自己的利益和前途，她愿意牺牲自己的名誉。

为了自己以后在公司能够混下去，徐燕唯一的办法就是讨好老板。于是，她不惜一切代价，为了保住位置，她甚至忘记了自己是谁，在背后说别人的坏话替老板挡酒，甚至去堕胎。没过多久，老板的妻子发现了，徐燕在单位当着所有同事的面被她指责谩骂，徐燕在公司待不下去了，只好辞职。

在职场中，想借着别人的肩膀往上爬，所付出的代价是惨痛的，徐燕是自己毁了自己。对自己的行为，徐燕应该自己负责。在职场中，尤其是对于女性而言，和老板套近乎、依靠自己的容貌去换取事业上的成功是不可靠的。其实，在这么一个竞争惨烈而又复杂的环境下，名誉代表的不仅仅是个人形象，更是你的个人名片。俗语说："害人也害己。"现在，人们的法律意识在不断提高，侵害他人的名誉这种事还需你三思而后行。

如果一个人任由自己的恶念延伸，那么他的亲人朋友一定会渐渐疏远他。在利益、诱惑面前，我们都有可能成为它们的奴隶，但是在道德和尊严面前，我们应该成为自己的主人。无论什么时候都不要迷失自我，严于自律、珍惜自己的名节、爱护自己的名誉对于职场中的我们极为重要。

有时候，生活总会和我们开玩笑，现实中也总会有太多变卦的因素，似乎我们还没来得及准备就要走上工作岗位。面对职场中的尔虞我诈，我们一下子会变得不知所措，如果想为自己书写辉煌的篇章，如果想为自己赢得名誉，那么我们必须遵守自己的本真。

在古代有这样一个故事。

鲁国宰相公仪休非常喜欢吃鱼。一天，公仪休和他的学生正在交谈，有人送来两条鲜活的大鲤鱼，公仪休婉言谢绝了，他的学生不解地问："老师，您不是很喜欢吃鱼吗？现在有人送鱼来，您为什么不接受呢？”

公仪休看了一下他的学生，说道：“我非常爱吃鱼，但是正是因为非常爱，所以才不会接受他的礼物。你想，他为什么要送鱼给我？正所谓‘礼下于人，必有所求’。他肯定有事要求我，知道我喜欢吃鱼，所以特地送给我。如果我喜欢书画，他肯定会费尽周折地送我书画。而我如果仅仅因为喜欢就收下，那么他明天也许会把玉制鱼盘送给我，后天呢？后天他又会送什么……如此下去，吃了人家的嘴软，拿了人家的手短，最后，你想摆脱都由不得你自己了，你就会成为金钱的奴隶。你收了别人的礼，就要按照人家的意思办事。长此以往，难免要违反国家的法律条文。一旦犯了法，成了罪人，被罢官，你想，今后谁还会给我送鱼呢？我还能再吃上鱼吗？所以即使我再喜欢，也坚决不能收呀！现在，我身为宰相，一个月拿的俸禄足够我买一年的鱼吃。想吃鱼就自己买，我不是一直都有鱼吃吗？”

学生听过之后直点头：“是呀，送礼的人投您所好，就是为了达到自己的目的。如果因为是自己喜爱之物就收下，难免就会走上歧途，毁了自己的名节呀！老师，您做得对！”

面对官场上的利益与诱惑，公仪休毫不犹豫地选择了珍惜名誉、恪守情操。在现在职场中也是同样的道理，我们应该视名誉为自己的生命，时刻记住遵守道德规范；严于自律，保持着一颗平常、洁净之心，做一个职场中的智者。

自律就是自由

“自律就是自由。”对许多人来说，自律是一个令人讨厌的词，因为它意味着没有自由。殊不知，自律才是真正的自由。就像 Stephen R. Covey 在《高效能人士的 7 个习惯》一书中所写的那样：“不自律的人就是情绪、欲望和感情的奴隶。”

在职场中，每一位员工都是公司的一分子，遵守公司的各项规章以及本部门的各项制度，这是公司对每位员工的基本要求。如果你做不到自律，不能够遵守公司的规章制度，那么你就不能够行使公司所赋予你的权力，当然，你更不会自由地选择你喜欢做的工作。从长远来讲，不自律的人不但是缺乏自由的，而且也无法得到随之而来的独特的技能和能力。

所谓自律指的是，在某一时刻，是你的思考决定你的行动而非你的感情。所谓自由指的是：释放你的天性、做自己喜欢的事情。在对你的一生有很大影响的大事情面前，自律常常意味着牺牲乐趣和避免一时的冲动。

贝利从小就非常喜欢踢足球，并且表现出极高的天赋，他常常踢父亲给他特制的足球——用一个大号袜子塞满破布和旧报纸，然后尽量捏成球形，外面再用绳子捆紧。小时候的贝利经常光着黑瘦的脊梁，在家门前那条坑坑洼洼的小街光着脚练球。虽然练得满身是汗，有时候还摔得皮开肉绽，但他从来没有停止过，他心中想的就是要向球门冲刺。

渐渐地，贝利因为特别喜欢踢球而有了一些名气，街坊邻居见了他常常跟他打招呼，连不认识他的人还向他问好、向他递烟。和所有未成年人一样，贝利喜欢那种很酷的感觉，他喜欢吸烟时的那种“长大了”的感觉。

有一次，当贝利在街上向别人要烟抽的时候，他的父亲刚好从他身边经过，父亲的脸色很难看，贝利低下头，不敢看父亲的眼睛。因为，他看到父亲的眼睛里有一种忧伤、有一种绝望，还有一种恨铁不成钢的怒火。

父亲说：“我看见你抽烟了。”

贝利不敢回答父亲，一言不发。

父亲又说：“是我看错了吗？”

贝利盯着父亲的脚尖，小声说：“不，您没有。”

父亲又问：“你抽烟多久了？”

贝利小声为自己辩解：“我只吸过几次，几天前才……”

父亲打断了他的话，说：“告诉我味道好吗？我没抽过烟，不知道烟是什么味道。”贝利说：“其实，我也说不清楚，不太好。”贝利一边说着，一边用手捂住自己的脸，生怕父亲一巴掌扇过来，因为他看到站在自己跟前的父亲猛地抬起了手。但是，那并不是贝利预料中的耳光，而是父亲把他搂在了怀中。

父亲说："你踢球有点几天分，可能未来你会成为一名优秀的运动员，但如果你抽烟、喝酒，那就到此为止了，因为你不可能在抽烟、喝酒上有大出息，你自己看着办吧。"

父亲说着，打开他瘪瘪的钱包，里面只有几张皱巴巴的纸币。父亲说："你如果真想抽烟，还是自己买的好，总跟人家要，太丢人了，你买烟需要多少钱?"

贝利感到羞愧难当，眼泪在眼圈打转，可是当他抬起头时，发现父亲的脸上已是泪水纵横……

后来，贝利再也没有抽过烟。他凭着自己的勤学苦练，终于成了一代球王。

自律的代价总要比后悔的代价低，试想，如果贝利选择抽烟、喝酒，那么今天我们也许就看不到他在绿茵场上飒爽的英姿，当然，他也不会获得一代球王的美誉。德国诗人歌德说："谁若游戏人生，他就一事无成，不能主宰自己，永远是一个奴隶。"一个人要主宰自己，就必须对自己有所约束、有所克制。

在职场上，作为个人来说，遵守公司的规章制度是每一个员工应尽的义务，除此之外，自我的约束力的发挥也至关重要。每个人都在追求自己的一份尊严，每个人也都在追求自己的自由，那么，如何做到自律而获得自由呢?

一、有自知之明

自律意味着你的行为约束力，你的行为取决于你所做的决定，而不是取决于你当时的情感。因此，自知之明是自律的第一个特性。你决定做出什么样的行为最好地反映了你的目标和价值。这个过程需要自省和自我分析，比如你想推销一种产品，那么你需要写一份详细的策划文案，并且明晰这种产品的详细情况。

二、清醒的认识

对待你正在做的事情和将要做的事情，你应该有一个清醒的认识。试想一下，如果连你自己都不知道你的行为是不是对的，你如何能够让自己自由地选择其他的呢？比如你不想把某份文件交给别人，但是出于私情，你又不好意思不给他，这时，你需要清醒地认识到工作和私人感情的关系。

三、承诺自律

单是写出你的目标和价值是远远不够的，你必须对它们做出一个内心的承诺。否则，当你的闹钟在早上5点响起的时候，你会毫无愧疚地按下闹钟的打盹键来，“再睡5分钟……”或者，当你最初的工作热情从一个项目中褪去的时候，你会跟自己斗争是否要看到项目完成。

四、内心的训练

自己和自己内心说话的练习是把双刃剑，但是如果你控制得好，它也可以变得极为有用。当你发现你的自律受到挑战的时候，建议自己问自己、鼓励自己并让自己放心。这种方法很有效，当你和自己说话时，你可以提醒你的目标、唤起你的勇气、强化你的承诺并使你对手中的任务保持清醒的头脑。

不能主宰自己的人永远只是一个奴隶，职场中，如果做不到自律，便不会得到自由，更不会去领导别人。只有懂得自律、认清自己、才能去了解别人。

责任是所有成功的前提

责任是所有成功的前提。

责任，从本质上来说，是一种与生俱来的伴随着每一个生命的使命。事实上，只有勇于承担责任的人，才有可能被赋予更多的使命。一个缺乏责任感的人，会失去社会对他的认可，失去别人对他的信任，甚至失去自身的立命之本。所以，任何时候，我们都不能放弃肩上的责任，扛着它，就是扛着自己生命的信念。

人的一生在不同阶段或同一阶段会扮演多种“角色”，而“角色”是需要对他人承担起责任的。只有那些勇于承担责任的人，才有可能被赋予更多的使命，才能获得更大的成功。

责任是一种信誉，是一种承诺，只有你对别人负责，别人才会对你负责。无论你做什么工作，只要你认真承担起责任，就能做好，就会受人尊敬。所以，只有那些具有责任感的人，才会被别人信任和尊重。

责任是一种忠诚，而忠诚有时候是没有代价的。责任更是一种信念、一种理想，可以超越金钱的力量而具有至高无上的价值——那就是人的品格。而一个具有强烈责任感的人，最终是会获得回报的，因为他受到了别人的尊重、信赖、拥护，会被赋予更多的重任，会有更大的舞台，会为企业，社会创造更多的价值，最终会成为一个成功者，会得到在精神层面和物质层面的相应回报。也许你现在还不成功，也许你现在甚至还在为生存发愁，但是只要你拥有了责任这一品格，并且由这种品格自然延伸出来的无论从事什么样的职业和岗位，都尽责尽职，尽自己最大的努力，追求尽善尽美的职业风格，那么，不用太久你就会拥有良好的声誉，因为你已经拥有了通往成功的秘密武器。

一个真正有责任感的人，会努力地、不断地学习和全面提高自身的素质和能力；会客观地审视自我、超越自我，从而更好地履行职责。一个人的能力，也需要通过尽职尽责的工作才能完美地体现。

工作意味着责任，无论你处于什么样的岗位，责任会让你的潜力得到充分的发挥，会使你克制一时的意气用事，会改变自己的不良嗜好及减少惰性，会让你分秒必争、放弃暂时的私利，会让你更加顾全大局，会让你更具有包容心、耐心。

美国著名心理学博士艾尔森曾对世界100名各个领域中的杰出人士做了问卷调查，结果让他十分惊讶——其中61名杰出人士承认，他们所从事的职业，并不是他们内心最喜欢做的，至少不是他们心目中最理想的。

这些杰出人士竟然在自己并非喜欢的领域里取得了那样辉煌的业绩，除了聪颖和勤奋之外，究竟靠的是什么呢?

带着这样的疑问，艾尔森博士又走访了多位商界英才。其中纽约证券公司的金领丽人苏珊的经历，为他寻找满意的答案提供了有益的启示。

苏珊出身于中国台北的一个音乐世家，她从小就受到了很好的音乐启蒙教育，非常喜欢音乐，期望自己的一生能够驰骋在音乐的广阔天地，但她阴差阳错地考进了大学的工商管理系。一向认真的她，尽管不喜欢这一专业，可还是学得格外刻苦，每学期各科成绩均是优异。毕业时被保送到美国麻省理工学院，攻读当时许多学生可望而不可即的MBA，后来，她又以优异的成绩拿到了经济管理专业的博士学位。

如今她已是美国证券业界风云人物，在被调查时依然心存遗憾地说："老实说，至今为止，我仍不喜欢自己所从事的工作。如果能够让我重新选择，我会毫不犹豫地选择音乐。但我知道那只能是一个美好的'假如'了，我只能把手头的工作做好……"

艾尔森博士直截了当地问她："既然你不喜欢你的专业，为何你学得那么棒？既然不喜欢眼下的工作，为何你又做得那么优秀？"

苏珊的眼里闪着自信，十分明确地回答："因为我在那个位置上，那里有我应尽的职责，我必须认真对待。""不管喜欢不喜欢，那都是我自己必须面对的，都没有理由草草应付，都必须尽心尽力，尽职尽责，那不仅是对工作负责，也是对自己负责。有责任感可以创造奇迹。"

艾尔森在以后的继续走访中，许多的成功人士之所以能出类拔萃的，与苏珊的思考大致相同——因为种种原因，我们常常被安排到自己并不十分喜欢的领域，从事了并不十分理想的工作，一时又无法更改。这时，任何的抱怨、消极、懈怠，都是不足取的。唯有把那份工作当作一种不可推卸的责任担在肩头，全身心地投入其中，才是正确与明智的选择。正是在这种"在其位，谋其政，尽其责，成其事"的高度责任感的驱使下，他们才赢得了令人瞩目的成功。

责任感是一个人成功的重要因素。其实，每个人无论做什么，都是为自己好。如果一个人什么都不做，没有得到周围人的认可，那么他就是对自己不负责任，当然也就绝不可能获得任何成功。

人生在世，每个人都不能逃脱这样那样的责任，不管是对工作、对家庭，还是对社会。只有富有责任心的人，时时处处尽职尽责的人，才能够赢得别人的信赖，获得领导的赏识。

责任感是一种使命感

所谓责任，实际上就是一个人来到人世间应该承担的义务。一个人来到这个世界，不是来消耗生命，也不是来消费物资的；是有属于这个人自己的使命的。即是要来做一点事情的；来完成一些任务的。一个人这样想了，就是所谓的责任感。

人是一种社会性动物，必须和社会上形形色色的人打交道，这就决定了每个人必然是身负任务、身负使命的。每个人的责任，是与生俱来的。不管人们是否认同、接受那份责任，由此而产生的使命感，仍会真真切切地存在于生活中的某处。一旦这份使命感融入你身体后，你会发现人生突然发生了翻天覆地的变化。这，确实是一件很奇妙的事。

一辆火车“轰隆隆”地驶过，火车内没有如常的嘈杂和纷乱，而是一派紧张的气氛。只听见广播里传来列车长焦急的声音：“7号车厢里有一位孕妇突然临盆，现紧急寻找一位妇产科医生！”

没多久，一位年轻的小姐出现在列车长室，声称自己是妇产科的护士。列车长赶紧把这个自告奋勇的护士带去了一间临时搭建的产房。“产房”是用一块大床单隔开的卧铺，毛巾、剪刀、小钳子、热水等东西也已经整整齐齐地被摆放在了一边，就只差一个“接生婆”了。

看着孕妇因为难产而痛苦地喊叫着，护士又着急又紧张，她退出“产房”，把列车长拉到一边小声地说道：“这名孕妇的情况非常糟糕，必须马上手术。但是我必须告诉您，我已经不是护士了，曾经因为一次医疗事故，我被医院开除了。”

说到这里，护士停顿了一下，然后继续说道：“现在的情况很不乐观，关乎人命，而我并没有处理这事的能力，我想您此刻也是这样认为的。列车长，我建议您还是赶快把她送医院抢救吧！”

听到这话，列车长皱了一下眉头，他非常清楚，虽然现在列车是高速行驶状态，但距离最近的一个站还要至少行驶一小时。很明显，这位孕妇等不了那么长时间。

列车长突然把手搭在护士的肩上，郑重而坚决地说："不，现在马上手术！虽然你不再是个护士，但在这一班列车上，你，就是医生！你必须有这个能力，我相信你！"

这番话感染了护士，她感到自己重新背负了一种责任，那是一种作为医生而去救死扶伤的责任。护士稍微准备了一下，随即拨开床单，在走进产房的那一刻，她又问道："一旦出现了二选一的情况，是保大人呢，还是小孩呢？"

"我们相信你。"列车长笔直地站在那儿，脸上没有一丝怀疑。

这一瞬间，护士明白了，她坚定地跨进产房。列车长随即也跟了进去，他站在床边轻声安慰孕妇："夫人，挺住！现在有一位专家来给您做手术，您可以放心。接下来，请您平静下来，好好配合她！"列车长转身给了护士一个鼓励的微笑后，便离开了产房。

过了很漫长的一段时间后，从产房内传来"哇"的一声响亮的啼哭。护士抱着一个小小的婴儿，脸上流满了不知是汗还是泪的液体，激动万分地对列车长说："母子平安！知道吗？这是我有生以来单独完成的第一个成功手术！"

这对脱离险境的母子是幸福的，因为他们碰上了好心人。然而，更幸福的，是那位护士，在履行责任的过程中，她不仅拯救了他人的生命，而且还找回了曾经失去的自信。

她是如何在一瞬间从一个不合格的护士，变成一名成功的医生呢？完全是因为一个信任的表情，一份责任的委托，使她获得了使命感。

责任，不仅能激发潜能，唤醒良知，更能赋予人们使命感。从根本上来说，责任本身就是一种使命。为了不辱使命，每个人都会加倍努力，发光发热。

当我们给予责任，便是付出了信任；当我们得到责任，也就成就了使命。

在太阳能热水器刚刚兴起的时候，有一个眼光独到的年轻人看到了这个行业的美好前景。于是，他决定投身其中，发展自己的事业。为此，他把家中所有的钱都筹集了起来，另外还贷款30万，在当地开办了一个工厂，生产和销售太阳能热水器。从此，他踏上了打拼事业的道路。

年轻人创业那年，确实是这个行业的黄金时期。那时候，太阳能热水器在市场上卖得热火朝天，他的生意也是红红火火的。开业第一年，就完成了近万台的销售量，销售利润达到了100多万元。这个数额在当年，绝对是一笔巨大的财富。

可是，好景不长，由于年轻人经验尚浅，太阳能热水器的技术又不过关。不久，他便发现市场上那批产品存在一些质量问题。

摆在他面前的是一个前所未有的考验：要么承担责任，把市场上那些问题产品全都收回来，当然，这样做的话，这一年的100多万元不仅泡汤了，而且要赔个血本无归；要么放任不管，逃避职责，这样的话，就还能赚到那100多万元。

如果是你，会怎么办呢？最终，年轻人收回了那些问题产品。

当别人问他当时是怎么想的，他质朴地说道："就算傻吧。但我不能逃避自己的责任，我怎么好意思让经销商独自承担亏损？又怎么好意思把消费者蒙在鼓里，让他们花钱去买不合规格的产品呢……虽然我赔了钱，但是我认为值得。太阳能是一个我准备奋斗终生的产业，这是一个可以惠及后人的产业，投身于此，我感到很自豪，也很有使命感。"

正是这份自豪感，这份使命感，让他得到了经销商的赞赏，也让他得到了消费者的感激。更重要的是，正因为他勇于担当的人品，使得他的产品在市场上获得了极佳的口碑，从而让他的事业突飞猛进。

人应当提醒自己，我们生活在这个世界上，不仅仅是为了自己，还为了他人。这便是人的宿命，或者说是使命。这份使命，让我们在逆境中不放弃责任，让我们在掌声中摆正心态，让我们在绝望中看到希望。

当我们积极发挥人品的价值，在使命的驱使下，去做一些对个人价值很有意义的事情时，内心就会充满了力量。这种力量来自强大的使命感。一个人如果逃避或轻视自己的责任和使命，看不清人品的价值，就会在人生的道路上走弯路，栽跟头。

对工作负责，就是对自己负责

关于工作责任，有这样一个著名的故事。身为美国总统的杜鲁门在桌子上摆着一个牌子，上面写着：Book of stop here，即问题到此为止，这就是责任。总统有总统的责任，员工有员工的责任。对于任何一名员工来说，工作就意味着责任，没有责任感的员工不可能成为一名优秀的员工。

职场中，那些对工作负责的员工，总是更愿意花时间去研究各种机会和可能性，总是显得更值得信赖，他们也常因此获得比别人更多的认可和肯定。

在一个工厂的入口处，有一支生了锈的铁钉被丢弃在那里。员工们从其旁边进进出出，于是不外乎发生下列几种情形：第一种员工是视若无睹，抬脚横跨而过；第二种员工看到了铁钉，也警觉到它可能产生的危险，不过这种员工所持的态度又可能出现三种不同的类型：第一类心想别人会捡起来，不用自己多事，只要自己小心，实在不必庸人自扰，于是视若无睹，改道而行；第二类会认为自己现在太忙，还有很多事情需要解决，等办完事后再来处理那根铁钉；第三类则抱着谨慎小心、事不宜迟的态度，马上弯腰捡起并妥善处置。

一个小小的铁钉揭示了无数人的心态，第一种员工是浑浑噩噩过日子的人，完全没有觉察环境的变化，直到下岗时，可能还不了解原因。第二种员工虽有警觉，但是又可以分为三类人。第一类是属于自私型，一切行动以自己的利益为考虑，只扫自家门前雪，不管他人瓦上霜。第二类是消极推脱的人，且找出一大堆的理由来证实。第三类是积极负责的人，这种类型的人具备问题意识、忧患意识，具有责任感。这种员工正是企业殷切想要网罗的人才。

积极负责，是一个人责任心的体现。对工作负责，是现代组织中合格人才的第一要求。对工作负责，意味着对自己负责，对团队负责。有的人会说："这当然要负责了，劳动合同和公司制度上都写着，不负责也不行啊！"这样的想法并没有什么不对，只是，真正的负责是从内心自觉发出的，对工作负责需要的是主动负责，而不是被动应付，这样才能把工作干得更好。

小梅和小丽两个人同时进公司，并且都被分配到了市场部实习，负责联系客户的人际关系工作以及一部分内部事务工作。按学历和能力，小丽都在小梅之上，因此经理也十分看好小丽。小丽也因此十分得意，在公司很受宠。相反，小梅却很沮丧，因为试用期过后，她们两个人只能留下一个。但是她并不灰心，她决定把工作做好，即使不能留下，也能积累一些经验，便于下次找工作。

有一天，快下班的时候，经理分别交给她们两个人一份任务：每人都把手头上各自负责的客户资料整理一份出来再下班，并嘱咐“一定要在今天赶出来，明天开会要用”。从经理室出来后，小丽就和小梅抱怨说：“我还有事情呢，今天晚上和朋友约了去吃饭，我要先下班了，资料都差不多在我电脑里，我直接打一份出来，一会儿你帮我交上去吧。”于是，小丽随便把电脑里的客户资料打了一份交给了小梅。

小梅在准备资料时，发现自己负责的这部分客户资料有一些联系电话都是空白，并且区域之间也没有分类，心想，反正自己下班也没事情做，就把资料整理齐全吧，也方便以后工作的开展。

结果可想而知，第二天的会议上，小梅的那份资料准备得很充分，不仅信息完整，而且进行了分类整理，查阅起来非常方便。相反，小丽的那份资料却是一片混乱。事情的发展当然是小梅因为工作认真、主动、负责而被留下来，后来还成为了部门主管，而小丽却丢掉了工作……

那种对待工作没有责任感，对待生活没有责任感，甚至对待朋友也没有责任感的人是不值得交往的，也是不会得到别人尊敬的。如果一个人在工作中习惯于被动承担责任，他会感觉到即使做了也不一定做好，这样的员工会影响整个项目的进度，耽搁企业的运转，不论他多么重要或多么有才能，老板都只能忍痛割爱，辞退了事。

的确，一个公司是需要能力高的人，可是，人品和能力同样可贵。能力可以用文凭、绩效来证明，人品用什么来证明呢？答案就是责任感。具备高度的责任感，能够主动负责才可以使你全身心地投入，同时也能给你相应的回报。如果没有责任感，只是被动应付，能力再强，也不算是一个好员工。

所有的老板都更愿意信任那些有责任感的人，哪怕他们的能力稍微差一点。因为能力可以慢慢培养，而责任心，则是一个人的内在品质，是难以瞬间形成的。所以，不管你的能力是强是弱，一定要学会主动负责，而不要总是被动应付。能够主动负责的人，也是对自己负责。

责任是一种坚定的信念，任何人都希望实现自己的人生价值，要把这种意愿变成现实，尽职尽责地对待工作和生活中的每一件事非常重要。履行职责的过程中是否具有强烈的责任心，主观感受或者对待工作的态度会截然不同，有责任感的人，就会自然而然地去遵守规章制度，自觉地努力做好本职工作，在工作的过程中不但丝毫没有怨言，而且还充满着自豪和荣耀。

具有责任感的人，还要敢于承担压力和风险，在承担压力和风险中积累经验，进而具有承担更大责任的机会。如果工作中遇到不愿干的事情躲到一边，甚至推给别人，怕自己承担风险，这就意味着主动把机会让给了别人。

具有责任感的人，不仅要严格要求自己，更应尽自己的能力去帮助别人。不是“自扫门前雪”，更要替别人着想。工作中少一些抱怨，多一分理解，做好自己工作的同时，主动帮助别人做好事情，做大家可以信赖的人。

具有责任感的人，还应坚持原则，平等待人。在日常工作中，谁都希望有更好的人际关系，受到别人的尊重和爱戴，如果利用自己职位便利，毫无原则，毫无底线地为自己所谓的“朋友”“熟人”谋一时之利，损害大多数人的利益，最终会把事情搞坏，害人害己。

责任感体现在履行工作的过程中，是由许多小事构成的。如果大家都有高度的责任感，都能够严格按程序一丝不苟地做事，就能够避免出现差错，就会带来工作的顺心愉快，就会有成就感。个人的心情愉快就会带来家庭的和睦，生活质量的提高，所以对工作负责就是对自己负责。

虚心接受别人的批评

生活中，人难免会受到别人的批评。有的人刚愎固执，受不得半句批评；有的人虚怀若谷，有批评必一概采纳；有些人对批评当面千恩万谢地接受，转个身却忘得一干二净；有的人当面是硬不认错，死要面子，背地里却能小心地检讨。这四者都不能算是懂得接受批评的人，因为第一和第四者没有接受批评的雅量，显得风度不佳；第二者没有审度批评的能力，容易随风倒；第三者没有采纳批评的诚意，只是巧言令色。不要害怕承认错误，以为这样别人就会看不起自己。

其实，真正有能力、有修养、人品好的人，都是勇于承认错误的，都是懂得如何接受批评的。

中国历代帝王，我们不能不佩服唐太宗。唐太宗能将国家治理好，为当时、后人所景仰、赞叹，就是他知过能改，善于接受别人评论他的过失，并懂得接受批评，认真反省检点改过，这是帝王当中非常难得的。

唐太宗身边亲近的大臣，听到有人对皇帝的批评是错误的，就跟唐太宗说："他这个指责是错误的，应当给予惩罚。"唐太宗说："不可以。"这大臣问："为什么?"他说："如果我惩罚这个人，以后就没有人敢在我面前说过失了。"所以，他真有过失，你指责他，他感谢你，他改过自新；他没有过失，你偏说他的过失，他也能包容你，不责备你。他让天下人都敢在他面前说他的过失，他以此做借镜来改过自新，一代伟人的成就不是偶然的，所以历史上才会有"贞观之治"。古圣先王之中，没有人能与他相比，这一点实在非常难得。

人往往都是喜欢被人夸奖的，很少人喜欢被别人批评。但是，有时别人的批评并不是对我们个人本身的不满，而是对我们做事或是对人态度的不满，他们的批评是对我们做事的建议，并不是无中生有的挑剔。

善意的批评，可以让我们知道自己存在着哪些不足和缺点，以便能逐步弥补和改掉它们，去完善自己。

有一次，爱德华·史丹顿称林肯是“一个笨蛋”。史丹顿之所以生气是因为林肯干涉了史丹顿的业务。有一次，为了取悦一个很自私的政客，林肯签发了一项命令，调动了某些军队。史丹顿不仅拒绝执行林肯的命令，而且大骂林肯签发这种命令是笨蛋的行为。结果怎么样呢？当林肯听到史丹顿说的话之后，他很平静地回答说：“如果史丹顿说我是个笨蛋，那我一定就是个笨蛋，因为他几乎从来没有出过错。我得亲自过去看一看。”

林肯果然去见史丹顿，他知道自己签发了错误的命令，于是收回了成命。只要是诚意的批评，是以知识为根据而有建设性的批评，林肯都非常欢迎。

假如有人骂你是“一个笨蛋”，你应该怎么办呢？卡耐基认为，我们也应该欢迎这一类的批评，因为我们甚至不能希望我们做的事有四分之三正确的机会，至少，这是罗斯福说他希望有的——而他那时候正入主白宫。爱因斯坦是世界上最有名的思想家之一，也承认他的结论有百分之九十九的时候都是错的。

一位名人曾说：“我们敌人的意见，要比我们自己的意见更接近于实情。”当你习惯于这么想的时候，你就离真正的完美很近了。可惜，人无完人，我们对于这一点总是很难做到。

卡耐基也承认，很多次他都知道这句话是对的。可是每当有人开始批评他的时候，只要他稍不注意，就会马上很本能地开始为自己辩护——甚至可能还根本不知道批评者会说些什么。卡耐基说，每次他这样做的时候，就觉得非常懊恼。我们每个人都不喜欢接受批评，而希望听到别人的赞美，也不管这些批评或这些赞美是不是公正。我们不是一种讲逻辑的生物，而是一种感情动物，我们的逻辑就像一条小小的独木舟，在又深又黑、风浪又大的情感海洋里漂荡。

可见，虚心接受批评，是一种十分难能可贵的习惯。

如果有人批评我们，这时不要先替自己辩护。我们要谦虚，要明理，要去见批评我们的人，要说“如果批评我的人知道我所有的错误的话，他对我的批评一定会比现在更加严厉”，我们要依靠自己赢得别人的喝彩。

事实上，没有人喜欢挨批评。在内心深处，我们都明白，批评是提高业绩，了解实情并避免灾难性决定的关键所在，但这是件痛苦的事。提出批评需要勇气，而接受批评则需要更大的勇气。能在事后感谢批评者的人，就是非常伟大的了。

那么面对批评我们应该持什么样的态度呢？虚心地接受，小心地选择，衷心地采纳。

李特尔是18世纪德国地理学开创人之一，他慷慨地提拔年轻的批评者——弗勒贝尔的故事是感人至深的。李特尔非但不嫉恨和打击这位鲁莽的批评者，反而把他的批评文章推荐给一个著名的学术刊物，而且他本人还在公开发表的评论里，对这位青年学者的“敏锐头脑”和“真挚思想”大加赞扬。后来弗勒贝尔来到柏林，李特尔还热情接待，为他安排当时他极为需要的工作。一位受人尊敬的学术权威，如此对待一位毫不客气地批评他的后生，是否会使那些害怕甚至敌视批评的人觉得汗颜呢？

西方谚语说：“恭维是盖着鲜花的深渊，批评是防止你跌倒的拐杖。”听惯了谀辞的人常常狂妄自大，只有虚心接受批评的人，才能改正缺点，提升自己。所以，我们必须养成虚心接受批评的习惯。

一、要深入反省，深刻剖析

听到批评，要虚心“认账”，自我痛责，对照要求查找不足，举一反三，找出问题。不能掩掩盖盖，羞羞答答。有错不可怕，怕的是不认错。

二、要知错就改，雷厉风行

发现了不足，受到了批评，要立即加以改正，不能推也不能拖，不能找理由寻借口。要有一种不改错就食不甘味、夜不能寐的紧迫感、压力感，想方设法改正不足，减少失误，缩小差距。

三、要善于总结，防止再犯

聪明之人，大都是勤于学习、善于总结的人。因为存有不足，受到了批评，更要吃一堑长一智，既注意改错，又注重防错，不重复犯错。

富兰克林说：批评者是我们的益友，因为他点出我们的缺点。人往往都是喜欢被人夸奖的，很少人喜欢被别人批评。虚心接受批评是一个人成长进步不可或缺的重要因素，是彰显一个人做人品质的重要途径。纵观我国历史，凡是成就突出的人，大都勇于接受批评意见。他们能够从善如流，所以能够吸取众人的智慧，避免自己的失误，从而成就自己的事业。

功不独居，过不推诿

“功不独居，过不推诿”，一方面是说成功了不要自己独享，要与人一同分享；有过错了不要找借口不承认，而应勇于承认勇于承担责任。

“功不独居”，说通俗点，就是分享。懂得与人分享，是人生的一种大智慧。

当你拥有 6 个苹果的时候，你会独自把它们吃掉还是愿意把其中的 5 个与他人分享呢？如果你独自享用，你也就只能吃这 6 个苹果而已，如果你与他人分享，看似你现在吃亏，但实际上你却能得到他人的友情，当他们有东西时，也自会与你分享，你就可能得到另外 5 种不同的水果，尝到 5 种不同的味道，这样还吃亏吗？

古人早已懂得财聚人散、财散人聚的道理，学会分享并不意味着自己失去什么，相反，会收获友情、知识，也收获了快乐。正如培根说的：“一份忧愁与人分享之后你将得到一半忧愁，一份快乐与人分享你将得到双倍的快乐。”与人分享的过程其实就是一个放大自己快乐的过程。

成大事者心里非常明白：一个人享受成果，是一种“吃独食”的心态，这样会引起其他人的反感，从而为下一次成功带来障碍。反之，如果懂得分享，下一次的成功往往更为容易。

美国有家罗伯德家庭用品公司，8 年来生产迅速发展，利润以每年 18%～20%的速度增长。这是因为公司建立了利润分享制度，把每年所赚的利润，按规定的比率分配给每一个员工，这就是说，公司赚得越多，员工也就分得越多。员工明白了“水涨船高”的道理，人人奋勇，个个争先，积极生产自不待说，还随时随地地挑剔产品的缺点与毛病，主动加以改进。

俗话说，有福同享，有难同担。职场中，当你在工作和副业上干出点名堂，小有成就时，这当然是值得庆幸之事，你也应当为自己高兴。但是有一点，如果这一成绩的取得是大家集体的功劳，或者离不开他人的帮助，那你千万别独占功劳，否则他人会觉得你好大喜功，抢占了他人的功劳，如果某项成绩的取得确实是你个人的努力，当然值得高兴，而且他人也会向你祝贺。但对于你来说，千万别高兴得过了头，一来可能会伤害有些人的自尊心，另一方面，现实社会中害“红眼病”的人不少，如果你过分狂喜，可不逼得人家眼红吗？

王峰是一家出版社的编辑，平时在单位里上上下下关系都不错。有一次，他责编的一本图书在一次全国图书评选获了大奖。为此，他感到十分得意，逢人便提自己的努力与成就。同事们当然也向他祝贺。一个多月过去了，王峰却发现单位同事，包括他的上司，似乎都在有意无意地与他过意不去，并回避着他。

王峰苦思冥想，最后才恍然大悟，原来他犯了“独享功劳”的错误。就事论事，这本图书之所以能得奖，责编的贡献当然很大，但这也离不开其他人，比如同事和上司的努力，他们当然也应分享这份功劳。他们不会认为某个人才是唯一的功臣，总是认为自己“没有功劳也有苦劳”。因此，自己“独享功劳”，当然会引得别人不舒服，尤其是上司，更会因此而产生一种不安全感，担忧失去权力。

王峰的分析是正确的。人在职场，你需要了解，任何一项工作都需要很多人共同完成，你的成功少不了同事的帮助。如果你总是把功劳据为己有，磨灭他人的功劳，时间长了，就会遭人怨恨，也不会再有人愿意帮助你。凡是喜欢争功的人都不会受到同事的欢迎，不会获得老板的欣赏，争功的结果就是使自己陷入孤立境地。

所以，要与同事融洽相处，一定要记住功劳是大家的，名誉是集体的，别往自己一个人手里捞。即使你工作做出了成绩，上司把功劳记在你的头上，也要记得感谢大家，没有大家的帮助，你是不会取得那些成绩的。因此，不要与同事争功，有一位好同事远远比一份功劳更有分量。

总之，分享是一个人的美德之一。懂得分享的人，才是真正相信因果的人；懂得分享的人，才是真正快乐的人。

“过不推诿”，就是犯了过错不推卸责任。美国前总统亚伯拉罕·林肯曾说："逃避责任，难辞其咎。"我们每一个人都有责任。有些责任是与生俱来的，有些责任是因为工作、朋友而产生的，这些责任是每个人都推脱不掉的。

在这个世界上，没有不须承担责任的工作，相反，你的职位越高、权力越大，你肩负的责任就越重。不要害怕承担责任，要立下决心，你一定可以承担任何正常职业生涯中的责任，你一定可以比前人完成得更出色。

20世纪末，在美国得州瓦柯镇的一个异端宗教的大本营内，发生了邪教徒自杀事件，其中有20多名儿童被邪教徒父母杀害。同时，还有10名正在查案的联邦调查局的探员遭到杀害。为此，当时的美国司法部长珍纳·李诺在众议院遭到众多议员的愤怒指责，要她为该惨剧负责，并促其辞职。

在众议院里，一些众议员不是在趾高气扬地指责，就是在做着一些无以名状的咆哮，纷纷要求珍纳以辞职向死难者谢罪。面对"千夫所指"，珍纳悲痛地说："我从没有把孩子的死亡合理化。各位议员，这件事带给我的感受远比你们想象得要强烈得多。的确，那些孩子和探员的死，我都难辞其咎。不过，最重要的是，我不愿意加入互相指责的行列。"

珍纳独自扛起了所有责任，接受公众的谴责。这一举动，让众议员们为之折服，传媒也深受感动而对其大加赞扬。那些对政府的指责声减弱了，一些本来对政府打击邪教政策抱有怀疑态度的民众，也转变观念，开始支持政府的工作了。

由此可见，面对指责勇于承担责任，显然是处理危机、解决问题的有效途径。

所以，对人生中所发生的任何事情都要勇于承担责任，这是人格健康、品质优良的基础。当一个人承担了更多责任之后，他的个人能力就会增强，就会变得无往不胜。这时，责任就成了一种习惯，一种人生境界。

古人说：独乐乐，不如众乐乐。当我们乐意和他人分享我们所拥有的知识和快乐时，不但不会有损失，反而会收获更大的喜悦和满足。学会与别人分享成长、成功与财富，自己也一定会成为最快乐、最幸福、最成功和最富有的人。

过，则勿惮改

孔子说："过，则勿惮改。"即是说有了过错不要逃避，要勇于改正。知错就改，是做人做事的一种可贵品质。从古至今，很多成大事者，都是能做到"知错就改"的人，大家耳熟能详的如负荆请罪的廉颇、一鸣惊人的楚庄王、从谏如流的唐太宗李世民等。近代著名作家沈从文，也是这样的一个人。

沈从文的《边城》，让多少人看到了人性的质朴和纯真，更让多少人对凤凰城产生无限憧憬。然而谁又曾想到，小时候的沈从文也曾是个不守纪律的学童。

沈从文出生在湖南省凤凰县的一个农户家庭。小时候，沈从文特别喜欢看木偶戏，常常因为看戏入迷而耽误了读书。有一天上午，沈从文从课堂里溜出来，一个人跑到村子里去看戏，那天木偶戏演的是"孙悟空过火焰山"。沈从文看得眉飞色舞，捧腹大笑。一直看到太阳落山，他才恋恋不舍地回到学校。这时，同学都已放学回家了。第二天，沈从文刚进校门，老师就严厉地责问他为什么旷课。他羞红着脸，支支吾吾地答不上来。老师气得罚他跪在树下，并大声训斥道："你看，这楠木树天天往上长，而你却偏偏不思上进，甘愿做一个没出息的矮子。"第二天，老师又把他叫去，对他说："大家都在用功读书，你却偷偷溜去看戏。昨天我虽然羞辱了你，可这也是为了你好。一个人只有尊重自己，才能得到别人的尊重。"老师的一番话，使沈从文感动得流下了眼泪。他暗暗发誓，一定要记住这次教训，做一个受人尊重的人。此后，沈从文一直严格要求自己，长大后成了著名的作家。

伟人和凡人的区别就在于他们有一颗知错就改之心。金无足赤，人无完人，人是社会人，在日常的生活和交际中不可能不犯错误。犯了错误不可怕，可怕的是一错再错，不但不反省自警，反而咄咄逼人，想尽办法将自己的错误漫天泼洒，殃及身边许多无辜之人。为此，"虚怀若谷、慎独自省"和"狂妄自大、理亏势大"就造就了为人处世的两种境界。"境不同，名已在外。"

于是乎，有人垂青千史，有人却湮于尘世。

生活中，人们都怕犯错误，都要求不犯错误；但这是不可能的。人，偶然地来到世界上，生命只有一次；求生存，图发展，每个人都必须勇敢地“闯世界”。对于每个人来说，世界的每一处地方、每一种事物，一开始都是未知；你要在这个世界立足，你要生活好，就需要勇敢地去探索、尝试。胡适先生宣传得好：“自古成功在尝试。”而探索、尝试，就不能不犯错误。怕犯错误，就不能“经风雨”，不敢“见世面”；“猪圈岂生千里马，花盆难养万年松”；怕跌跤子摔跟头，一辈子龟缩在家中，有什么出息呢？

达尔文医学的新观点认为：人在婴幼儿时期常常生病，生各种各样的病，反而对人以后健康成长具有好处；那是因为，小孩生病，是在发育过程中身体本能地“试错”，反而促进了他们身体免疫机能的成长成熟。

幼儿爱攀爬因而摔跤甚至受伤，小孩玩耍中常常“破坏”而损坏玩具器物；不要紧，这正是他们在探索，在尝试。多犯些这样的“错误”，其实倒有利于孩子身体机能的协调，有利于手和大脑的发育、成长，有利于他们长大以后“成器”。

在这个世界上要“成器”，有“出息”，有成就，你就必须直面人生，勇敢地探索向前进。就要敢于去做“第一个吃螃蟹的人”，积累感性经验，发展理性知识。哪怕吃了蜘蛛也不要紧；医好了伤痛，改正了错误，你下次就能够对付恶心的毒物了。何况，非洲某部落还真把一种烤大蜘蛛当作美食呢。

传说爱因斯坦小学时的“手工制作课”，他上交一条自己做的小木凳；老师拿着这条制作粗糙的凳子，很不满意地说，“谁还会做得比这更差？”小爱因斯坦站起来说：“我！”他又拿出两条小凳，那是他第一次、第二次做的，当然更粗糙、拙劣。就是这位不怕犯错误、勇敢尝试的爱因斯坦，后来发现了“相对论”！

综上可见，作为父母、教师、上级，不要怕你的孩子、学生、下属犯错误。这是第一。第二，那就是要允许他们改正错误。

允许人改正错误，首先是要用正确的态度对待犯错误的人。劈头盖脸就训斥、马上就提出处罚，这不是好办法。知道自己犯了错误，一般人心里已经在不好过；训斥处罚他，只是加重他的难过，再没有其他好处。如果能够平心静气，最好能让犯错者也平静冷静，询问了解前后经过，掌握详细信息，就好。

了解清楚犯错误的事实以后，要分别情况做出不同处理。对于初犯这种错误的，可以简要分析犯错的原因；小错，提醒下次不犯就可以了；错误大，可能导致危害，就要分析出来、清楚告诉，但是决不能危言耸听、夸张吓人。对于初犯，不必批评；他自己认识了，答应改正，就可以了。对于第二次犯相同错误的，弄清情况后，严肃分析，要给予批评；但是主要地还是要让犯错者自己认识危害，保证改正。

允许人改正错误的第三点是，不要老记着谁谁谁犯过什么错误，不要“用老眼光看人”，把人“看扁”了、“看死”了。每天早上，太阳升起，“新的一天又开始了”；看人也要这样。“士别三日，刮目相看”，好；不要老以为别人仍然是“吴下阿蒙”、不学习不懂事。好多人都至少有过一次“生活在别处”的愿望：希望自己拥有新的身份，处身在新的环境，一切都“从头来过”。人，为什么会产生这样的愿望，理由可能各不相同；然而其中必有一条原因，就是唯愿自己没有犯过某些错误吧。我们为什么不积极创造条件，让人即使在老地方工作生活，也经常有新鲜感，把自己当作一个新的人呢？

第三，要鼓励改正错误。俗话说，“浪子回头金不换”。犯了那么多那么大的错误，已经成为“浪子”，只要肯“回头”改正错误，就比黄金都宝贵！这句俗语蕴含着这样的哲理：人们常常由于无知而受骗上当，或者经受不住诱惑而犯错误摔跟头；反而是那在江湖风尘里闯荡翻滚过，吃过大亏的，“曾经沧海难为水，除却巫山不是云”，能够识破机关、抵制诱惑，不但自己不再犯错误，而且还能现身说法，教育帮助他人。

总之，知错就改，人才能在过错中不断完善自我，个人的人格和品质也会在这个过程中得到提升。

生活中，很多人明明知道自己的观点错了，却坚持不肯修改，以至于越错越离谱；明明知道做错了事，却碍于面子，死也不肯承认错误。这些都是不可取的。每个人总有说错话、做错事的时候，说错了，改正就是；做错了，就应为自己的行为负起责任。不应为了面子，死扛着不放，结果错误越来越大，事情越来越严重，既伤害了自己，也伤害了周围的人。

第九章

忠诚敬业的人品最有竞争力

古人在选拔人才、考核人才时，常以德才兼备为标准。一个人才，其水平究竟如何，能力是决定性因素。但仅仅有能力，也并不代表人才就一定有机会。因为还有比能力更重要的因素品德，也就是我们所说的人品。在今天的职场，一个人的人品已显得越来越重要，如忠诚、敬业、不找借口等，都是评价一个员工好坏的重要标准。

忠诚是职场的第一品质

忠诚是一个人高洁品质的亮点。忠诚，不仅能换来好业绩，对事业的忠诚还能赢得朋友的高度评价，甚至能赢得竞争对手的尊敬。忠诚是人们在这个社会上生存的资本。

现代管理学普遍认为，老板和员工是一对矛盾的统一体，从表面上看起来，彼此之间存在着对立性——老板希望减少人员开支，而员工希望获得更多的报酬。但是，在更高的层面上，两者又是和谐统一的——公司需要忠诚和有能力的员工，业务才能进行；员工必须依赖公司的业务平台才能获得物质报酬和满足精神需求。因此，对于老板而言，公司的生存和发展需要员工的敬业和忠诚；对于员工来说，丰厚的物质报酬和精神上的成就感离不开公司的存在。

忠诚是职场中最应值得重视的美德，只有所有的员工对企业忠诚，才能发挥出团队的力量，才能拧成一股绳，劲往一处使，推动企业走向成功。

忠诚是企业的需要，是老板的需要，同时也是员工自己的需要。作为一名员工，你必须忠诚才能立足于职场，你自己才是忠诚的最大受益者。

一、忠诚才能被重用

忠诚已成为现代企业中普遍采用的基本用人标准，每一个企业都需要忠诚的员工。对于一个企业而言，员工必须忠诚于企业的领导者，这是保证整个企业能够正常运行、健康发展的重要因素，因为只有对企业，对领导忠诚了，才会积累成职业责任感和职业道德。一位好员工，除应具备良好的专业技能外，更重要的是做人的品德。

而忠诚是衡量一个人品德好坏的重要标准。老板都喜欢忠诚的员工，忠诚是你在组织中获取位置的基本保障，作为公司的一分子，给予公司忠诚，肯定会引起老板的注意，你在老板心目中的形象就是肯与公司同进步的人才，一旦有工作需要，老板就会对你委以重任，对于一位员工来说，被老板赋予任务，本身就是一个发展的好机会，是得到老板重用的表现。

二、忠诚赢得信任

忠诚建立信任，忠诚建立亲密。只有忠诚的人，周围的人才会接近你。“人有信则立，事有信则成”，一个人如果不忠诚，就会给人不可靠的感觉，难以得到别人的信任，更不要谈有更大的发展了。忠诚之心，大到对国家，小到对企业，对上司，对客户。作为一名员工，在工作岗位上，只有对别人忠诚，别人才会接近你、承认你、容纳你、信任你。

当然，对于员工和老板来说，忠诚是相互的，你忠诚地对待老板，他也会真诚对待你；当你为公司付出增加一分，公司对你的回报也会增加一分。只要你是真正对公司忠诚，就能赢得老板的信赖。老板会慷慨地在你身上投资，给你培训的机会，提高你的技能，因为他认为你是值得他信赖和培养的。

所以，忠诚是一种准则，是要用行动来证明的，不是阿谀奉承，谄媚献好。老板之所以能成就一番事业，看人的眼光是很独特的，他也是从基层一步步做起的，所以想要以一时来蒙蔽可能会过关，但是不可能长久。忠诚不是说出来的，你行动的表现形式也能反映出心理状态，日久见人心，所以不要和公司和老板玩躲猫猫。虚伪的人很快会被淘汰，诚实的永远是最卓越的。

王刚是一家软件公司的开发人员。由于公司改变了发展的方向，使他觉得自己已经不适合这份工作了，所以决定换一份工作。

以王刚的实力，要找一份工作是很简单的事情，在他找工作当中，有许多企业找上了他，而且抛出了令人心动的条件，但条件的背后是要求王刚出卖以前的公司，所以这些企业的邀请都以失败而告终。

一次，王刚到了一家大型企业面试，对王刚进行面试的人是人力资源部主管和负责技术方面工作的副总裁。他们在面试当中提出了一个令王刚非常失望的问题。“我们很欢迎你到我们公司来工作，对于你的能力和资历我们都没有任何不满，我听说你以前所在公司正在开发一个新的适用于大型企业的应用软件，据说你也参与开发，能否透露一些你所知道的情况，你知道这对我们很重要，而且这也是我们为什么非常在意你的原因。”

王刚很生气：“你们问我的这个问题很令我失望，看来市场竞争的确需要一些非正常的手段。不过，我也要令你们失望了。对不起，我有义务忠诚于我的企业，虽然我已经离开了，但是什么情况下我都必须这么做。与获得一份工作相比，信守忠诚对我来说更加重要。”王刚说完之后就走了。

同样到这家公司来的另外许多应聘者也经历了总裁的问话，相对于王刚来说他们没有做到忠诚，把原来公司的情况都说出来了。但几天后王刚收到了这家公司的信。信上写道：“你被录用了，不仅仅因为你的专业能力，还有你的忠诚。”而其他的应聘者却没有收到任何回应。

一个充满战斗力的集体，必定是一个井然有序的集体。对于一个员工而言，必须忠诚于公司，忠诚于老板，这是应该做的，也是一种职业道德。忠诚虽然是一种坚守，但它不是阻碍你的机遇，恰恰相反，因为你的忠诚，机会也会对你情有独钟。

做一个忠诚的员工，主要应做好以下几点：

一、对企业要忠诚

员工对企业忠诚，才能发挥团队的力量，拧成一股绳，推动企业走向成功。在这个世界上，并不缺乏有能力的人，“德才兼备，以德为先”是许多企业的用人标准，其中的“德”主要是讲对企业的认同和对企业的忠诚。忠诚是员工职业化生存方式，对企业忠诚，实际上是对自己职业的忠诚。当员工兴趣变化、职业生涯发展或谋求个人利益，实现自我价值实现等其他原因选择离开企业，员工也通过自己的忠诚品德获得更大的职业发展空间，通过忠诚的品德获得更大的知名度与人际关系。

二、对上司要忠诚

忠于上司的最直接表现就是服从执行。“员工的天职就是服从执行。”也就是说，按照上司的意愿来选择自己的行为，以确保工作目标的实现，因为你的服从与否，直接决定上司的决策执行水平和质量。被上司器重的员工，往往是在服从的基础上充分发挥自己的聪明才智，认真执行上司交办的任务，巧妙地弥补上司的失误，在服从中显示不凡的才华，这样的员工才能在公司里出类拔萃，胜人一筹。

另外，服从执行还是对上司尊重的表现，如果你的行为违背上司的意愿，对上司不尊重，就得不到上司对你的信任，更不要说获得更多、更好的机会了。

三、对工作要忠诚

忠诚是员工的本分，你可以选择某个企业作为自己忠诚的主体和职业舞台，但是，一旦选择了一个企业作为自己发展的职业生涯，就必须专心致志地投入工作中去，因为只有扎扎实实做好本职工作，才能有事业追求和职业发展。缺少忠诚就不可能为公司做出好的业绩。没有好的业绩，就没有好的职业发展。对自己的未来是一种损害，因此，员工在工作岗位，要本着忠诚的心，做好本职工作，“一分耕耘，一分收获”，永远是真理。

在当今这样一个竞争激烈的年代，谋求个人利益，实现自我价值是天经地义的事。但是，遗憾的是很多人没有意识到个性解放、自我实现与忠诚和敬业并不是对立的，而是相辅相成、缺一不可的。只有认识到这一点，才具备了成为优秀员工的基本前提。

敬业是一个人必备的品质

敬业，顾名思义就是敬重并重视自己的职业，把工作当成自己的事业，抱着认真负责、一丝不苟的态度去工作，即使付出再多的代价也心甘情愿，并能够克服各种困难，做到善始善终，千方百计将事情办好。

懂得敬业、能够敬业，是一个人在职场中提升自己、发展事业的前提，敬业所表现出来的积极主动、认真负责、一丝不苟的工作态度，是职场人士应当而且必须具备的品质，它是创立最佳工作业绩的有力保障。

没有哪一家企业不希望自己的事业兴旺发达；没有哪一个老板不愿意得到一个能干的员工。具有强烈敬业精神的员工是公司最倚重的人，也是最容易获得成功青睐的员工。如果你的能力一般，敬业可以让你走向更好；如果你十分优秀，敬业将把你带向更成功的高度。

查理在一家高科技公司的收发室工作，是一个临时工。在近一段时间，公司要进行人事改革、机构调整，目前正处于人员去留不定的交代等待阶段。由于公司对人才素质要求很高，许多年轻的大学生都认为自己将有可能被淘汰，在还没有得到确切消息之前，他们就干脆不来上班了。

查理心里知道，像他这样的临时工，公司是绝对不会留用的，更应该早做打算。但是，在还没有交接钥匙之前，他不想丢弃自己分内的工作。他依然像往常一样勤奋地工作着，及时地把报纸、信件送到各个部门后，又马不停蹄地位自己增加了一份额外的工作——替各个办公室搞起卫生，因为志愿不定，连卫生工作都显得有点紊乱，查理默默地主动担当这项工作。

时间的脚步永远不会停滞不前，交接的这一天终于到了，查理知道自己真的要和这份工作说再见了，他决定坚持做好最后一次。查理干得格外认真、仔细，甚至为将要接替他的工作的人画好了去各个部门的线路图。这时，有个年轻人来到收发室问他："许多人早就不来了，你怎么坚持到现在还在工作?"查理说："今天是我干这份工作的最后一天，明天我也不来了，但是我把今天的事情做完、做好了，走时心里才踏实。无论做什么，总得要有始有终吧。"年轻人没说话，点点头走开了。

查理继续做着他的事情，他把收发室收拾得干干净净，一尘不染，又把桌凳上稍微有点松动的螺丝拧紧一些，把盛放报纸的壁橱再次整理一番，直到下班，他到接收办公室交钥匙时，还不忘给阳台上的花草浇浇水。

第二天，是公司宣布留用人员名单的日子，大家惊奇地发现，竟然有查理的名字！原来，和查理谈话的年轻人就是公司的新任董事长。他在当天全体员工大会上郑重宣布："公司需要做事认真，有责任心，爱岗敬业的员工，查理就是一个对工作敬业的典型。不爱岗的人必然下岗，不敬业的人肯定失业。"

敬业是易事，因为每个人都可以做到，但是敬业也是难事，因为不是每个人都能做到；敬业也是小事，因为它很难马上体现在薪资的涨跌上，但是敬业也是大事，因为它关系到一个人职业生涯的兴衰。所以，无论你在何时何地，也无论你从事什么样的工作，都应该尽职尽责投入其中。

任何一家想要在激烈的市场竞争中取胜的公司都必须设法使每个员工敬业。不敬业的员工无法给顾客提供高质量的服务，也难以生产出高质量的产品。推而广之，一个国家如果想立于世界之林，必须使其全民敬业；警察应该尽职尽责维护社会的安定以及人民生命和财产的安全；政府官员应该勤政为民并制定和执行有利于广大民众的政策；教师应该兢兢业业地教书育人……只有每个人都做一行爱一行，才能被称之为敬业的社会。

但是，有些人却不知道敬重自己的工作，他们只是把工作看作换取食物、衣服、房子、车子等消费品的手段，认为工作是不得已而为之的苦役，而不是将其当作锻炼自己能力和培养品格的社会大学。工作本身是我们人格品性的有效训练工具，而企业就是我们生活中的学校。有益的工作能够使人丰富思想，增进智慧。

不过分计较一时的利益得失，保持平和的心态，把自己岗位上的职责做到最好，这是敬业的一个基本要求。一个人只有掌握好一个行业的基本知识，才能有利于自己将来的发展。用一句体育界的话来说，就是先把标准动作做好，再追求自选动作上的创新。

有些工作从表面看，也许索然无味，一旦深入其中，你就会认识到其不同凡响的意义。因此，当老板交给你一项极平凡、极不起眼的、工作时，你一旦从它的外在表象中洞悉其中不平凡的本质后，你就会从平庸的境况中解脱出来，不再有劳碌辛苦的感觉，厌恶的感觉也自然烟消云散。当你圆满完成这些平凡的工作后，你自然就超越了其他同事，迈出了成功的第一步。

不管你从事什么样的职业，唯有敬业，才能在自己的领域里出类拔萃，才能实现自己的人生价值。一个人工作时所具有的精神，不但会影响工作效率和质量，而且对其品格的形成也大有影响。

一个勤奋敬业的人也许并不能立马获得上司的赏识，但至少可以获得他人的尊重。那些投机取巧之人即便利用某种手段暂时谋取到些许利益，但往往被人视为人格低下，这也会在无形之中给他们的成功设置了障碍。

世上没有免费的午餐，天上也从不会有馅饼自动掉下来砸到你的头上。如果你不重视自己的工作，如果你不愿为成功付出相应的代价，你就只能接受困窘、无奈的人生和难堪、失败的结局。因而，持这样观点的人对工作既无热情也无目标，就这样随随便便地打发了一生。这无疑是在轻视自己，贬损自己。

在那些认真做好自己工作的人和凡事得过且过的人之间，最根本的区别在于，前者懂得为自己的行为结果负责，他们知道好的工作表现才是使自己凸显出来的根本；而后者却总是对工作敷衍了事、心不在焉，更不会全心全意投入工作中去。

在现实的工作中，有的员工只知道一味地抱怨公司，却从不反省自己的工作态度，他们根本意识不到被公司重用是建立在认真完成工作的基础上的。

要尊重自己所从事的每一项工作，即便是普通的工作，每一件事都值得你去做，值得你全力以赴，尽职尽责，认真地完成。小任务顺利完成，有利于你对大任务的成功把握。一步一个脚印地向上攀登，便不会轻易跌落，而获得成功的绝招就蕴藏在其中。

在经济社会中，每个人要想获得成功或得到他人的尊重，就必须对自己所从事的职业，对自己的工作保持敬仰之心，视职业、工作为天职。可以说，敬业精神是职业精神的首要内涵，是职业道德品质的集中体现。

工作态度影响人的一生

一个人的工作态度折射着人生态度，而人生态度决定一个人一生的成就。你的工作，就是你生命的投影。它的美与丑、可爱与可憎，全都取决于你自己。

前国足主教练米卢说："态度决定一切。"态度就是竞争力，在单位里，员工与员工之间在竞争智慧和能力的同时，更在竞争态度。一个人能否脱颖而出，固然需要他的能力超越众人，更需要他的态度比别人更积极。不能说具有了某种态度就一定能成功，但是成功的人们都有着一些相同的态度。那些被解雇或者始终得不到提升的人，往往不是因为他们的能力不够，而是他们的态度不够端正。在风云变幻的职场上，思维活跃、能力超强的新人或者经验丰富的业内资深人士不断地涌进我们所在的单位或行业，我们每天都在与人竞争，懒散地对待工作，只会导致竞争力减弱，最终被市场淘汰。

看看我们的周围，会发现我们中间的很多同事都是这样：只有在形势所迫时才去工作，对于自己身上的潜力无动于衷，遇到事情总是敷衍塞责，宁愿待在原地也不肯花点心思向上攀登。他们满足于混日子，敷衍了事，浑水摸鱼，过一天算一天，日复一日年复一年，却不知道这是在浪费自己宝贵的青春、生命、大好前程。

这种负面消极的工作态度会让我们心情越来越糟糕，工作越来越被动，收入越来越微薄，严重影响我们的工作、生活，甚至是健康。我们整天生活在负面情绪当中，完全享受不到工作的乐趣，而且还会将消极情绪不知不觉中传染给周围更多的人。

端正工作态度，要求我们合理定位，把心沉下来，兢兢业业做好本职工作。不论工作水平高低，都要以爱岗敬业为前提，干一行，爱一行，全身心投入工作，这样才能安于工作，有所作为。

米勒很不满意自己的工作，他愤愤地对朋友说："我的老板一点不把我放在眼里，改天我要对他拍桌子，然后辞职不干。"

朋友问他："你对公司贸易情况熟悉吗？对他们做国际贸易的窍门完全搞通了吗？"

米勒漫不经心地回答他的朋友："没有。我懒得去钻研那些东西。"

朋友说："我建议你先静下心来，抱着积极的态度，认认真真地对待自己的工作，好好地把他们的贸易技巧、商业文书和公司组织完全搞通，甚至包括签订合同，都弄通以后再做决定，这样，你可能会有更多的收获。"

米勒听了朋友的建议，一改往日散漫的习惯，开始积极地投入工作中，甚至下班之后，还留在办公室研究写商业文书的方法。

半年之后，那位朋友偶然遇到米勒，问道："你现在大概多半都学会了，准备拍桌子不干了吧？"

仔细想想，为什么在单位有的人成为中流砥柱，实现了自己的价值；有的人一直碌碌无为；有的人牢骚满腹，总以为与众不同，而到头来一无所获……其实，除了少数天才，大多数人的禀赋相差无几，那么是什么在造就我们、决定我们呢？这都是"工作态度"造成的。

工作态度是对工作所持有的评价与行为倾向，包括工作的认真度、责任度、努力程度等。由于这些因素较为抽象，因此通常只能通过主观性评价来考评。

测试题目：忙碌的工作暂时告一个段落，难得老板准你放个长假，你会希望这是个怎么样的假期？

A. 有趣好玩

B. 放松休息

C. 学习丰收

D. 浪漫甜蜜

选择 A：你于公于私都是个拼命三郎，从不让自己停下来。你对吃喝玩乐的活动筹划和工作提案一样认真，通宵熬夜对你已是家常便饭了。

选择 B：你在工作职场上很投入，在专业领域里也经营了一段时间，已经游刃有余，一切都在掌控中。因为太稳定了，也不想在工作上有任何异动，维持现状就好。

选择 C：这么积极进取，你大概也患有现在流行的“资讯焦虑症”。做任何事都希望具有某种目的或意义，要有所收获，不希望浪费一分一秒，对你而言，虚度光阴，是不可能会发生的事。

选择 D：工作对你而言并不是最重要的，最多只能和你的家庭生活平分秋色。你不会是个工作狂，因为你工作赚钱的目的，是为了享乐，所以上班时，总是私人电话讲个不停，脑子里想的也多半是私事。

工作态度作为工作的内在心理动力，影响对工作的知觉与判断、促进学习、提高工作的忍耐力等。这些功能，直接关系到工作绩效的大小。

一般说来，积极的工作态度对工作的知觉、判断、学习、工作的忍耐力等都能发挥积极的影响，因而能提高工作效率，取得良好的工作绩效。这表明积极的工作态度与工作绩效之间有着一致性的关系。但是，消极的工作态度，由于要取得很高的工作报酬，也可能引发积极的工作行为，取得良好的工作绩效。由于中介因素的影响，使得工作态度与工作绩效的关系十分复杂。

那么，怎样才能端正工作态度呢？首先应该正确对待工作。工作需要热情和行动，工作需要努力和勤奋，工作需要一种积极主动、自动自发地精神，工作中的乐趣需要我们用心去体会，不管我们在什么岗位都应该去用心体验。

我们做任何事情，成败的关键不在于客观因素，而在于我们做事的态度，客观困难的确存在，关键在于我们是直面困难、解决困难，还是回避困难、在困难面前放弃？抑或违反标准，投机取巧？这便是一个态度问题。

总之，只有端正自己的工作态度，才能有效提高自己的工作质量，才会在为企业做贡献的同时，成就自己的人生。

无论你的工作是怎样的卑微，你都应当全身心地投入其中。世界上没有卑微的工作，只有卑微的工作态度，只要全力以赴地去做，再不起眼的工作也会变成最出色的工作，就像希尔顿说的：世界上没有卑微的职业，只有卑微的人。

没有任何借口

“没有任何借口”是美国西点军校的一句口号，也是西点军校最核心的价值观和军人之魂。西点军校规定，任何士兵在遇到长官时，只能有四种回答：“Yes，sir”；“No，sir”；“报告长官”；“没有任何借口”。

我们说“成功者找方法，失败者找借口”，你绝不可以让自己找借口，不给自己任何找借口的机会。

喜欢找借口的人，在他的潜意识里总有一股不负责任的心理在控制着他。当他面对挫折与失败的时候，会将一切责任推卸给其他客观原因，或者百般为自己开脱罪责。

职场中，一旦养成找借口的习惯，工作就会拖拖拉拉，没有效率，做起事来就往往不诚实，这样的人不可能是好员工，也不可能有完美的成功人生。在公司里这样的人迟早会被炒鱿鱼。

郑阳是公司里的一位老员工了，以前专门负责跑业务，深得上司的器重。只是有一次，他手里的一笔业务让别人捷足先登抢走了，造成了一定的损失。事后，他很合情合理地解释了失去这笔业务的原因。那是因为他的腿伤发作，比竞争对手迟到半个钟头。以后，每当公司要他出去联系有点棘手的业务时，他总是以他的脚不行，不能胜任这项工作作为借口而推诿。郑阳的一只脚有点轻微的跛，那是一次出差途中出了车祸引起的，留下了一点后遗症，根本不影响他的形象，也不影响他的工作。如果不仔细看，是看不出来的。

第一次，上司比较理解他，原谅了他。郑阳好不得意，他知道这是一宗费力不讨好比较难办的业务，他庆幸自己的明智，如果没办好，那多丢面子啊！

但如果有比较好揽的业务时，他又跑到上司面前，说脚不行，要求在业务方面有所照顾。如此种种，他大部分的时间和精力都花在如何寻找更合理的借口身上。碰到难办的业务能推就推，好办的差事能争就争。时间一长，他的业务成绩直线下滑，没有完成任务他就怪他的腿不争气。总之，他现在已习惯因脚的问题在公司里可以迟到，可以早退，甚至工作餐时，他还可以喝酒，因为喝点可以让他的腿舒服些。

试想，职场中哪个老板会对这样一个时时刻刻找借口的员工有什么好感呢？郑阳被炒也是情理之中的事情。

许多找借口的人，在享受了借口带来的短暂快乐后，起初有点自责。可是，重复的次数一多，也就变得无所谓了，原本有点良知的心变得越来越麻木不仁。也许，借口所说的原因，正是自己不能成功的真正原因吧。

借口是一种不好的习惯，抛弃找借口的习惯，你就不会为工作中出现的问题而沮丧，甚至你可以在工作中学会大量的解决问题的技巧，这样，借口就会离你越来越远，而成功离你越来越近。

曼凯斯是美国一家广告公司的公关部职员。在他的幼年时，就深受老师和家庭教育的影响——立志将来一定要做一个勤勤恳恳的人。

从纽约州立大学毕业，直到进入这家公司，他发现有些员工做事总喜欢找借口，是公司的闲人，可是过不了多久，他们总会被扫地出门，纵然他们有非常优秀的业务素质。而那些不折不扣执行老板任务的员工，即使有时做得不够完美，却往往得到老板的重用。曼凯斯算不上一个精明的人，但做事总是勤勤恳恳，虽然老板分配给他的任务量有时很大，但他一直没有抱怨什么。

就这样过了一段时间，有一次，老板分配给曼凯斯一个很重要的任务，曼凯斯立即就开始开展工作，他像往常一样尽自己的全力去做，但是在任务的完成过程中，他犯了一个小错误，任务完成得不是很好，他的心里忐忑不安。这时老板叫到曼凯斯到他的办公室去，曼凯斯以为这次肯定要被老板大骂了，哪知道老板微笑着对他说："你知道吗？这个任务我曾找了三个员工去做，可是他们都说自己能力不行推脱掉了，其实我知道他们怕自己完成不了这个重要的任务受到我的斥责，只有你没有任何借口就去做，而且我一直发现你做很多事都从不找借口，年轻人要保持这个好的习惯呀，因为这是一个经理所需要的必要的业务素质之一呀！"

"什么……什么……什么经理呀？"曼凯斯感到很迷惑，于是支支吾吾。"也许你不知道，我跟董事会已经说了，推荐你当部门的经理，聘任书马上就下来，你可不要让我失望哦。"曼凯斯简直不相信自己的耳朵，他现在才知道了那些老找借口的人为什么在公司待不了很长的时间。

很多时候，我们理想中的事情没有做成功，尝试到了种种失败、沮丧的痛苦，其实细细分析，你不难发现，这些没有成功的事情当中有一大部分是因为我们自己的拖沓、懒惰造成的，事情发生的时候，我们总是找出种种理由来蒙蔽、搪塞自己："哎，没有关系，来得及，明天吧。"结果在多少个明天后就明日复明日了，到头来万物皆空。猛然间醒悟，才发现借口是一种很糟糕的毒品，在享受过它的"好处"后，会让你第二次、第三次情不自禁地接近它，而随之换来的出就是个心理的消极，事业、学业的一事无成。

不找借口，生活中的你比别人多了可以思考的时间，利用这个时间，你可以去精熟你的工作，去设想你的未来，去改正过去的错误。利用这些时间，你可以去养精蓄锐，蓄势待发。

企业需要没有借口的员工，有多少人把宝贵的时间和精力放在了如何寻找一个合适借口上，而忘记了自己的职责和责任。寻找借口唯一的好处，就是把属于自己的过失掩饰掉，把应该自己承担的责任转嫁给社会、企业或他人。这样的人，在企业里不会成为称职的员工，也不是企业可以期待和信任的员工；在社会上不是大家可信赖和尊重的人。这样的人，注定只能是一事无成的失败者，绝无成功可言。

没有任何借口，体现的是一种负责、敬业的工作精神，一种诚实、主动的工作态度，一种完美、积极的执行能力。老板需要的正是具备这种精神的人，遇到问题总是想尽办法去找到解决问题的方法，而不是找借口为自己开脱。就像人品好的人，遇事不找别人的问题，而是从自己身上找原因。

很多事情不必老板交代

职场中，很多人认为，公司是老板的，我只是替别人工作。工作得再多，再出色，得好处的还是老板，于我何益？存有这种想法的人很容易成为“按钮”式的员工，天天按部就班地工作，被动应付，缺乏活力。他们遵守纪律、循规蹈矩，却缺少责任感，只是机械地完成任务，而没有创造性地、主动地工作。

有一位企业领导说：

“像无数的年轻人一样，我在青少年时期和大学时代做过许多的工作。修理过自行车、卖过词典、做过家教、书店收银员、出纳。大学期间，为了换取学费，我还给别人打扫过院子，整理过房间。

由于这些工作都非常简单，我曾认为它们都是单调乏味的。我后来发现自己的想法完全错了，事实上这些工作给了我许多珍贵的教诲，我能从中学到不少经验。

比如在商店工作时，我觉得自己做得很好，完成了老板给我布置的任务——把顾客的购物款记录下来。一天，当我与别的同事在闲聊时，老板走了过来，扫了一下周围，然后示意我跟他走。他接下来一语不发地开始整理那批已经订出去的货，然后又把柜台和购物车清空了。

这一切让我感到惊奇，整个人都呆住了。他要我和他一起去做这些，我并不因为这是一项新工作任务而感到惊诧，而是表示我将一直这么做下去，可是以前谁也没这么要求我——现在也一样。

这件事彻底改变了我的观念。它让我变得更优秀，而且让我明白了不仅要做好自己的本职工作，我应该再多做一点，哪怕没要求我这么做。当我这么认为时，原来我觉得枯燥的工作开始变得有趣起来。我开始更努力和更主动地工作，这使我学到了更多的东西。我上大学后离开了那家商店，但从那儿学到的经验对我一生都有着深深的影响。"

不必老板交代，主动地去完成自己应该做的事，一定会让你获得不错的声誉。这一无形资产对你来说是一笔巨大的财富，对你巩固自己的位置会起到关键性的作用。因为当你的老板把你和那些没有这样做的同事相比较的话，你们之间的差别是十分明显的，你自然是处于优势。

麦道尔在一家肥料工厂工作，后来被提升上来完全是因为他做事的态度。

他最初是在一个懒惰的经理秘书手下干活，那秘书总是把事推给手下的职员来做。他觉得麦道尔是一个可以任意支使的人，某次便叫他编一本老板去欧洲时用的密码电报书。

那个秘书的懒惰使麦道尔有了展示自己价值的机会。他不像一般人编电码一样，随意简单地编几张纸，而是编成一本小小的书，用打字机很清楚地打出来，然后装订好。

当那个秘书将它转交给老板时，老板一看就知道不是秘书做的，便要求见一见做这个密码本的人。麦道尔来到老板的办公室后，老板便问他："你怎么把我的电报本做成这样子呢?"

麦道尔回答："我想这样你用起来会觉得方便些。"

老板出差回来后，辞退了原来的秘书，并提拔麦道尔为自己的秘书。

无疑地，麦道尔是一个积极主动的人，老板没有交代他怎么做，而他仍然做好不是自己分内的事，因而他获得了提升。我们可以设想一下，一个消极被动的人，他们可能听到上司的要求后提出一个又一个问题，"我从哪儿找到密码电报?""哪些图书馆会有这样的密码电报资料?""这是我的工作吗?""为什么不让小王去做?""急不急?""明天交给您行吗?"在追问了几个问题后，若上司要求现在就要这些资料时，他会随便简单地编几张纸，完成任务就算了事。

此时此地，如果你就是老板，你必定会对这个家伙随便交来的资料不放心，必会经过自己的核对和确认后，才放进自己的公文包。

老板交代的事，可以做好，也可以做坏；可以做成59分，也可以做成95分。但只有自动自发的人，才会把工作一次做到位。积极主动的人实际完成的工作，往往比他原来承诺的要多，质量要高。因此，这样的人永远不缺少加薪和升职的机会。所以，我们不仅要积极主动地投入工作，甚至要比老板更积极。

一、比老板工作更长的时间

不要认为老板整天只是打打电话，喝喝咖啡。实际上，他们只要清醒着，头脑中就会思考着公司的行动方向。一天十几小时的工作时间并不少见，所以不要吝惜自己的私人时间，一到下班时间就率先冲出去的员工不会得到老板的喜欢。即使你的付出得不到什么回报，也不要斤斤计较。除了自己分内的工作之外，尽量找机会为公司做出更大的贡献，让老板觉得你物超所值。例如，下班之后还继续在工作岗位上努力工作，尽力寻找机会拓展自己的职责范围，提升自己的工作水准，尽量体现出自己对公司的重要性。

二、抢先思考

任何工作都存在改进的可能，抢在老板提出问题之前，已经把答案奉上的行动是深得老板之心的，因为只有这样的职员才真正能减轻老板的精神负担。工作交到老板手上后，他就不用再为此占用大脑空间，可以把大脑腾出来思考别的事情了。

事实上，能够做到这一点的人并不多。也许可以说，能长期有本事跟老板在工作上竞赛，而且有本事把对方击败的，也差不多可以够得上资格当老板了。

为此，要成为老板的心腹，即使不能每一次都比老板反应得快，但最低限度要有一半以上的次数不要让他比下去。老板在知道你的能力时，就会很自然地对你信任起来，所谓“识英雄者重英雄”，再棒的老板都需要有人才在身边。

三、不要轻易满足

老板成功的原因就是一步步积累，从不满足。如果你想比他更出色，就应该时刻警告自己不要躺在安逸床上睡懒觉，让自己每天都站在别人无法企及的位置上，这样机会很快会垂青于你。

总之，能够做到比老板更积极主动工作的人并不多，如果你能成为其中一员，你必然会有很大的收获。

职场中，只要你不是初来乍到的员工，就没有人会告诉你需要做什么事，都要靠你自己主动思考，在主动工作的背后，需要你付出的是比别人多得多的智慧、热情、责任感、想象力和创造力。当你清楚地了解了公司的发展规划和你的工作职责，你就能预知该做些什么，并且立刻着手去做，不必等到老板交代。

职场中的团队精神

现代职场中，“团队精神”这个词组出现的频率极高，可以说到了家喻户晓、耳熟能详的地步，可真正理解这个词的人并不多。

团队精神，是指团队成员为了团队的利益和目标而相互协作、尽心尽力的意愿和作风，是将个体利益与整体利益相统一从而实现组织高效率运作的理想工作状态，是高绩效团队中的灵魂，是成功团队身上难以琢磨的特质。

一位资深人力资源专家说，团队精神有两层含义，一是与别人沟通、交流的能力，二是与人合作的能力。员工个人的工作能力和团队精神对企业而言是同等重要的，如是说个人工作能力是推动企业发展的纵向动力，团队精神则是横向动力。

团队精神的核心是协同合作。一次，联想运动队和惠普运动队进行攀岩比赛。惠普队强调的是齐心协力，注意安全，共同完成任务。联想队在一旁，没有做太多的士气鼓动，而是一直在合计着什么。比赛开始了，惠普队在全过程中几处碰到险情，尽管大家齐心协力，排除险情，完成了任务，但因时间拉长最后输给了联想队。那么联想队在比赛前合计着什么呢？原来他们把队员个人的优势和劣势进行了精心组合：第一个是动作机灵的小个子队员，第二个是一位高个子队员，女士和身体庞大的队员放在中间，殿后的当然是具有独立攀岩实力的队员。于是，他们几乎没有险情地迅速完成了任务。可见团队的一大特色：团队成员在才能上是互补的。共同完成目标任务的保证就在于发挥每个人的特长，并注重流程，使之产生协同效应。

团队精神的最高境界是凝聚力。全体成员的向心力、凝聚力是从松散的个人集合走向团队最重要的标志。在这里，有着一个共同的目标并鼓励所有成员为之而奋斗固然是重要的，但是，向心力、凝聚力来自团队成员自觉的内心动力，来自共同的价值观，很难想象在没有展示自我机会的团队里能形成真正的向心力；同样也很难想象，在没有明了的协作意愿和协作方式下能形成真正的凝聚力。那么，确保没有信任危机就成为问题的关键所在，而损害最大的莫过于团队成员对组织信任的丧失。

对于一个集体、一个公司，甚至一个国家，团队精神都是非常重要的。以特殊的团队精神著称的微软公司，在做产品研发时，有 30 多名开发工程师和测试人员参与，写出了 5000 万行代码。如果没有高度统一的团队精神，没有全部参与者的默契与分工合作，研发工程是根本不可能完成的。

在现代企业界，能否与同事友好协作，以团队利益为重，已成为现代企业招募人才的重要衡量标准。也是企业淘汰员工的重要衡量标准。

比如，一家具有国际影响力的大公司的总经理接受记者采访时被问道："贵公司在招聘员工时，最看重员工的什么素质?"他回答："我们有一套非常严格的招聘员工标准，其中最首要的是具备团队协作精神。若一名应聘者缺乏团队协作观念，他即使是天才，我们也不会录用，因为在现代企业中，我们需要促使不同类型、不同性格的人共同努力、团结奋进，把各自的优势发挥到极致，一家企业如果缺乏团队协作精神是难以成功的。"

有一个案例：

某著名公司招聘管理层人员，12 名优秀应聘者从几百人中脱颖而出，闯入复试。

此次招聘仅有 3 个名额。复试开始后，负责人把这 12 个人随机分成甲、乙、丙、丁 4 个组。指定甲组的 3 个人去调查婴儿用品市场，乙组的 3 个人调查学生用品市场，丙组的 3 个人调查中青年用品市场，丁组的 3 个人调查老年人用品市场。

"录取的员工是负责市场开发的，所以，你们应该具备对市场的敏锐观察力和对一个新工作的适应能力。现在，你们分别去办公室领取一份相关的资料。"两天之后，12 个人把自己的市场分析报告送到了负责人那里，负责人一一看完之后，"恭喜甲组，你们被本公司录取了，因为在这 4 个组中，只有甲组的3个人互相借用了各自的资料，补全了自己的分析报告，这正是我们公司需要的人才——具有团队合作意识的人才。要知道，团队精神才是现代企业成功的保障。”

作为团队中的一分子，如果不融入这个群体中，总是独来独往，唯我独尊，必定会陷入自我的圈子里，自然无法得到友情、关爱和同事的尊重。一个具有独立个性的人，必须融入群体中去，才能促进自身发展。

那么，作为团队的一员，如何更好地培养自己的团队精神呢?

一、培养表达与沟通的能力

表达与沟通能力是非常重要的，不论你做出了多么优秀的工作，不会表达，不能让更多的人去理解和分享，那就会大打折扣。现代社会是个开放的社会，好想法、好建议要尽快让别人了解、让上级采纳，为团队做贡献。所以，要抓住一切机会锻炼表达能力，积极表达自己对各种事物的看法和意见，并掌握与人交流和沟通的艺术。

二、培养主动做事的品格

每一个人都有成功的渴望，但是成功不是等来的，而是靠努力做出来的。任何一个单位都不喜欢只知道听差的人，我们不能被动地等待别人告诉你应该做什么，而应该主动去了解单位需要我们做什么，自己想要做什么，然后进行周密规划，并全力以赴地去完成。

三、培养敬业的品格

几乎所有的团队都要求成员具有敬业的品质。有敬业精神，才能把团队的事情当成自己的事情，有责任心，才能发挥自己的聪明才智。个人的命运是与所在的团队、集体关联在一起的。要有意识地多参与集体活动，并且想方设法认真完成好个人承担的任务，养成不论学习还是干什么事都认真对待的好习惯。有才能但不敬业的人，没人敢用。

四、培养宽容与合作的品质

今天的事业是集体的事业，今天的竞争是集体的竞争，一个人的价值只有在集体中才能得到体现。团队中的每个人各有长处和不足，关键是成员之间以怎样的态度去看待，能够在平常之中发现对方的美，而不是挑他的毛病。培养自己求同存异的素质，对培养团队精神尤其重要。

五、培养全局意识、大局观念

团队精神不反对个性张扬，但个性必须与团队的行动一致，要有整体意识、全局观念，考虑团队的需要。团队成员要互相帮助，互相照顾，互相配合，为集体的目标而共同努力。

团队精神是现代企业成功的必要条件之一。能够与同事友好协作，把团队利益放在首位，就能够把你独特的优势在工作中淋漓尽致地展现出来，也自然能够引起老板的关注。否则很难在现代职场立足，因为独行侠时代已经一去不复返了。

养成良好的节俭习惯

自古以来，勤俭节约便是一种良好的品质。法国作家大仲马曾精辟地说道："节俭是穷人的财富，富人的智慧。节俭是世上大小所有财富的真正起始点。"

现代职场中，节俭既是节约资源，降低成本的需要，也是公司作为一个现代企业应该具备的基本素质和文化。

有一次，李嘉诚在回办公室的路途当中发现一枚金属硬币从眼前闪过，滚到车子下面。李嘉诚下了车，要去捡那枚硬币。在他弯腰要捡那枚硬币时，一个门卫提前把那枚硬币捡了起来，并交给了李嘉诚。李嘉诚接过硬币，却从口袋里拿出100元奖励给这个门卫。

人们感到很奇怪，别人只是帮他捡了1元钱，他却给了100元，这是为什么？李嘉诚说，这一枚硬币如果不把它捡起来，它可能会掉到水沟里面，这个社会财富就会流失掉，所以我们不能让人们已经创造出来的财富和价值流失掉，那个门卫不仅知道珍惜财富，还懂得帮助别人，应该奖励。

思路不同，对于一件事情的决定就不一样。决定不一样，又使得人们采取了不同的行动。行动不一样造成了不同的结果，这种节约个人和社会财富的态度就是做人的基本品质。

在市场以及职业竞争日益激烈的今天，节约已不仅仅是一种美德，更是一种成功的资本，一种企业的竞争力。能够有效节约的企业，会在市场中游刃有余，脱颖而出。同样，能够自觉为企业节约的员工，也会在职场中创造佳绩，使自己脱颖而出。

小马和小李都是刚毕业的大学生，两个人无论从知识的扎实程度，还是头脑的灵活方面来说都同样出色。他俩同时被一家很有实力的公司聘用了。

上班的第一天，经理把他们叫到了办公室，郑重地对他俩说："其实公司内部只缺一个人，主要是你们两个都非常优秀，所以招了你们两个，我们很难取舍。公司将在三个月的试用期结束后，宣布谁能留下。如果你们都令公司满意的话，也有可能把你们两个都留下。希望你们在这三个月里，发挥各自的优势，好好表现！"

这番话让小马和小李拧紧了发条，他们都暗下决心：一定要做得比对方更出色。

三个月来，这两个初出茅庐的小伙子暗中较上了劲。同样是意气风发，学有所长，他俩用各自的方式表现着自己，谁也没有输给谁半分。经理也十分欣赏他们，似乎公司会破例把两人都留下。

但是试用期的最后一天，小马的厄运还是来了，经理很遗憾地宣布他被解雇了。经理告诉他，其实他的工作一直很出色，只是他对待公司资源的态度表明他不太适合在公司发展。

事情是这样的，一个星期六的晚上，小马去了同学那里，为同学庆祝生日，由于晚了就没有回公司宿舍。第二天回来后，小马直奔公司的办公楼，路上碰到了小李。小李问他昨晚去哪里了，还提醒他宿舍的灯亮了一个晚上，让他回去关。小马满不在乎地说："麻烦死了，反正不用我交电费，不回去关了。"此话刚刚出口，经理便从他们旁边走了过去。

小马对公司资源没有节约意识使他被解雇了。很自然，小李被公司留下了。

只有具有成本意识、懂得为公司节约的人，将来才能为公司赚钱。企业员工应该在工作和生活中提高成本意识，养成为公司节约每一分钱的习惯。

无论公司是大是小，是富是穷，使用公物都要节省节俭，就像美国科学家富兰克林说的："不注意小笔开支，小漏洞也能使大船沉没。"所以不该浪费的一分也不能浪费，一个具有成本意识、处处维护公司利益的人才是老板看重的人，也只有这样的人，才更能得到业绩和机会的垂青。

沃尔玛作为全球最大的零售企业，销售额年年突飞猛进。发展到今天，它已经拥有2000多家沃尔玛商店、将近500家山姆会员商店和200多家沃尔玛购物广场。在美国《财富》杂志每年一次的全球500强排名中，沃尔玛已经连续好几年荣登榜首了。自1950年成立以来，沃尔玛就发展到了如此大的规模，这完全可以称得上是世界零售行业的一个奇迹。至今，沃尔玛仍在以不可估量的速度飞速前进着。

沃尔玛是以它的"全球最低价"而闻名世界的，这是沃尔玛的核心竞争力所在。沃尔玛的商品价格是最便宜的，而且商品并没有因为价格便宜而在质量方面大打折扣。沃尔玛之所以能够做到最低价，其中一个重要原因，就是成功制定并正确实施了成本领先战略，拼命降低自己的成本，节省了一切不必要的开支。

沃尔玛对成本费用的节约理念贯彻得最为到位。在沃尔玛，从来没有专业用的复印纸，都是废报告纸的背面，所有复印纸必须双面使用，否则将受到处罚；除非重要文件，沃尔玛从来没有专业的单打印纸；沃尔玛的工作记录本，都是用废报告纸裁成的。

沃尔玛在中国的很多分店为员工准备了免费纯净水，但不准备纸杯；有的店在员工餐厅配有电话——当然是投币电话；在多数的连锁店，专供员工使用的洗手间根本没有卷纸，更不会有香皂，很多情况下，员工们用来洗手的都是部门不能销售的洗手液、沐浴露，甚至洗衣粉。

在沃尔玛的连锁店里，家电区一个小角落里经常会有一个写有"总经办"几个小字的办公室。这是一个宽只有3～4米、长10米左右的不规则房间。最里面用文件柜隔出一个几平方米的区域，摆上一张桌子和一排文件柜，就是总经理办公的地方，对面是常务副总的桌子。文件柜另一边是其他人工作的地方。左右两边各有一排长长的桌子，2个秘书，2个行政部工作人员，还有4位副总经理全都挤在这片狭长的空间内。

节约在沃尔玛已经蔚然成风。公司开创者沃尔顿当年写道："我们的存在是为顾客提供价值，这意味着除了提供优质服务之外，我们还必须为他们省钱。如果沃尔玛公司愚蠢地浪费掉1美元，那都是出自我们顾客的钱包。每当我们为顾客节约了1美元时，我们就在竞争中领先了一步，这就是我们永远要做的。”

现在，这句话已经成为沃尔玛的一条铁律。节俭之道使得沃尔玛在创造财富的同时，也在不断积累财富；在不断降低成本的同时，又能够更多地让利顾客，做到天天平价，从而为自己赢得了竞争优势。

沃尔玛之所以成为市场竞争中的大赢家，是因为公司上上下下共同努力节约。

其实，员工的节约意识在公司的发展中，起着至关重要的作用，只有我们意识到这一点并且努力去做，才能永远立于不败之地。

在老板盯着成本的时候，无论在哪一个岗位，做什么样的工作，每一位员工都应该时刻保持成本意识，促进公司更好地实现利润增长的目标，这也是有效地获得提升之道。节约成本，增加公司的利润，最终也会增加你的薪金，而公司的利润增长可以扩大你的发展空间。

像老板一样为公司着想

职场中经常可以听到老板这样要求自己的员工：“对待公司要像对待自己的家一样。”的确，任何公司任何老板，都需要处处为公司着想的员工。如果你是领导，一定会希望员工能和自己一样，将公司当成自己的事业，更加努力，更加勤奋，更加积极主动。因此，当你的领导向你提出这样的要求时，请不要拒绝他。

以主人的心态对待公司，始终为公司着想，你就会成为一个值得老板信赖的人，成为一个老板乐于聘用的人，成为一个最有可能被老板委以重任的人。

像老板一样，处处为公司着想，并不是让你不顾实际、一心只想着当老板，对现在的工作不予重视，而是强调要树立一种主人翁意识，以老板的态度来对待公司，这将使你受益匪浅。

英特尔总裁安迪·葛洛夫应邀到加州大学伯克利分校做演讲，他对毕业生发表演讲的时候提出了以下的建议：“不管你在哪里工作，都别把自己只是当成员工——应该把公司看作自己开的一样。”当然，这番话的真正用意并非建议你对公司的事务指手画脚，横加干涉，而是希望你提高自己工作的主动性，换一种积极的思路考虑问题。

有人认为，公司是老板的，我只是替他人工作。工作得再多、再出色，得好处的还是老板，于我何益？有的员工天天按部就班地工作，一到下班时间连一秒也不愿多耽搁，率先冲出办公室或车间。有的甚至趁老板不在时没完没了地打私人电话或无所事事地遐想。

这种想法和做法其实无异于在浪费自己的生命和自毁前程。一个在事业上获得成功的经理说：“除了那些含着金钥匙出生的富二代，绝大多数老板都是从打工做起的，而一个人打工时的心态是决定这个人日后是否会成为老板的一个关键。”

如果你认为老板整天只是打打电话，赶赶饭局而已，那就大错特错了。实际上，他们头脑中时时在思考着公司的行动方向和远景。有时，我们不妨来一下换位思考，也就是要员工站在老板的角度去思考问题。在工作中，我们应该具有一种老板心态，经常问一问自己：“假如我是老板，我会怎么想，怎么做？”

假如你是老板，手下有两个员工，一个只有在工作任务交代得很详细的状况下才去做，还经常会把事情搞砸；而另外一个除了把布置的任务完成得非常圆满外，还喜欢帮助别人。两者之中，你更愿意用哪一个？答案不言而喻。

作为老板，肯定希望的是，当自己不在的时候，公司的员工还能够一如既往地勤奋努力，踏实工作，每个人都能认真做好自己的分内之事，时刻注意维护公司的利益，这样自己才能一心一意处理好外面的事情。

所有的老板都一样，他们都不会青睐那些只是每天8小时在公司得过且过的员工，他们渴望的是那些能够真正把公司的事情当作自己的事情来做的员工，因为这样的职工任何时候都敢做敢当，而且能够为公司积极地出谋划策。

著名的IBM公司要求每一名员工都树立起一种态度——我就是公司的主人。在这种激励下，员工们主动与高级管理人员接触，与上级保持有效的沟通，对所从事的工作更是积极主动地完成，并能保持着高度的工作热情。一旦有了这种心态，你就会对自己的工作态度、工作方法以及工作业绩提出更高的要求与标准。只要你能深入思考，积极行动，很快就会成为公司中的杰出人物。

站在老板的角度上思考，可以让你受益匪浅。老板之所以成为老板，自然有其过人之处，也自然是优秀的人。向优秀的人学习，揣摩优秀的人是怎么想的，以老板的心态对待工作，你就会去考虑企业的成长，就会知道什么是自己应该去做的，什么是自己不应该去做的，就会像老板一样去思考、去行动。

成功的老板所具备的素质大致有一些共同点，如他们有着积极主动的工作习惯，不是事事被人推着走，而是自己决定前进的方向和路线；他们从不消沉，从不轻易言败，而是充满热情地迎接每一天。这些品质无疑是值得我们学习，值得我们敬佩的。正是这些优秀的品质造就了老板们的成功。

老板与员工最大的区别就是：老板把公司的事情当作自己的事情，员工则喜欢把公司的事情当做老板的事情。在这两种不同心态的驱使下，他们工作的方式不可同日而语。老板，不用说，任何关于公司利益的事情他都会去做。但是有些员工在公司里却往往只做那些分配给他们的事情，对于其他的事情，他们往往用“那不是我的工作”“我不负责这方面的事”等来推托。

我们无法一一列举出老板应该思考的所有问题，但毫无疑问的是，当你以老板的角度思考问题时，你就能逐渐地像老板那样积极主动地工作，忠于自己的事业，并对自己所作所为的结果负起责任。

李政从国内一所知名的管理学院毕业时，有几家大公司都有接纳他的意向，最后他却决定去一家规模较小的公司做总经理助理。对这样的选择，他的有些同学表示不解：在实力强的公司工作，起点不是更高吗？干吗自讨苦吃？再说，助理的工作不就是打杂吗，说好听点儿，就是收发文件、做做记录。几年过去了，李政从一个初出茅庐的毛头小伙成长为一家年收入过百万元的公司老总。有一次，当别人称赞他的能力非凡时，他谦虚地说："其实，我刚参加工作时所做的总经理助理工作使我受益匪浅。正是由于每天接触公司的各种文件、资料，才使我了解了作为一个领导的管理思路；正是记录一场场的会议过程，让我清楚了企业是如何经营、如何决策的。我做的虽然是一件件小事，但是，如果从老板的角度来看待，就能看出价值的所在。"

正所谓：读万卷书，不如行万里路；行万里路，不如阅人无数。李政的这番"取经"经历对我们很有启示。

向老板学管理，老板认为管理就是增加收入和降低成本。在老板看来，管理不过就两件事情：一件事情是扩大业务范围，增加业务收入；另一件就是降低管理成本，控制运作费用。其实这两件事最终是一个目的，那就是为了提高利润，所以归根到底老板是看利润的，利润要从管理中来。

你给老板的任何提案都需要在这两个方面下功夫：或者是扩大收入，或者是降低成本。否则不论你浪费多少口舌，老板也不会重视你的意见。扩大收入和降低成本这两个主题是你和老板沟通的基础。你自己看管理问题时，也要学习老板的办法，只有这样才能提高公司的效率，增强企业的竞争力。

当以老板的心态来自我要求时，你就不会只以达到公司的目标为满足，反而会自我要求一个更高的目标来实现自我满足，这等于是在挑战自己，而不是在做给老板看。

总之，老板看的是全局，算的是大账，看问题直达核心；而一般员工往往被表面的现象所迷惑，或由于自己的职位限制，不知道准确定位。

一个有准备的员工，肯定会在平时以老板的心态要求自己，将自己在工作中遇到的事情当作经验与知识积累下来，久而久之，他就具备了当老板的条件。

作为公司的一个员工，需要把自己的位置摆正，充分发挥主人翁的精神，视工作为事业，视事业为己任。当你以老板的心态去对待工作时，你会完全改变你的工作态度，你会时刻站在老板的角度思考问题，你的业绩会得到提高，你的价值会得到实现，企业也会因为有你的努力而变得更好。

忠于公司就是忠于自己

从古到今，没有谁不需要忠诚。皇帝需要臣民的忠诚，领导需要下属的忠诚，丈夫需要妻子的忠诚，妻子需要丈夫的忠诚。因此有人说，忠诚比金子和智慧更加重要。

忠诚是一个人的金字招牌、是优良人品的体现。忠诚包括很多方面，就企业范围而言，要忠于公司、忠于岗位，要忠于领导和同事，最后还要忠于你的客户和顾客。关于忠诚，它在你日常的工作和生活中还远不止这些。但是，所有的忠诚，最后归根结底都是忠于你自己。

张鑫刚满 17 岁的时候，以一名学徒的身份进入一家汽车修理厂。那时，他对修理汽车一窍不通，就边工作边学习，遇到不懂的地方就向那些老员工们请教，如果老员工们也不懂的话，他就自己研究明白。

除了热爱学习，张鑫还是一名出色的工人，只要是师傅交给他的任务，他都能完成得很出色，绝不允许自己有半点儿马虎。就这样，日复一日、年复一年，5 年过去了，他早已对修理车子的一切了如指掌。

后来，他自己开了一家汽车修理厂，当了老板的他更加认真、更加进取。在他的带领下，在短短的 3 年里，他就把自己汽车修理厂的规模扩大了两倍。

大多数人刚进入公司时都是不起眼的小人物，要想通过自己的努力干出一番事业来，你只有脚踏实地、努力地为公司付出，与公司一起成长。如果你总是抱怨公司这里不好、那里也不好，始终无法让自己融进公司这个平台，时间一久，就会养成一种对工作不负责任的习惯。试想，这样的人即使换一个平台，能安安稳稳地工作吗？

忠于公司，其实就是心甘情愿地为公司付出你能付出的。为什么说忠于公司就是忠于自己呢？因为只有有了一颗忠诚敬业的心，你才能静下心来工作，才能更迅速地通过工作学习知识和提升自己，因此可以这样说，忠诚也是一种能力，这种能力虽然看不到，但是时间一长，你就会因为这能力得到意外的收获。

在这个世界上，有些人为了高薪不停地跳槽，为了获得利益甚至出卖原公司的商业秘密。这些都是不忠于公司、不忠于自己的行为。而一个不忠于公司、不忠于自己的人是无法受到任何一家公司的欢迎的。

某公司销售部唐经理和高层发生意见分歧，双方一直未能达成共识。为此，唐经理耿耿于怀，准备跳槽到另一家竞争对手公司。唐经理一方面是出于泄私愤，另一方面是为了向未来的“主子”表忠，便想尽一切办法把公司的机密文件和客户电话全部以打电话或传真的形式给各市场经销商，使得市场乱成一团，并引发了很多市场纠纷，从各地市场打来的电话几乎将公司的电话打爆。

这还不算，唐经理还打电话给当地的工商局、税务局，说公司的账目有问题，虽然最后查证无此嫌疑，但还是给公司带来了很大的伤害。

当唐经理带着满意的“成果”去向竞争对手公司邀功请赏时，没想到热屁股却遇上了冷板凳，未来的“主子”见唐经理是这般对待老东家，便开始担心：谁知道他以后又会不会如法炮制地对待自己的公司呢？身边有这样的一个人，不就像是埋下了一个随时可能爆炸的定时炸弹吗？谁还敢用？结果，自然是没有录用他。

背叛公司、背叛老板，也就意味着背叛自己，这样的人是永远没有人喜欢的。第二次世界大战时，美国著名的将领麦克阿瑟曾说过：“士兵是必须忠诚于统帅的，这是义务。”认认真真地对待自己的工作、忠于自己的公司，这不仅仅是你的责任，也是忠于自己的表现。

其实，只要你认真对待自己的工作、忠于自己的公司，努力在职场中用忠诚打造自己的个人品牌，公司也会给你一个实现自己人生价值的平台。从这个意义上来说，忠于公司就是忠于自己。

对此，我们列出了忠于公司的十大理由，或许能帮助你理解忠于公司就是忠于自己的使命。

理由一，因为你是公司的职员。

理由二，公司给了你一个饭碗、一个事业发展的契机、一个施展才华的舞台，你应当懂得感恩。

理由三，对公司忠诚，你才能得到公司忠诚的回报。

理由四，公司发展了，你得到的回报将会更多。

理由五，只有忠诚的人才能感觉到工作的激情，而不忠诚的人只会觉得工作是苦役。

理由六，只有忠诚于公司、努力做好自己的本职工作，你的才华才不会浪费、不会贬值、不会退化。

理由七，只有忠于公司，你的个人价值才能更好地展现出来。

理由八，忠诚是造就你的职业声誉和个人品牌最重要的因素。

理由九，只有忠诚的人才能够在公司中找到自己的归属感。

理由十，没有人喜欢不忠诚的人，没有哪家公司欢迎不忠诚的员工。

忠诚比能力更重要

责任心是人品最核心的要素，而最能体现出一个人的责任心的则是忠诚。一个忠诚的人会心甘情愿地为公司付出一切，这就是为什么现在这么多的老板一直认为忠诚是员工最优良的品质的原因。

现在，很多人都把目光盯着优秀的企业，做梦都想进入优秀的企业，他们每天忙于“充电”，努力提高自己的能力，却忽视了对忠诚的培养，结果，我们经常看到一些能力超群却忠诚度不够的人才被一些优秀的企业拒之门外。因此这些人会困惑：为什么是这样？我有高学历、超强的能力，我有十几年的经验！难道这些都没忠诚有价值吗？这当然不是。

唯一可以解释的是，在教育蓬勃发展的今天，高学历的人太多了，有才华、有能力的人太多了，但有才华、有能力又忠诚的人却不多。今天，在中国、许多企业并不缺少有能力的人，而那种既有能力又忠诚于企业的人才是企业真正需要的理想人才。甚至有些企业发出了一片呐喊声：忠诚比能力更重要。

职业经理人张晓天离开新潮流公司时，老板承诺给他的60万元年薪也只兑现了 18 万，但张晓天并没有因此而怀恨新潮流公司的老板，反倒一如既往地忠诚于新潮流公司。

在他离开新潮流公司的当月，就有另一家服装公司的老板请他喝茶，开价 120 万元年薪邀请他加盟。这家服装公司的老板之所以这样做，除了冲着张晓天的能力外，还冲着张晓天掌握着新潮流公司的全部经营秘诀。新东家和新潮流公司是多年的老对头，他们想从张晓天身上找到打败新潮流公司的突破口。

然而，张晓天拒绝了这 120 万元年薪，因为忠诚是他做人的原则。新潮流公司的老板得知自己的手下有如此忠诚的员工，感动得几乎流下泪来："我身边很多人都时时刻刻在想办法弄走我的钱，如果他们都能够像你这样，该多好啊！"

离开新潮流公司后，张晓天拒绝了多位老板的邀请，身心疲惫的张晓天决定自己创业。他以自由职业者的身份给企业做管理咨询，在业余时间内从事写作，这样一干就是一年。

这期间，新潮流公司先后以高薪聘请三位财务总监。有了对比，老板才发现，无论工作能力还是职业品质，张晓天都是无人可以超越的，尤其当他得知竞争对手曾经高薪邀请张晓天，而张晓天没有接受，他更觉张晓天的难得。有能力、有智慧的人有许多，而有智慧又忠诚的人却难以找到。为此，他再次向张晓天发出了邀请。这一次，他给出的年薪是原来的两倍，并承诺将一年多前欠的 42 万元年薪补给张晓天。

在市场经济大潮中，到处都有经济竞争，虽然这些"战争"没有硝烟弥漫，却异常炽热，在这一场场没有刀光剑影却旷日持久的"战役"中，忠诚最能考验一个人，也最能成就一个人。对一个士兵来说，如果死于忠诚，那么他是光荣而伟大的，而如果因为出卖而苟且地活着，那是一种极大的耻辱。同样，在企业里，靠出卖企业获取个人私利也是耻辱的。

忠诚是一种传统的美德，更是做人的基本道德素质之一。在任何企业里都存在一个无形的同心圆，圆心是老板，圆心周围是忠诚于企业、忠诚于老板、忠诚于职业的人。离老板越近的人是忠诚度越高的人，而不一定是职位越高的人。很多高层管理者天天和老板打交道，却未必得到老板的信任，原因可能和忠诚度不够有关。很显然，越靠近“同心圆”圆心的人，越可能获得稳定的职业和较高的回报。

张鹏帮是一家广告公司的创意总监，由于企业调整了发展方向，他觉得这家企业不再适合自己，决定换一份工作。

最终，经过仔细斟酌，他决定到一家大型企业去应聘创意总监，这家企业在全美乃至全世界都有相当的影响，很多广告业人士都希望能到这家企业工作。

对张鹏帮进行面试的是该企业的人力资源部主管和负责设计方面工作的副总裁。对张鹏帮的专业能力，他们是非常认可的，只是提到了一个使张鹏帮很失望的问题。

“我们很欢迎你到我们企业工作，你的能力和资历都没有任何问题。我听说你以前所在的企业正在为一家英国的公司做一套营销方案，据说你提出了很多非常有价值的想法，我们企业也在做这方面的工作，你能否透露一些你原来企业的情况？你知道这对我们公司很重要，而且这也是我们为什么看中你的一个原因，请原谅我说得这么直白。”副总裁说。

“我想，我让你们失望了，因为我有义务忠诚于我的企业，任何时候我都必须这么做，即使我已经离开。与获得一份工作相比，忠诚对我而言更重要。”张鹏帮说完就走了。

张鹏帮的朋友都替他惋惜，因为能到这家企业工作是很多人的梦想，但张鹏帮并没有因此而觉得可惜，他为自己所做的一切感到很坦然。没过几天，张鹏帮收到了来自这家企业的电话，电话是那位副总裁打过来的：“恭喜你，张先生，你被录用了，不仅仅因为你的专业能力，还有你的忠诚。”

后来，张鹏帮得知，跟他一起竞争那个职位的人很多，其中不乏比他能力强的人，但是由于他们为了获取一份工作就出卖了自己原来的公司，对原来的公司丧失了最重要的忠诚，结果被淘汰了。

每一家公司在录用人才的时候都很看重一个人是否忠诚，因为它们相信，如果一个人可以对原来的公司忠诚，那么他也可以对自己的公司忠诚。

我们很多人都有这样的经历：面试官在招聘新员工时总爱问“你能胜任什么样的工作”“你有哪方面的特长”这些关于能力的问题，而很少关注“你是如何理解对公司的忠诚的”“你认同我们公司的哪些理念”这些关于忠诚的问题。因为在大多数人看来，只要有了足够的能力，就不愁找不到好的工作。而通过对一些大型企业的研究发现，近年来，越来越多的优秀企业不是把能力放在选用人才的首要标准上，而是把能力排在忠诚与责任之后。

通过对2003年位于世界500强名单的企业用人标准进行研究，我们发现，这些企业不断在强调个人知识和能力，但是否只要具备了知识和能力就能在这些优秀的企业中获得一个工作岗位呢？不一定。相比能力来说，企业更看重的是忠诚的品格。因为他们清楚，一个缺乏忠诚的“人才”就好像给企业安上了一枚定时炸弹，随时都有可能因为他们的背叛而让企业遭受到巨大的损失。

那么，既然忠诚胜于能力，是不是能力就不重要了呢？当然不是。忠诚是要靠业绩来做支撑的，而不是口头上的效忠；而反过来说，业绩也是靠能力来创造的。我们一直在说“人才”，那么“人才”究竟指的是哪些人呢？其实，真正的人才用“德才兼备”这四个字就可以概括。

德才兼备的员工是公司引以为傲的“人才”；退而求其次，能力差一点儿但绝对忠诚的员工，老板会对其很放心；再次，只有忠诚而没有能力的人，这样的员工可有可无；最后，虽然能力很强却没有丝毫忠诚度的人，一旦搞起破坏来，就会给公司带来一场灾难，相信任何一家企业都不会愿意任用这样的员工。

别让你的忠诚成为愚忠

提到忠诚，很多人都会想到那些绝对服从老板的人。其实，这是一种错误的认识，忠诚并非是要你做老板的“奴才”。那种只知道绝对服从却不分辨是非的人，并不能对公司的事业有所帮助。老板并非圣人，他所做的决策并不是完美无瑕的，难免会有欠缺，有时甚至会出现致命的缺陷。这时候，证明你是否是一个忠诚的员工就在于你敢不敢站出来指出其中的不妥之处。

现实生活中，有不少人把愚忠当作忠诚来看待，认为老板叫他们做什么，他们就做什么，如果老板是错的，他们也就跟着错。这种狭隘的理解忠诚并且绝对服从的效忠只是愚忠。更有人把忠诚与拍马屁混为一谈，他们对老板阿谀奉承，凡事都只图让老板开心，在工作中总是报喜不报忧。

下面是一则名为“老虎的孤独”的寓言。

作为森林之王，整片森林都需要老虎来管理，有时候，它难免会做出错误的决定。它多么渴望可以像其他动物一样能有朋友忠诚地对待它，让它在作决定的时候少犯一些错误。

小兔子和狐狸是老虎最亲近的朋友，它很想从它们两个那里得到答案，就问小兔子：“你是我的朋友吗?”

小兔子笑着回答：“当然，大王，我永远都是您最忠诚的朋友。”

“既然如此，”老虎说，“为什么我每次犯错误时，你总是不提醒我呢?”

小兔子想了想，说：“尊敬的大王，我的智力低下，无法看到您犯的错误。”

老虎又去问狐狸，狐狸讨好地说：“小兔子说得对，您那么伟大，有谁能够看出您的错误呢?”

观察一下你身边，是不是有很多像小兔子和狐狸这样把忠诚当成愚忠的员工？忠诚并不是愚忠，当老板向你下达指令时，要学会分辨是非，学会冷静思考问题，不要被老板的威严吓倒，害怕老板发威就会失去工作，也不要被老板的甜言蜜语迷惑，要知道利弊，别糊里糊涂地干出一些错误的事情。

有时候，你不提醒老板犯了错，不是因为自己没有看出他哪儿错了，而是害怕“触犯”老板的威严，害怕往后他会对你做出不利的举动。实际上，大多数老板并不是这样的，老板都希望自己的错误能够得到改正。当然，对于一些脾气暴躁、刚愎自用的老板，你可以采取发邮件或者短信的方式说明你的看法，当他们知道了你的良苦用心后，一定会感激你，在工作上也会对你有所照顾。任何一个老板都希望自己的下属能在自己犯错的时候劝诫和提醒。不要犹豫，那些看似必要的顾忌不仅会增加你的烦恼，而且会使本属于你的机会白白丧失。

忠诚不仅仅意味着听话顺从，在某些时候，员工说“不”也是一种忠诚，当然，对待不同性格的老板要用不同的方法。下面这个故事广为流传，看完之后你就会明白什么是愚忠、什么是真正的忠诚。

菲比先生是英国一家企业的总裁，他需要招聘一位项目部经理。

经过多次测试后，为数不多的几个人幸运地进入了最后的复试阶段。这次是由菲比先生亲自主持面试，他需要考察的是应聘者的勇气和忠诚度。

第一个应聘者被菲比先生带进了一个房间，菲比先生问："我很想知道你的忠诚度是不像你说的那样好，所以，我想问你，你是否能为了获得这份工作而待在这个房间里两天两夜不吃不喝？"

面试者毫不犹豫地回答："我愿意！"于是，他就真的待在那个房间里。然而，两小时后，菲比先生却告知他可以回家——他被淘汰了。

第二位被叫进去的男士被菲比先生带到了另一间屋子前，菲比先生对他说："房间里有一些重要的文件，你去把它拿出来交给我。不过，你只能用脑袋把门撞开！"这位男士心想：既然是考察勇气，那么就决不能表现出软弱来。于是，他不由分说地用头撞门，头已经破了，门还没被撞开。菲比先生见状，赶紧说，"好了，你回去等候通知吧。"

一个接一个的"勇士"被带到了菲比先生的办公室，可是，他们谁也没有得到菲比先生明确录用的回答。

最后一位面试者被带到了菲比先生的办公室，菲比先生对他说："我公司的副总最近老是跟我作对，我很讨厌他，这里有一包泻药，你将它放进这杯咖啡里去，然后送给他喝。"

还没等菲比先生说完，那个男士就剧烈地反应了起来："什么？你居然要我做这种事？这是不道德的行为！"

"我是这里的老板，你得服从我的命令！"菲比先生毫不客气地吼道。

"你简直就是个疯子！这样的命令根本没有一点儿道理，这份工作我不要了！"那个男士想也没想就回答道。

菲比先生没有说什么，又先后提出了前几次面试时的不合理要求，但他的要求最后都遭到了这位男士的严厉拒绝。最后，这位男士非常气愤，准备立即离开。这时，菲比先生极力挽留他，并向众人宣布这位男士被正式聘用了。

菲比先生解释道："真正的勇士是敢于坚持正义和真理而不畏惧强权的人，真正的忠诚不是一味地听上司的话，而要敢于纠正上司的错误，以免造成不必要的损失。"

很显然，菲比先生的做法是再明智不过的。任何一个老板都不会雇用那些不顾正义而一味效忠的人。愚忠的人不可能给企业带来任何财富，他们只是老板背后的"跟屁虫"，不懂得创新，不懂得向老板提出有建设性的意见，即使老板的决策是非常错误的。

愚忠是不可取的，真正的忠诚是站在公司的立场上，尽量让每一件事情都做对，并不是绝对和老板保持一个声音，更不是卑躬屈膝。愚忠是一种不负责任的表现，极有可能在盲目执行中给企业带来损失，甚至有可能让老板陷于不义之中。

忠诚是实现成功的最好办法

一位美国专家通过对几十名成功人士的研究发现，在决定事业成功的诸多因素中，一个人的知识水平、能力的大小占20%，技能占40%，态度也仅占40%，而100%的忠诚是一个人获得成功的唯一途径，是自我价值得以创造和实现的保证，它能使你成为企业真正需要的人。

因此，美国一位成功学家曾无限感慨地说："如果你是忠诚的，你就会成功。"

2001年，18岁的陈俊高考落榜后来到广州打工。像他这样没文凭、没技术的人很难找到一份如意的工作，最后他不得不进了一家港资五金厂做了一名杂工。

工厂里的活儿很重，他每天都是来回搬运那些沉甸甸的货物。一天工作下来，他感觉自己全身好像散了架一样疼痛难受。高强度的体力劳动几乎让陈俊吃不消，但他没有任何怨言，实在累得受不了了，他就跑到一个无人的角落偷偷哭一场，然后继续干活。

这样的日子，陈俊坚持了两年。当初和陈俊一起来工厂的同事基本都辞职了。终于，凭着勤劳肯干的性格和正直诚实的作风，陈俊赢得了其他同事的好感和主管的信任，他一步步地从杂工升为组长，从组长升为部门经理。

光阴荏苒．一转眼的工夫，陈俊在这家工厂工作了7年，并且从部门经理升到了生产车间经理，月薪由初进厂的200多元升到5000～6000元。面对高薪及由此带来的惬意生活，陈俊很清楚，他的能力还很弱，有很多东西需要自己去学习，尤其是当上生产车间经理后，他肩上的担子更重了，也更加勤奋了。他大刀阔斧地对生产车间进行了整顿，把车间生产搞得红红火火。

厂里的领导得知后，对陈俊的能力和忠诚给予了充分的肯定。2009年初，鉴于陈俊出色的表现，香港老板让他出任总经理，全权负责工厂的日常管理工作，他的月薪也涨到1万多元，年终还有丰厚的奖金，而当年和他一起出门寻工的老乡还在这个充满机遇与诱惑的都市频繁地跳槽，始终没有找到理想的工作。陈俊从一名底层员工开始做起，凭着10年的拼搏和忠实坚守的工作态度，终于在激烈的市场竞争中为自己闯出了一片天地。

陈俊用10年的忠诚坚守赢得了香港老板的赏识，最终当上了工厂的总经理。他用忠诚为自己做了长期投资，而公司也给予了他丰厚的回报，这就是忠诚带来的利益，绵长而深远，丰厚而甘甜。

一个人要想自己的事业蒸蒸日上，就必须忠诚于自己所任职的公司、忠诚于自己的老板，这样才能在工作中获得更多的机遇，更好地实现自己的人生价值。另外，随着职位的提高，老板对你的忠诚度也会随之提高。

古往今来，没有任何一个老板喜欢耍小聪明、小花招的员工。无论你的能力多么强，无论你的智慧多么超群，如果你缺乏忠诚，你就无法在事业上取得成功。因为一个精明干练的员工一旦生有异心，他的能力发挥得越充分，可能对老板和公司利益的损害就越大。老板只会乐意提拔那些具有忠诚品质的员工，对三天两头喊着另寻他职的员工，则会毫不留情地将其“打入冷宫”。

张星刚进入一家钢铁公司工作，就在冶炼后的废渣里发现有不少没有充分冶炼的矿石，他认为，如果这样下去的话，公司将会遭受很多不必要的损失。为此，他还查了一下资料，了解到，就算不能把矿石充分冶炼，但废渣里的这些矿石完全可以再利用。

于是，他找到了工人，甚至找到了技术工程师反映这个问题，但他们认为这不是一个很大的问题，但张星认为这是个很大的问题，于是拿着没有冶炼好的矿石找到了公司负责技术的总工程师，他说："先生，我认为这是一块没有冶炼好的矿石，您认为呢？"

总工程师看了一眼，说："没错，年轻人，你说得对。哪儿来的矿石？"

张星说："是我们公司的。"

"怎么会？我们公司的技术可是最棒的，怎么会有这样的问题？"总工程师很诧异。

"工程师也这么说，但事实的确如此。"张星坚持道。

"看来是出问题了，怎么没有人向我反映？"总工程师有些发火了。

于是，总工程师召集负责技术的工程师来到车间，果然发现了废渣里有不少冶炼得并不充分的矿石。经过检查发现，原来是监测机器的某个零件出现了问题，才导致了矿石冶炼得不充分。

公司的总经理知道了这件事之后，不但奖励了张星，而且晋升张星为负责技术监督的工程师。总经理不无感慨地说："我们公司并不缺少工程师，却缺少忠诚的工程师。这么多工程师中就没有一个人发现问题，并且有人提出了问题，他们还不以为然。对于一个企业来讲，人才是重要的，但是更重要的是真正忠诚于公司的人才。"

凡是在事业上成功的人都是很忠诚的，唯有忠诚者. 老板才敢对其委以重任。这个世界没有谁能随随便便就能得到一切，任何一个老板现在所拥有的都是经过自己的汗水浇灌而得到的，老板们绝不允许有人毁了他们的一切。

所以，如果你是绝对忠诚于企业与老板的人，即使你的能力差一点儿，老板依然会重用你，而不会重用那种能力很强却朝三暮四的人。

爱岗敬业是最可贵的职业品质

我们经常在招聘启事上看到招聘单位要求应聘者要有敬业精神。敬业精神在今天受到的重视程度超过任何一个历史时期，任何一家想竞争取胜的公司必须设法使每个员工敬业。不敬业的员工就无法给顾客提供高质量的服务，也就无法让公司在市场竞争中获胜。

在现代职场，一个员工是否成功取决于他的敬业程度。那么，什么是敬业呢？所谓“敬业”，就是敬重并热爱自己的工作，全身心地投入自己的工作，甚至把工作当成自己的事业，无论工作多么艰难困苦都心甘情愿地做，并且能够善始善终。爱岗敬业是职业道德的总体要求，是一个人基本素质的体现，它体现着一个人的工作能力和才干，体现着一个人对社会、对企业、对集体的责任感与奉献精神。

有一个发生在日本的真实故事。

许多年前，有一个女大学生利用假期到东京帝国饭店打工，这是她的第一份工作，因此她暗下决心一定要好好干。她没想到的是，上司分配给她的工作是洗厕所。

当她第一天将手伸进马桶刷洗的时候，差点儿当场呕吐。她勉强坚持了几天后，觉得难以为继，于是决定辞职。就在她准备离开厕所去辞职的时候，这名大学生发现和她一起共事的一位老清洁工居然在清洗工作完成后在马桶里舀了一杯水喝了下去。

大学生看到这一幕，感到一种从身体到灵魂的震撼。老清洁工看到她吃惊的表情，自豪地说：“经过我清理过的马桶干净得连里面的水都可以喝下去！”这一刻，让这位大学生深刻地懂得了所谓的敬业精神：不论任何工作，都要追求最高质量地完成，更何况人家能做到，为什么自己就做不到呢？所以，她痛下决心：“就算洗马桶，也要做洗得最出色的人。”

从此，当她再进入厕所时，不再引以为苦，而是全心全意地工作，每次清洗完马桶，也总是扪心自问："我可以从这里面舀一杯水喝下去吗？"

假期结束，当上司来验收考核成果时，女大学生当着所有人的面，从她清洗过的马桶里舀了一杯水喝了下去。这个举动震惊了在场的所有人，帝国饭店的总经理得知后，感受到这名大学生是必须招揽的人才。

在这名女大学生大学毕业后，帝国饭店的总经理就向这位大学生发出了邀请，而这位女大学生凭借这股令人敬佩的敬业精神，成为帝国饭店最出色的员工和晋升最快的人。

许多年过去了，这位女大学生如今已经成为日本内阁邮政大臣，她的名字叫作野田圣子。直到现在，当她每次向别人介绍自己的时候总是说："我是最敬业的厕所清洁工和最忠于职守的内阁大臣。"

不管在哪里，都会有许多才华横溢的失业者。当你和这些失业者交流时，你会发现，这些人总是对原有的工作充满了抱怨、不满甚至仇视。他们不是怪环境条件不够好，就是怪老板有眼无珠、不识才。总之，牢骚一大堆、埋怨满天飞。殊不知，问题的关键就是他们吹毛求疵的恶习使自己丢失了敬业精神这种宝贵的职业品质，从而使自己发展的道路越走越窄。

一个敬业的员工会将敬业意识内化为一种品质，实践于行动中，做事积极主动、勤奋认真、一丝不苟，如此，他不仅能获得更多宝贵的经验和成就，还能从中体会到快乐，并能得到同事的钦佩和关注、受到老板的重用和提拔。

懂得敬业、具有敬业精神是你在事业上迈出的第一步。在职场中搏杀的人士要不断思考这一问题，并努力培养自己的敬业精神。如果在工作中能把敬业变成一种习惯、一种品质，将会受益一生。

经济危机来了，公司为了节省开支，施行了裁员的措施，姚红与张娟都上了解雇名单，被通知工作完这个月就可以离职了。

两个人都在公司工作了十多年，姚红在得知要被裁之后，逢人就大吐苦水："我为公司付出了这么多，没有功劳也有苦劳啊！凭什么解雇我呢？"一开始大家还会安慰她几句，可后来她竟然含沙射影，仿佛自己被人陷害了似的，对谁都没有好脸色，弄得大家都怕碰到她。

此外，姚红还把怨气发泄在工作上，使工作做得很糟糕。而张娟在得知要被裁之后也很难过，但她的态度和姚红截然不同："既然下个月就要离开这家公司了，那就做好自己该做的。”于是她逢人就道别：“我过些日子就要走了，这些年来真感谢你们的帮助，请你们以后多多保重。”

大家见她这么重感情，便对她更亲近了，这让她的心情好多了。在工作上，张娟的想法是：“只要还在这里工作一天，就应该负责一天。”马上到了月底了，姚红与张娟同时去领薪水，领完后，这就表示着她们不再是这里的员工。领完薪水后，老板把张娟留了下来，对她说：“像你这样对工作认真负责的员工正是我们需要的，我怎么舍得你离开呢？”

不论环境如何变化，敬业这种品质都是我们所应该具有的。有了这种品质，不管公司的状况如何，我们都会去勇敢地面对并为之奋斗。

詹姆斯·H. 罗宾斯在他的《敬业培训手册》中说：“只有将自己的职业视为自己的生命信仰，那才是真正掌握了敬业的本质。”敬业精神是每个人进入社会和从业的基本资格、必备的素质和品德。很难想象一个不敬业的人能够在工作中尽职尽责、尽心尽力、干出好成绩。

“爱岗敬业”这个字眼几乎每个人都耳熟能详，却很少有人能道出其中的精髓。成功学大师拿破仑·希尔说：“敬业为立业之本，不敬业者终究一事无成。”这句话给了我们最精辟的答复。

恪守机密，这是一种敬业精神

每一个人都希望有属于自己的隐私。在工作环境中也是一样，公司的机密就是公司的隐私，每一个公司的员工必须具备保守公司机密的职业道德，不该问的不问、不该说的不说，对于公司的各种事务不可以随便张扬。

现在的企业竞争越来越白热化，企业对公司的机密安全性越来越重视，因为一不留神就会给竞争对手以可乘之机。现实中，总有一些人经不住诱惑而出卖公司，泄露自己公司的商业机密。

有一位从美国留学回来的博士来北京找工作，这样优秀的人才，应该走到哪里都会受到别人的欢迎。然而，他的经历却恰恰相反，他不仅被多家企业拒绝，而且成了这些企业永不录用的对象。这是为什么呢？

原来，博士毕业后在一家研究所与几位研究人员一起研发了一项重要技术，由于他觉得待遇太差，就带着那项技术的资料跳槽到了另一家公司做了副总。

不到两年，他又带着这家公司的机密跳槽到了更大的公司。在短短的5年时间，他先后背叛了不下5家公司，让北京所有的大公司都知道他的品行，于是不再用他。

直到最后，这位博士才发现，虽然自己能力很强，但没有一家公司敢接受他。这一刻，他才明白，最受打击的不是那些公司，而是他自己。因为一个被贴上“不忠诚”标签的人，不仅企业不敢聘用他，就连身边的朋友也会远离他。

能力再强，你也需要一个平台才能赢得好的事业。想要让这个平台接受你，除了有能力之外，还需要有一颗忠诚的心。缺少了忠诚，谁也不会看上你的能力，海归博士被企业拒之门外，就在于他缺乏对企业的忠诚。

一个对企业不够忠诚的员工不可能把工作完成得很完美；一个对企业不够忠诚的员工不可能时刻把企业的发展和前途放在心上；一个对企业不够忠诚的员工，他的才华就失去了用武之地；一个对企业不够忠诚的员工时刻会给企业带来麻烦……这样的人即便是天才，即便现在被企业雇用，迟早也会被“扫地出门”。

也许你会说自己绝对忠诚，绝对敬业，绝对不会出卖公司的秘密，那你可能不了解维护公司机密的完整含义。有些时候，由于你守口不严、说话随便、思想松懈，说了不该说的话，就有可能无意中造成了泄密，给公司带来了不必要的损失，重者则会给企业造成一种极大的伤害，造成不可挽回的损失。这是下属对老板的一种极不负责的态度，势必会使老板在各个方面处于不利地位，这样的事情，即使只发生一次，也会使老板难堪，给老板留下不好的印象。

姜鑫来到一家企业已经一年了，当初老板明确说好等到他工作一年后就让他做技术总监，可是老板却一直都没兑现。一天，他看到老板的红人张强，就让张强帮他问问。

张强想：既然老板许了诺，就应该兑现，莫非其中有什么原因？于是，张强找了一个恰当的机会专门和老板谈起了这件事。

“这个人品格有问题，不能重用。”老板说。

“为什么呢？”张强问。

“他之前所在的公司是我们的竞争对手。有一天，他约我见面，说他掌握了那家公司的全部技术秘密，如果我肯高薪聘用他，他愿意将那些技术秘密奉献给我。我答应了他的条件，给了他高薪，但重用的事，一直不敢兑现。”老板说。

“你的意思是说，如果重用他，他掌握了你的秘密之后，也可能出卖你，对吗？”张强说。

“是啊，他是一个不够忠诚的人、一个卖主求荣的人！原来那家公司对他很不错，他出卖了老板，使得那家公司一蹶不振。有了第一次，肯定会有第二次，如果重用他的话，下一个受害的可能就是我！”老板说，“我非但不肯重用他，我还准备辞退他，但在做好准备之前，我不能让他知道，谁能保证他在得不到他想要的东西时会怎样疯狂地搞破坏呢？”

如今的人们，生活压力很大，为了缓解压力，难免抵抗不住诱惑，背叛自己的忠诚。但是你要明白，当你将企业的机密出卖给其他人，虽然这样做能让你获得一时利益，但长期下来，损害的将是你的职业声誉和前途。故事中的张强因为出卖而得到了一份高薪水的工作，却无法得到老板重用，在这家公司是没有发展可言的，这就是不忠诚的代价。

绝对不出卖企业的秘密是一种敬业精神，这关系到企业的成败，关系到上司的声誉与威望，更关系到你的前途和未来。身为员工，一定要牢记祸从口出的道理，对保密做到守口如瓶。保守公司的秘密是忠于公司的一种体现，是身为员工取信老板的重要一环。

与公司共患难就是最大的忠诚

每一个老板都喜欢对自己忠诚的人，尤其当企业经营出现危机的时候，仍然愿意跟他一起面对。然而，在工作中，总有一些人，特别是职场新人，他们认为自己与公司是对立的关系，忽略了二者还有统一的一面，因此，当公司遇到困难的时候，他们首先想的是另谋生路，至于公司是死是活，他们就完全不再顾及。

其实，员工应该具有与企业共风雨的意识，这是一个员工对公司忠诚的体现。与失败的企业形成鲜明对比的是，在成功的企业里，大部分员工能够找到自己与老板的共同利益所在，他们能够与企业同生死、共命运，即使企业遇到困难，他们也不会轻易离开。因为在公司出现危机的时候，与公司、老板一起共渡难关是经历人生的一种难得的机会，也是一种忠诚的投资，预示着未来的机会。

艾奇逊进入某计算机配件制造公司时，公司还很小，只有13个人，老板叫罗素，是一个只比艾奇逊大两岁的年轻人。就在艾奇逊到这家公司的半年后，公司接到一笔订单，为某计算机公司加工20万只硬盘，这对当时的公司来说已经是超级订单了，如果能成功地履行这笔订单，公司就会大大发展起来。为此，公司上上下下都忙碌了起来，将全部资金和相关资源都投入进去了。

然而，由于技术不过关，导致所生产的硬盘出现了严重的质量缺陷，20万只硬盘被全部退货。这样的打击对于一个小公司来说根本无法承受。公司不仅没有赚到一分钱，还欠了银行一屁股债。银行知道退货的消息后，天天上门讨债，公司连水电费都无法支付了。

罗素通过多方求助，总算把发工资的钱借到了。发工资那天，他召开了员工大会，向员工陈述了公司面临的困难，并希望员工和他共同来应对困难。在了解了公司的困难情况后，很多员工提交了辞职报告书，不等罗素批准就收拾东西走了，但有一小部分员工却围在罗素的办公桌旁吵个不休，他们认为公司走到这一步完全是罗素的责任，罗素应该对他们失业这件事负责，应该给他们提供失业赔偿。

最后，他们还草拟了一份所谓的赔偿协议，逼着罗素签字。罗素并没有开除这些人，这些人却吵着要失业赔偿，其中很多人还是平日里经常向罗素表忠心的人。想到这些，罗素不免有些心寒，他把心一横，在那张显失公平的“赔偿协议”上签了字，同意三日内支付赔偿金。那些原本没打算要赔偿金的员工见罗素签字了，也草拟了一份差不多的协议要求签字，罗素也签了字。

当那些员工们拿着协议书，提着各自的东西离开后，罗素以为整个公司就只剩下自己一个人了，但当他准备离开办公室的时候，却发现还有一个人安静地在办公桌前工作着，这个人就是艾奇逊。

罗素非常感动，他走到艾奇逊面前说：“你还没有向我索取赔偿金呢？你如果现在要，我会给你双倍的赔偿，而且首先支付你。我现在已经身无分文，但我相信我的朋友愿意借钱给我。”

“赔偿金吗？”艾奇逊笑了笑，“我根本就没有打算离开，凭什么索取赔偿金呢？”

听到艾奇逊的话，罗素异常惊讶：“难道你认为我们这家公司还有希望吗？不怕你笑话，我自己都没有信心了。”

“不！我认为我们公司还大有希望。你是公司的老板，你在，公司就在。我是公司的员工，公司在，我就该留下来。”艾奇逊说。

罗素感动得几乎流下泪来：“有你这样的员工，我当然应该振作起来。可是，我不忍心你和我一起吃苦。你知道，如今我已经破产了，你还是快去找新的工作吧。”

“老板，我愿意和你吃苦。公司发展好的时候，我来到了公司；如今公司有困难了，我如果离开就太不道德了。只要你没有宣布公司关门，我就有义务留下来，你刚才不是说你的朋友愿意帮助你吗？如果你乐意接受我这个朋友，那么就让我来帮助你吧，我可以不要一分钱工资。”

艾奇逊留了下来，并把积攒的 3 万多美金全部借给了罗素。为了偿还银行的债务和支付员工的赔偿金，艾奇逊卖掉了仅有的一个加工车间和所有设备，卖掉了汽车。

在接下来的日子里，罗素和艾奇逊开始给一些软件公司寄销软件。因为是寄销，他们几乎不需要投入什么资金，公司很快有了转机，两个人在忍受了近半年挤公车、吃盒饭的日子后，公司又开始盈利了。过了一年时间，公司迎来了快速发展期，迅速发展成为一家中型软件企业，资产也由原来的负数变成了3000万美元。

有一天，罗素叫艾奇逊去他的办公室，“在公司最困难的时候，你没有离我而去，还给了我最大的帮助。在当时，我就想把公司的一半股权交给你，可当时公司那么糟糕，我怕拖累你，现在，公司起死回生了，我觉得应该把它交给你了，同时，我诚挚地请你出任公司总裁。”罗素说着，拿出了聘书和股权证明书，证明书上标明公司50%的股权归艾奇逊。

也许，每天你在公司里充当的都是默默无闻的小角色，和大多数员工一样很难受到老板的重视。在按部就班的情况下，老板不知道哪个员工是忠心耿耿、哪个员工是心机算尽。但是在企业面临困境、大多数员工都会选择离开或者另攀高枝的时候，如果你愿意为一个要倒闭或者不盈利的企业苦苦撑着，那么你就是最忠诚的员工。

忠诚是一种感情和行动的付出，有付出就一定有回报。一个忠诚并理解老板的员工最能赢得老板的赏识，也许他们在技术上、业务上并不是最出色的，但是在老板的心目中却是最优秀的。当有机会的时候，老板一定会首先想到提升这些员工。

有一个企业老总讲了这么一个故事：

就在一年一度的旅游旺季即将到来的时候，那位企业老总旅行社的业务被竞争对手揽走了大部分，这导致旅行社陷入了前所未有的危机。

老总觉得对不起公司的员工，就对员工们说：“现在，公司的资金出现了周转困难，如果现在有人想辞职，我会立刻批准。但要在平时，我会挽留，如今我已经没有理由挽留大家了。我会给你们发完两个月的薪水，在你们找到新的工作之前，这些钱可能还够用。”

“老板，我不能在这个时候离开。”一个员工说。

“老板，困难只是暂时的，让我们一起战胜困难、渡过难关吧!”另一个员工说。

“是的，我们大家都不会走的。”很多员工都表明了自己的态度。

于是，公司上下一心、共同努力，很快恢复了公司的经营业务。这家旅行社并没有倒闭，甚至比以前做得更好。事后，老总深有感触地说：“是员工的忠诚拯救了我的公司。”后来，他当着众员工的面表示给全体员工加薪。

可以说，真正拯救这家公司的不是员工有多么大的专业能力，而是他们的忠诚。当公司在发展过程中遇到了困难的时候，能够勇敢地与公司并肩作战、共同面对风雨，这是一个具有高度责任感和忠诚的人所具备的优秀品质，也是现在很多公司最需要的职业精神。

“疾风知劲草，板荡识诚臣。”逆境是考验一个人是否忠贞不贰的最佳时机。忠诚不是靠口头讲出来的，能够经受住各种考验的人才是真忠诚的。当公司经营出现危机的时候，往往最能检验员工的忠诚度，而且，在危难时刻，这种忠诚会显现出它可贵的价值。所谓患难见真情，当企业面临危机之时，正是检验员工忠诚度之际。

作为员工应该懂得感恩，所以在老板遇到困境时不应是选择离开或者旁观，而是能够以伙伴的关系帮助老板共渡难关，如此，相信你的点滴帮助会让他十分感动。你跟他于同一战线共患难，他自然对你充满了信任和感激。所以在企业遇到困难时，要勇于与老板共进退。

节约资源是忠诚的一种表现

任何老板都喜欢替他创造利润的员工。一提到利润，很多人都会想到如何把别人的钱变成公司的钱。但是，因为成本每天都在发生变化，大家习以为常，因此被我们忽略，最直接，也是最简单的创造利润的方法就是节约资源。一味地向外挖掘和索取利润，不如提高员工们的成本意识，厉行节约，这也是增加利润的有效途径。

在一家公司，一个员工的一个细小的浪费也许在短时间里看起来没有什么，但是如果所有员工都如此，时间一长，那么最后累积的数字将是十分惊人的。重视成本观念就意味着倡导节约，老板在维持公司运转的情况下，当然希望员工能够替公司节约成本，老板会把这些浪费现象一一看在眼里，如果想表达对老板忠诚，懂得节约是最好的方式。

有一位青年在美国某石油公司工作，他所做的工作就是巡视并确认石油罐盖有没有自动焊接好。这种工作非常枯燥、无聊，但是青年却发现，石油罐在输送带上移动至旋转台上，焊接剂便自动滴下，沿着盖子回转一周，用这样的焊接技术会耗费很多焊接剂，于是他想，是不是有改进的办法呢？

经过他的观察，他发现每次焊接剂滴落 39 滴，焊接工作便结束了，他想：如果他能为公司每次在焊接的时候减少一两滴，是不是能节省点儿成本？后来，经过他一番研制，他研制了 37 滴型焊接机。不过，利用这种机器焊接出来的石油罐偶尔会漏油，并不理想，为此，他又研制出了 38 滴型焊接机。这次改造非常完美，公司对他的评价非常高，不久便生产出这种机器，改用新的焊接方式。

在很多人看来，节省一滴焊接剂没什么了不起，但“一滴”却给公司带来了每年 5 亿美元的新利润。

这位青年就是后来掌握全美石油业 95%实权的石油大王洛克菲勒。

一家大型企业的财务经理讲述过这样一个事实。

这家公司为了方便员工和财务部的工作，所有报销单都采用自动复写的特殊纸张，每张报销单为 A4 大小，成本为 1. 6 元人民币。

财务部门一再强调请员工注意节约这种报销单，但是员工并没有放在心上，在填写报销单时填错了，就重新拿一张来用。财务部曾经做过一个统计，他们拿出去的报销单是收回的报销单的 3 倍，也就是说，平均每位员工填写一张正确的报销单就浪费了两张。每位员工平均一个月报销两次左右，这样算下来，每位员工平均每年浪费近百元人民币。可能单看一个员工还不觉得成本有多高，可是 1000 多名员工每年因填写报销单竟然就浪费了近 10 万元。

由此可见，一个企业总是如此浪费，怎么能提高公司的效益呢？

一个真正有责任心、对公司忠诚的人，不仅要天天琢磨着如何为公司赚取利润，还要琢磨着如何为公司省钱，也只有这样的员工才能够得到领导的赏识和重用。

张新和陈强同时来到了一家公司应聘采购主管的职位。张新毕业于一所知名的商学院，而陈强则毕业于一家不足挂齿的民办高等院校，在很多人看来，两人之间的悬殊如此之大，这个职位非张新莫属。然而，最终的结果却出人意料，陈强留了下来，而张新只能另谋高就。

很多人对此非常不理解。其实在张新和陈强面试的过程中，两人的能力可以相提并论、不分上下，而经验上也各有千秋。无奈之下，总裁亲自出马，他提出了这样一个问题："假如公司派你去某个地方采购999支价格为0.8元一支的钢笔，你需要带多少钱去?"

张新和陈强两人不甘示弱，张新在思考了一分钟后很自信地回答："我只带1100元就够了。我就拿1000支价格为1元钱的钢笔来计算，1000支共需1000元，再加上路费、搬运费等，1100元就足够了。"

听了张新给出的答案，总裁只是点了点头，并没有最终表态，而是将目光转向了陈强。陈强这个时候好像还没有得出最终的答案，在停顿了半分钟后才回答道："我需要带854.2元去，我是这样认为的，999支钢笔，一支是0.8元，一共需要799.2元钱，乘车来回的路费一共是40元，午餐费我按10元计算，从车站到咱们公司还有大概1公里的历程，找一个人跟我一起搬钢笔需要15元，所以最后带854.2元就够了。"

听了陈强的回答，总裁脸上终于展现出了满意的笑容，最后决定录用普通院校毕业的陈强，而不是高才生张新。

张新由于自己在计算的过程中没有精打细算，而是囫囵吞枣似的给出了大概的数字，他没有从公司的角度分析问题，因此，哪怕他的能力再强，也没有得到总裁的重用。而陈强就不一样了，他注重的是每一个细节，是如何为公司精打细算，用最少的费用完成任务。

节约是永不过时的优良品德，你为自己节约，体现出了你对自己的人生负责；你为公司节约，体现出了你对公司的忠诚。用最少的费用为公司带来最大的收益不是一句空话，必须落到实处，从点点滴滴的小事做起，将自己视为公司的主人，时刻秉持最有效地运用公司金钱的原则。

所以，漫步在你的职业生涯中，要增加自己的竞争力，你不仅需要在自己的专业技能上提升，还需要在头脑中树立为公司节约资源的意识、养成为公司省钱的习惯，对公司、对工作、对自己做到尽职尽责。做到了这一点，无论你走到哪里，相信都会受到企业的青睐和老板的欢迎。

第十章

好心态才有好未来

人品能影响一个人的心态，只有具备良好的人品，才能有良好的心态。人生无论做什么事，都要有一种平和的好心态。有了好心态，人的行为举止就会成熟稳重，不争不抢，不急不躁，对生活中所遇到的事情就会以一种坦然的态度去从容面对。这种行事风格和处世态度，往往也会给别人留下人品好的印象。

控制你的不良情绪

情绪可分为积极的情绪和消极的情绪。积极的情绪如爱、希望、信心、同情、乐观、忠诚、快乐等，消极的情绪如恐惧、仇恨、愤怒、贪婪、嫉妒、报复、忧伤等。

在美国加州有一个小女孩，她的父亲买了一辆大卡车。她父亲非常喜欢那台卡车，总是为那台车做精心的保养，以保持卡车的美观。

一天，小女孩拿着硬物在她父亲的卡车上留下了很多的刮痕。她父亲盛怒之下用铁丝把小女孩的手绑起来，然后吊着小女孩的手，让她在车库前罚站。4 小时后，当父亲平静下来回到车库时，他看到女儿的手已经被铁丝绑得血液不通了！父亲把她送到急诊室时，手已经坏死，医生说不截去手的话是非常危险的，甚至可能会危害到小女孩的生命。所以小女孩就这样失去了她的一双手！但是她不懂……她不懂到底发生了什么……

父亲的愧疚可想而知。

大约半年后，小女孩父亲的卡车进厂重新烤漆，又像全新的一样了，当他把卡车开回家，小女孩看着完好如新的卡车，对他天真地说："爸爸，你的卡车好漂亮哟，看起来就像是新卡车。但是，你什么时候才把我的手还给我?"

不堪愧疚折磨的父亲终于崩溃，最后举枪自杀。

一场悲剧，只是因为父亲没能控制住自己的一次情绪，读来着实令人惋惜。

如今的社会是个快节奏的时代，每个人所要面对的人和事也越来越多，人和人不一样，事和事也不一样，这就决定了我们要以不同的方式和心态与之对应。

人总有情绪低落的时候——也许因为一个人，也许因为一件事，让人久久不能释怀。情绪的低落，既会影响生活，也会影响日常的工作学习。当你感觉自己正在被一些问题所困扰时，不妨试着照下面的方法去做，也许会对你有效控制自己的情绪有所帮助。

一、转移你的注意力

当人的情绪处于低潮时，对任何事情都提不起兴趣，总是想着那些伤心的事情。所以，要想摆脱这种情绪，首先应该让自己不要总是去想这些问题，转移注意力。有时候，一些事情是人们无法改变的。既然已经成为事实，不要总想着如何再让它变为虚无，尝试着去接受，去面对现实。一个人不可能改变全世界，事物不会因你而改变。我们所能做的，就是适应这个世界。所谓物竞天择，适者生存，想让自己开心，首先就要让自己不那么极端，不去钻牛角尖。不要总是对现实的生活现状不满，不要总是和别人去攀比。你的生活，应该有你的精彩。

二、学会宽容

宽容是一种美德，是对犯错误的人的救赎，也是对自己心灵的升华。不要总是想着对方如何得罪了你，给你造成了多大的伤害或损失。想想对方是不是值得要你去如此发火。他是故意的还是无心的？平日待你如何？给对方一个机会，就是给自己一个机会。对于一些人，原谅，远远要比惩罚来得有效。也许只是一时的失误，也许只是一闪而过的歪念。人总有犯错误的时候，对人不要过于苛刻。

三、学会控制自己

人都是有恶念的，也许只是一瞬间的想法，不必为自己有这种恶念而恐慌。人的思想是复杂的，不是只有善念。有时一些恶念，还可以帮助人发泄心中不满。比如被人欺负，你可以幻想自己把他痛扁一顿等。这都是可以的，关键是要能控制住自己的恶念，让它不去左右自己的行为。所以恶念不可怕，只要运用得当，反而可以帮人疏解压力。

四、正确面对自己的选择

有时候对一件事，因时间的改变会有不同，当时对你来说是很痛苦的一件事，过一段时间之后，你也许会有另一番见地。尝试从不同的角度看问题，你也许会发现，痛苦并不像你想象的那样真实。一个成熟的人，应该勇于对自己做过的事情负责。对于自己做过的事情，不要后悔，因为这是你自己的选择。这样的选择，是被当时的你所认可的，因此，你没有理由去后悔。不要总是想着也许我那样做就不会有这样的后果了。要知道，不要以同一个结果去比较不同的选择，也许另外一个选择导致的结果比现在还糟糕。

五、正确面对现实

不要总是幻想这会遇到什么新奇的事情。这不是童话的世界。这个世界是现实的，是残酷的，也是美好的。往往越平凡的事，越能带给人震撼。决不要把自己的快乐建立在别人的痛苦之上。那样的快乐不会长久，很快就会被无边的痛苦所取代。真正的快乐，是发自内心的。

六、学会自我排解

人总会有心情低落的时候，不管是因为爱情，还是因为友情，或是其他的因素，让你痛苦，让你找不到人生的乐趣。首先，不要放弃对美好事物的渴望和追求，有希望才会有动力。其次，如果你真心想摆脱目前的困境，那就要敢于面对困难，一味逃避，只会让自己的痛苦之路更加漫长。当你遇到不顺心的事时，要学会多做几个深呼吸，尽力使自己冷静下来，之后可以找你最信任的好朋友倾诉；如果说不便让他人知道时，可以把电视机的音量放大，大声喊叫或大骂其人；也可以到野外去散散心，把那些不愉快暂且忘到脑后去，等到理清思绪再做定夺；或让自己多做工作、听听音乐，转移自己的注意力等。

总之，人生的不如意谁也避免不了，但只要你是一个勇敢的人、一个有高尚情操的人、一个能善待自己和他人的人、一个对生活充满信心的人、一个宽宏大量的人、一个能在逆境中奋起的人……那么，你的这种好人品便会成就你人生的灿烂。

生活中，我们常常能看到文化素质低的人，不善于控制自己，出口成脏，这是典型的人品不好。而一个修养高的人，他是无论如何不会去骂大街的。同时，他也善于控制自己的情绪，并自我调节。因此，提高自己的认识和修养水平，提升自我的人品，对保持愉快情绪，自我调节好情绪是很有帮助的。

学会冷静，不要冲动

所谓冷静，指的是一个人在特定场合下内心所持的一种沉稳状态。人在突然受到某种刺激时，情绪会发生急剧变化：或焦急，或抑郁，或兴奋，或冲动……这些情绪能不能被控制，取决于人的心理素质。心理素质好的人，能够控制它以致向更好的方向发展，表现在行为上就是临阵不乱，遇事冷静、沉稳，能够做到三思而后行。

早年在美国阿拉斯加，有一对年轻人结婚，婚后生育，他的太太因难产而死，遗下一孩子。他忙生活，又忙于看家，因没有人帮忙看孩子，就训练一只狗，那狗聪明听话，能照顾小孩，咬着奶瓶喂奶给孩子喝，抚养孩子。

有一天，主人出门去了，叫它照顾孩子。他到了别的乡村，因遇大雪，当日不能回来。第二天才赶回家，狗立即闻声出来迎接主人。他把房门开一看，到处是血，抬头一望，床上也是血，孩子不见了，狗在身边，满口也是血。

主人发现这种情形，以为狗性发作，把孩子吃掉了，大怒之下，拿起刀来向着狗头一劈，把狗杀死了。之后，忽然听到孩子的声音，又见他从床下爬了出来，于是抱起孩子；孩子虽然身上有血，但并未受伤。

他很奇怪，不知究竟是怎么一回事，再看看狗身，腿上的肉没有了，旁边有一只狼，口里还咬着狗的肉；狗救了小主人，却被主人误杀了。

故事中的主人，面对突如其来的变故，没有保持冷静，而是一时冲动，盛怒之下将狗杀死。如果能稍微冷静一下，三思而后行，也许结局就是另一番景象了。

在人的生命当中，有很多问题都需要以一颗冷静的心去面对，一生中的每一次重大抉择，都要需要冷静地去应对，学会沉着，学会思考，才能找到一份满意的答案，开辟一条成功的人生之路。

冷静是一笔厚实的财富，是一种无形的而又非常有用的资本，但需要付出很多的时间和沉重的代价。在如今现实的生活里，做事情更需要学会冷静。遇事不冷静，凭借自己一时的冲动，往往误了大事，甚至损人害己。

冷静是做人的一种智慧，在平时的生活中，有许多矛盾不是靠肢体的力量、不是靠鲁莽行动能够解决的。冷静启迪人们学会用脑子，用脑子的过程，就是冷静的过程，就是产生智慧、办法、对策的过程。冷静是一种修养，有的人冷静不下来，不论是心胸狭窄，还是骄横自傲，说到底还是自身修养不够。修养好的人，能够自觉地克己和律己。受挫时不至于唉声叹气；获奖时，不至于忘乎所以；有权有钱时，不至于趾高气扬；待人处世时，不至于浮躁轻狂……

冷静是自身力量的一种表现，俗话说，有理不在声高。冷静并不是软弱，不是胆小鬼，也不是故作姿态，而是审时度势，有礼节，有风度，不轻佻，不张狂。当你拥有这种力量的时候一定要好好地珍惜，好好地使用。它会带你克服一个又一个的困难，直到成功。

很多人有不冷静的毛病，但是人可以改变的，冷静的心态要靠平时日积月累的苦修，不冷静的毛病也要靠平时一点一滴地克服。

冷静的心态需要我们在处理问题时进行认真和多角度的思考和分析，换言之，就是在处理事情的时候，不要意气用事，而是要多思考，多分析。

其次，冷静的心态来源于知识经验的积累，我们生活的世界是一个有客观规律的世界，万事万物都要遵循一些基本的自然规律，我们对这些知识、经验的积累越多越丰富，在处理问题的时候，就会越保持一种冷静的心态，而不会因为迷惑和陌生而产生紧张的情绪。

生活中，人品好的人总是十分注意加强学习，重视自己的作风、道德的修养，时刻用“冷静”来提醒自己。

不仅人品好的人要保持冷静，每个人都需要学会冷静。箭在弦上，在猎物还未达到最佳射程之时，通常引而不发，为的是冷静；敌人近在咫尺，然而却尚未进入指定伏击圈，因此而按兵不动，是为冷静；别人用手指着自己的鼻尖，但此时还有一些回旋的余地，因此不急不恼，是为冷静。冷静让你更具智慧和力量。

人品好的人不抱怨

无论在工作中，还是在生活中，总会听到一些抱怨。甚至，有的人好像从来就没有顺心的事，什么时候与他在一起，都会听到他在不停地抱怨，诉说着自己的不满与烦恼。就像一不小心掉入了抱怨的陷阱而不能自拔，而激烈挣扎。

其实，人生在世，不如意事十之八九。每个人都会遇到不顺心的事情，都会遇到烦恼，都会遇到挫折和困难，“万事如意”不过是人们的美好祝愿而已。问题的关键在于我们如何去面对。人品好的人会坦然面对，或者一笑了之，或者抛到脑后，或者转移注意力，去做自己该做的事情。因为世间的有些事情总是不可避免的，有些事情是无力改变的。

比如，台风带来暴雨，地下室变成了一片沼泽，你天天抱怨天气又能如何呢？鸟儿的粪便掉在你的头上，你能去抱怨鸟儿不懂礼貌吗？我们没有权力控制风雨和鸟儿，同样，我们也难以控制他人和社会。既然无法改变，就应该泰然处之，就应该调整好自己的心态。万万不可掉进抱怨的陷阱，总是把那些不称心如意的事情挂在嘴上，这就如同总是把一些垃圾堆在心里，把一些乌云布在脸上一样。抱怨不仅于事无补，而且总是把自己的心情搞得非常糟糕。

有一个年轻的农夫，划着小船，给另一个村子的居民运送自家的农产品。那天的天气酷热难耐，农夫汗流浃背，苦不堪言。他心急火燎地划着小船，希望赶紧完成运送任务，以便在天黑之前能返回家中。

突然，农夫发现，前面有一条小船，沿河而下，迎面向自己快速驶来。眼看两条船就要撞上了，但那条船并没有丝毫避让的意思，似乎是有意要撞翻农夫的小船。

“让开，快点让开！你这个白痴！”农夫大声地向对面的船吼叫道，“再不让开你就要撞上我了！”但农夫的吼叫完全没用，尽管农夫手忙脚乱地企图让开水道，但为时已晚，那条船还是重重地撞上了他的船。

农夫被激怒了，他厉声斥责道："你这个白痴，你会不会驾船，这么宽的河面，你竟然会撞到我的船！"当农夫怒目审视对方小船时，他吃惊地发现，小船上空无一人。听他大呼小叫、厉声斥骂的只是一条挣脱了绳索、顺河漂流的空船。

农夫的故事告诉我们，如果你想抱怨，生活中一切都会成为你抱怨的对象；如果你不抱怨，生活中的一切都不会让你抱怨。要知道，一味地抱怨不但于事无补，有时还会使事情变得更糟。所以，不管现实怎样，我们都不应该抱怨，而要靠自己的努力来改变现状并获得幸福。

在这个世界上不是每个人都是快乐的，但是这个世界上每个人都会觉得别人要比自己快乐一点。一个国际研究组织曾对 25 个经济发达国家所进行的一项"你是否每天都感到快乐"的调查显示，60％以上的人的回答是否定的。其中 20％的人认为自己"每天都不快乐"，60％的人常常生活在抱怨中。

该抱怨生活吗？想一想，我们是否曾迫不及待地收下它恩赐给我们的一切，但当它变得不再轻松愉快的时候就立刻抱怨它。生活是由辛、酸、苦、辣、甜五味组成，当品尝过它的甜美后，你将不得不再去品尝一下它的辛、酸、苦、辣。甜美的日子固然让人高兴，但如果生活中只有甜，那甜就无所谓甜。辛酸苦辣的味道固然不佳，却能让你意志更加坚强，思想更加成熟。

画家列宾和他的朋友在雪后去散步，他的朋友瞥见路边有一片污渍，显然是狗留下来的尿迹，就顺便用靴尖挑起雪和泥土把它覆盖了，没想到列宾发现时却生气了，他说，几天来我总是到这来欣赏这一片美丽的琥珀色。

在我们生活中，当我们总是埋怨别人给我们带来不快，或抱怨生活不如意时，想想那片狗留下的尿迹，其实，它是"污渍"，还是"一片美丽的琥珀色"，都取决于你自己的心态。

所以，不要抱怨你的专业不好，不要抱怨你的学校不好，不要抱怨你住在破宿舍里，不要抱怨你的男人穷或你的女人丑，不要抱怨你没有一个好爸爸，不要抱怨你的工作差、工资少，不要抱怨你空怀一身绝技没人赏识你，现实有太多的不如意，就算生活给你的是垃圾，你同样能把垃圾踩在脚底下。

真正的成功人士，当他们在面对种种障碍的时候，所能表现出来的情绪和行为与普通人所表现出来的是有很大差别的。一个成功的人士在面对别人的错误时，不是抱怨而是教导和查找错误的原因，并且还能够以此找出正确的方法进行弥补错误；当面对艰难险阻的时候，不是抱怨，而是竭尽全力地去征服；在面对诸多不公平的时候，不是抱怨而是设法避免这种不公平在自己身上发生；当面对别人的误解时，不是抱怨而是加强沟通；当面对别人异样的眼光时，不是抱怨，而是努力让他人对自己投来刮目相看的眼光；当面对自己的情感受到伤害时，他们做出的动作不是抱怨，而是付出更多的爱心，去融化对方……

成功者之所以能做到这些，并不是由于这些成功者有较高的情商，而最主要的是他们知道所有的抱怨和牢骚都是徒劳的，除了能够让别人知道你在表示不满之外，对于解决出现的问题和实现你的目标，都是毫无益处的，甚至很有可能会给你带来让你承受不了的更糟糕的结果。就好像珠穆朗玛峰不会由于登山者抱怨它的陡峭而发生丝毫的变化，麻烦也不会因为你的抱怨而自动消失。有一位哲人曾经说过这样的一句话；“心灵是它自己的殿堂，它可以是天堂中的地狱，也可以是地狱中的天堂。”假设我们心中都是抱怨，那它不会伤害到别人，只能伤害到你自己，甚至可能还会毁掉你所有的一切，使你在芸芸众生中迷失自我。

因此，对于每一位想在事业上获得成功、在家庭方面获得幸福的人来说，最重要的是从现在就开始，必须彻底地抛掉抱怨，才有可能把我们心灵的殿堂变成天堂。

在职场中，抱怨常和一个人的人品状况联系在一起。有位企业领导者一针见血地指出：抱怨是失败的一个借口，是逃避责任的理由。这样的人没有胸怀，很难担当大任。仔细观察任何一个管理健全的机构，你会发现，没有人会因为喋喋不休的抱怨而获得奖励和提升。

凡事保持一颗平常心

人品好的人一个最大的共同点，就是平常心。平常心，是一种不为感情所左右，不为名利所牵引，洞悉事物本质，完全实事求是的心理状态。它不是仰视，不是俯视，而是平视——平淡、平等、平凡、平静地看问题。

在这个物欲横流的社会，我们的欲望越来越多，我们的功利心越来越强，我们的心胸却变得越来越狭隘。我们常叹人生之累，我们常被诸多烦恼扰得心绪不宁，我们总抱怨快乐太少。其实，不是生活背叛了我们，而是我们误读了生活。我们远离了平常心，所以，我们迷失了自我。有些人，一旦官运亨通，便忘记了富贵如云烟，人生再绚烂最终也将归于平淡。有些人，一朝失意，便痛不欲生，忘记了浮生若梦，人生苦短。

不必苛求人生，抱一颗平常心，笑看得失成败，即使平凡一生，又有何憾？童安格在红极一时后，曾用心唱道：这一生，只想好好做个平凡的人，有个家，有个梦，陪我度过每一个早晨。是的，做一个平凡的人，拥有一颗平常心，你会发现，人生其实不乏快乐。

阳光是美好的，空气是美好的，每一天都充满快乐和温馨。这个故事告诉我们，平常心，其实就是我们在日常生活中经常会出现的对于周围所发生的事情的一种心态。

拥有平常心的人，能体会到满足是一种快乐。满足是阶段性成果的肯定，是人生过程的一个休止符，是从一个平台走向另一个更高平台的短暂休憩。满足不是安于现状，不是急流勇退，更不是一个圆满的句号，满足是一个调节。不懂得满足的人是不会生活的人，他将受累于生活；不懂得满足的人是不会工作的人，他将重负于工作；不懂得满足的人是不会真爱的人，他将困惑于爱情。学会了满足才能对美好生活产生憧憬，学会了满足才能容忍和接纳并不认同而又附于实际生活的存在，学会了满足才能充分享受快乐所带来的种种欢愉。

拥有平常心的人，能体会到放弃是一种幸福。放弃是至高的境界，是在左右掂量、反复论证后的一种慎重的战略选择。放弃不是自暴自弃，不是简单的丢弃，更不是不思进取、碌碌无为的颓废。不会放弃的人是不会工作的人，不懂得放弃的人就不懂得在某些特定工作环境中稍顷停顿的积极作用；不会放弃的人是不会生活的人，就不懂得放弃在实际生活中舍与得的辩证关系。不会放弃的人将永远置于无味的圈子中悲观失望、嗟夫长叹。学会了放弃将会得到意外的惊喜和收获，有时候当你放弃了阳光，你将会得到喜雨的滋润；当你放弃了雨季，你将会得到阳光的温暖。学会了放弃你才能真正地品味幸福，你才能愉快地融入纷繁复杂而又多姿多彩的世界。

拥有平常心的人，能体会到淡泊是一种享受。淡泊是一种心境，是思想经过历练后高素质的修养。淡泊不是看破红尘，不是对人间一切事物的否定，更不是思想麻木、无所作为的得过且过。学会淡泊将会使心灵净化成晶莹剔透毫无杂质的宝玉；学会淡泊才能如鱼得水，自由自在地欣赏不可多得的美妙世界；学会淡泊才能得意时而不张扬，失意时而不消沉。学会淡泊才能得到实实在在心安理得的享受。

泰戈尔说过："天空没有留下我的痕迹，但我已飞过。"没有蓝天的深邃，却可以有白云的清新；没有草原的广阔，却可以有小草的碧绿；没有大海的雄壮，却可以有小溪的淡远。

人生如一条淙淙流淌的长河，既有平静也有波澜壮阔，既有重峦叠嶂时一泻千里的壮丽之美，也有走过一马平川时迂回柔情的安详。拥有一颗平常的心是正常生活的人的平常之举，拥有一颗平常的心才能学会满足，学会放弃，学会淡泊。才能理解别人，善待自己，享受生活。

平常心是平衡心理的一把钥匙。人生不如意事常八九。我们需要平常心来感受真实，陶冶情操，体味平淡琐碎中的缕缕深情；我们需要平常心来独守寂寞，走过泥泞风雨，潜心播种与耕耘；我们同样也需要平常心来抚平创伤，化解恩怨，梳理愁绪，擦净心灵上的污垢。

学会安慰自己

人品好的人，在遇到烦恼和苦难的时候，不会强求外事外物如何如何，而是懂得从自我的角度出发，不断地安慰自己。

一、最重要的是今天的心

何必为痛苦的悔恨而失去现在的心情，何必为莫名的忧虑而惶惶不可终日？过去的已经一去不复返了，再怎么悔恨也是无济于事。未来的还是可望而不可即，再怎么忧虑也是会空悲伤的。今天心、今日事和现在人，却是实实在在的，也是感觉美好的。当然，过去的经验要总结，未来的风险要预防，这才是智慧的。

二、好心境是自己创造的

我们常常无法去改变别人的看法，能改变的恰恰只有我们自己。坏的生活不在于别人的罪恶，而在于我们的心情变得恶劣。让生活变好的金钥匙不在别人手里，放弃我们的怨恨和叹息，美好生活就唾手可得。我们主观上本想好好生活，可是客观上却没有好的生活，其原因是总想等待别人来改善生活。

三、用心做自己该做的事

人生是如此的短暂，哪有心思去浪费呢？有智慧的哲人曾经说过："大街上有人骂我，我是连头也不回的，根本不想知道这个无聊之人!"我们既不要去伤害人家，也不要被别人的批评左右，还是按照自己的愿望，先踏踏实实学好本领再说。

四、别跟自己过不去

学会自己欣赏自己，等于拥有了获取快乐的金钥匙，欣赏自己不是孤芳自赏，欣赏自己不是唯我独尊，欣赏自己不是自我陶醉，欣赏自己更不是故步自封……自己给自己一些自信，自己给自己一点愉快，自己给自己一脸微笑，何愁没有人生的快乐呢？

五、不要追逐世俗的荣誉

终生寻找所谓别人认可的东西，会永远痛失自己的快乐和幸福。庸俗的评论会湮灭自己的个性，世俗的指点会让自己不知所措。为钱而钱使自己六亲不认，为权而权会使自己胆大妄为，为名而名会使自己巧取豪夺，真实的我在刻意的追逐之中，会变成一张张碎片随风飘扬，世俗的我已变得面目可憎。

六、不要活得太累

常有人感叹，活得真累。累，是精神上的压力大；累，是心理上的负担重。累与不累总是相对的，要想不累，就要学会放松，生活贵在有张有弛。心累，使人长期陷于亚健康状态；心累，会使自己精神不振。

七、每个人都有自己的活法

自己的伤痛自己清楚，自己的哀怨自己明白，自己的快乐自己感受，也许自己眼中的地狱，却是别人眼中的天堂，也许自己眼中的天堂，却是别人眼中的地狱，生活就是这般的滑稽，不要总是瞧见别人的好，关键在于自己心态的调整，不攀不比过好自己的生活最重要。

八、不做欲望的奴隶

人们总叹息“飞蛾扑火”，人们总讥讽“鱼儿上钩”，人们总嘲笑“自陷泥潭”。但是如果自己仔细想一想，在我们生活的周围，这种欲望的悲剧还少吗？人心不足蛇吞象。放纵自己灵魂的人，最终会失去真正的自由。

九、喜欢自己才会拥抱生活

盲目自大自尊，是骄傲无知的人生；一味自暴自弃，是消极悲观的人生。了解自己比了解别人更困难，喜欢自己比喜欢别人更不容易。拥有健康的恰当的自尊心理，面对挫折会表现得格外坚强。不为外界的诱惑而丢失自我，不为一时的挫折否定自己，时时客观冷静地评价自己，每每乐观中肯定地赞赏自己。

十、多用善眼看世界

水至清则无鱼，人至察则无友。处处不能容忍别人的缺点，那么人人都变成坏人，也就无法和平相处。以恶的眼光看世界，世界无处不是破残的；以善的眼光看世界，世界总有可爱处。自己多看别人的长处，就会越瞧越可爱。

十一、不必一味讨好别人

讨好每一个人是不可能的，也是没有必要的，讨好每一个人，等于得罪每一个人，刻意去讨好别人只会使别人产生厌恶。亲近别人要自然，投机心态要改变，有时间讨好，不如踏踏实实做事，讨好别人总是靠不住，自己努力才实实在在。

十二、木已成舟便要顺其自然

生米已经煮成熟饭，再去悔恨以前的行为，一点益处都没有，唯一明智的办法是，妥善处理后面的事情，别让事情弄得更糟糕，泼出去的水是收不回来的，已刻成舟的木头是无法恢复原状的，知道了这些简单的道理，就能心平气和地处理遗留问题。悔恨无任何益处，只会把事情弄得更糟。

十三、物质虽贫乏，心理不潦倒

物质贫乏不可怕，可怕的是心理贫困。贫困常与潦倒相连，人穷常与志短相关。心理贫困，富也会沦为贫穷；心理富足，穷也能转为富裕。物质贫乏加上万念俱灰，会很快摧毁一个人的身体。自信自强，虽暂时物质贫乏，但好日子也会很快到来。

十四、福中有祸，祸中有福

莫被一时之得失冲昏头脑，一味陶醉于暂时的胜利，而要居安思危；切莫居功自傲，扬扬得意，陶醉胜利意味着驻足停顿，陶醉胜利意味着失去警惕。人生路上要永不松懈，胜利仅仅是一个小小的路标。要想取得最后的胜利，只有努力，努力，再努力。

十五、重要的是活得充实

把每一天过好是最大的幸福，快乐源于每天的感觉良好。忧虑明天的风险，总抹不去昨天的阴影，今天的生活怎能如意？总攀比那些不可攀比的，总幻想那些不能实现的，今天的心情怎能安静？任何不切实际的东西，都是痛苦之源，生命的最大杀手是忧愁和焦虑。

十六、人生应当欢乐有度

适当的娱乐活动能调节情绪，无休无止的欢乐却易转益为害。物极则反，大凡快意处，即是多病处。“棋可遣闲，易动心火。”一味狂欢尽兴是肤浅的人生，换来的往往是痛苦的悔恨。尽兴有度是达观的人生，乐极生悲不局限于娱乐方面，涉及人生的方方面面。

十七、换一种活法也许更快乐

当自己在工作中极不顺心，处处感觉都是围墙时，是否有必要换个环境？当自己在婚姻中极不开心，时时感觉都是冰窖，是否有勇气冲破围城？当自己已习惯逆来顺受，是否会挺起胸膛说“不”？有自信、能自强的人，善于调整自己的生活状态。

十八、不妨暂时丢开烦心事

人生苦短，自己何必总是活得不开心。有烦恼是正常的，没有烦恼才是不正常的。要是自己心情不好受时，不妨去看一次电影，不妨去听一段音乐，不妨去唱一支歌曲，不妨去打一个电话，不妨去享受一下阳光……

十九、愉悦的根基在自己身上

一般人总是将人生的愉悦寄托在外界的事物上，依附于世俗的认同上，百般看重地位、财产，以及待遇、名誉等东西，自己一旦失去这些，便是沉重的打击，常会痛不欲生，其幸福和快乐的根基也随之毁灭，假如自己真是这样过生活，那么快乐离我们是相当遥远的，为什么要让别人来评价自己的快乐程度？要把握好自己。

二十、感觉幸福就是幸福

许多都在刻意追求所谓的幸福。有的虽然得到了，其代价却巨大无比。许多哲人都说，幸福是一种感觉。幸福的感觉随满足程度而递减，与人的心境、心态密切相关。一个人总是感觉不到幸福，是自己的最大悲哀。

当你感到浮躁时，享受一种美妙的心情；当你感到自卑时，不能太在意别人说什么；当你受到不公待遇时，给别人多一些宽容和理解；当你与人发生不快时，退一步海阔天空；当你感到烦恼时，换个角度来想事情；当你感到不满足时，要有一颗富足的心。总之，做一个人品好的人，学会安慰自己，善待自己。

甘于做好人生的配角

大家都知道，传统的相声分为“逗哏”和“捧哏”两个角色，两个人一唱一和，相互吹捧，能够把一件本来平常的事说得妙趣横生。

逗哏，对口或群口相声演出时主要叙述故事情节的演员。对口相声中，逗哏与捧哏合作，通过捧逗的衬托、铺垫，使叙述中逐渐组成包袱，产生笑料。捧哏，对口或群口相声演出时配合“逗哏”叙述故事情节的演员。对口相声中，好的捧哏是可遇不可求的。

在人生的舞台上，通常也需要一些“捧哏”，在老板、上司风光的背后，少不了默默耕作，配合他工作的人。这样的人得不到众多的羡慕，但他的贡献不可缺少。在工作中，我们有时是主角，有时却要配合别人的工作。在职场上有时我们升职了、加薪了，会受到别人的祝贺；有时我们却要在别人升职加薪时学会“捧哏”，祝贺别人。

“花花轿子人抬人”，所以，我们要想有一个好人品，不但要学会坐轿，更要学会适时“抬轿”。

人际关系就是这样，你捧别人，别人才会捧你。每个人都不能事事以自己为中心，在适当的时候我们也要学会配合别人，让别人当主角。

也许你曾是家里骄子，也许你曾是学校里的优等生，然而走上社会了，大家平等。谁也不再是天之骄子，人人都有可能成功，因此，在别人成功的时候，适当地为他喝上一声彩，真心地恭喜他，是做人必需的。只有学会诚心诚意地为别人喝彩，恭喜别人，才能赢得众人的尊敬，才能为自己赢得一个好人品。

为别人喝彩助威，配合别人工作并不等于贬低了自己，相反，是成全了自己。每一位成功的人都曾经是成功的人的助手。每一个接受别人恭贺的人，都曾经恭贺过别人。锦上添花是一种大胸怀。善于在别人胜利时为他摇旗呐喊，会得到更多人的尊敬。不嫉妒别人而真心恭贺别人的人是君子。

一个人成功了，恭喜他的人多，攻击他的人更多，而疏远他的人是恭喜之人和攻击之人的几倍。更多的人喜欢雪中送炭，而不是锦上添花。因为雪中送炭更能显示一个人的优势，而锦上添花往往使自己更失落。有几个人是为别人的胜利真心高兴的呢？做别人所做不到的，就是对我们人格魅力的一种磨炼。

那么，怎样才能做好人生舞台上的“捧哏”呢？

一、要有一种平和的心态

生活中，那些对于别人的成就眼红嫉妒的人是做不好“捧哏”的，无论是对别人工作的配合，还是对别人功成名就的恭贺，没有平和的心态绝对做不好。

朱时茂和陈佩斯的小品《主角和配角》中，因为配角嫉妒主角赢得的掌声和观众目光，不喜欢当配角，一再捣蛋抢戏，导致本来好好的一幕戏，拍了几遍都不成功，这就是不好的心态带来的后果。

在现实中，往往也有些人不甘心配合别人的工作，在私底下捣乱，或纠结众人聚众闹事，致使上司的工作做不好；或者采取“非暴力不合作”态度，对工作不冷不热，不积极主动配合领导，也会在上司心中留下不好的印象。当你意识到自己是“捧哏”时，要用平和的心态去看待这件事，无论你捧的这个人能力是好还是坏，比你是高还是低，都有他的道理。既然你是配角，就要用配角的心态来做事，如果不能好好地配合别人，上司怎能委你以大任呢？

二、不要夺了别人的光彩

“捧哏”的目的就是为了突出“逗哏”的人，你见过伴娘抢了新娘的风头的吗？如果有，肯定会被新娘记恨。奥斯卡有最佳男女配角奖，但最佳的配角正是能最好地突出主角的人，而不是埋没了主角的光彩，抢夺了主角戏份儿的人。

在相声中，好的捧哏能让逗哏的人说得更加精彩，不好的捧哏能让逗哏的人张口无言。原因就是他们往往忘了自己配角的身份，夺了别人的光彩，堵住了别人的出路。工作做不好，有时候不仅仅因为主角能力差，往往因为配角不配合。下属常常分不清谁重谁轻，要听谁的吩咐，有了分歧以谁的意见为准，所以工作往往做不好。而有些场合明明别人才是主角，他偏偏打扮得光彩照人，说话谈吐也抢在前面，所以往往使人误解，引起主角不快。试想，如果一个记者采访明星，明星不说话，而他的经纪人则喋喋不休，是不是引得大家都不愉快？所以“捧哏”要注意自己的身份，切忌抢夺别人的光彩。

总之，扮好人生舞台上的“捧哏”，我们的人品和形象一样会越来越高大，迟早我们会成为真正的“逗哏”。

很多年轻人刚刚毕业进入职场，在领导和同事面前无任何资历可言。这时就要懂得放低姿态，以别人为主角，做好一个配角的工作，同时要懂得去认可，去赞扬主角，使自己无论在行动上还是在思想上，都团结在主角周围，这不仅是工作的基本态度，也是与领导同事相处的诀窍，同时也是修炼自己人品的好方法。

淡定从容地处世

淡定从容是一种为人的好心态，更是一种处世的高境界。古往今来，圣哲先贤、仁人志士用自己思想和品德行为对“淡定从容”做了很好的释义。

有诗曰：“智者乐山山如画，仁者乐水水无涯。从从容容一杯酒，平平淡淡一杯茶。细雨朦胧小石桥，春风荡漾小竹筏。夜无明月花独舞，腹有诗书气自华。”

苏轼的《定风波》中写道：“莫听穿林打叶声，何妨吟啸且徐行。竹杖芒鞋轻胜马，谁怕？一蓑烟雨任平生。料峭春风吹酒醒，微冷，山头斜照却相迎。回首向来萧瑟处，归去，也无风雨也无晴。”意思是说，不必去理会那穿林打叶的雨声，不妨一边吟咏着长啸着，一边悠然地走。竹杖和芒鞋轻捷得更胜过马儿，有什么可怕！我披着一身蓑衣，只管在风雨中过上它一生。料峭的春风将我的酒意吹醒，我感到有些微冷。山头初晴的斜阳却殷殷相迎。回头望一眼走过来的风雨萧瑟的地方，我信步归去，既无所谓风雨，也无所谓天晴。

淡定从容的境界，漂泊如云，它来自心境的豁达与品质的笃定。不浮躁，不张狂，不急功近利，不哗众取宠。勤勉当中，张弛有度，坚韧不拔，凡事更看重过程，更看重心灵的感受，至于结局如何，名利是否在握并不重要。

一位农人的家中生了一个男孩，长得英俊端庄. 父母非常疼爱。这孩子从小就聪明异常，和一般的小孩子完全不同。他在无忧无虑中快乐地度过了快乐的童年。

老农家中的这个孩子，有高人一筹的智慧。虽然他生长于备受疼爱的环境中，但他仍能了解人生的痛苦和罪恶。因此，他在成年以后，就辞亲出家当和尚。

有一次，和尚在森林里遇到一队商人，他们到外乡经商路过此地。当时已是傍晚，夕阳西下。商人们扎营住宿。和尚看到这些商人以及大小的车辆载着大量货物，并不关心，只管在离商队营帐不远的地方徘徊踱步。

这时从森林的另一端来了很多山贼。他们打听到有商队经过，就想乘夜幕降临以后劫掠财物。但当他们靠近商营的时候，却发现有人在营外漫步。山贼怕商队有备，所以想等大家都睡熟才好动手，然而营外巡逻的那个人，通宵不入营休息。天已渐亮了，山贼因无机可乘，只得气愤地大骂而走。

正在睡觉的商人，忽然听到外面的吵闹声跑出来看，只见一大队的山贼手执铁锤木棍往山上跑去。营外有一位出家人站在那儿。商人惊恐地走向前去问道："大师！您见到山贼了吗？"

"是的，我早就看到了，他们昨晚就来了。"和尚回答说。

"大师！"商人又向前问道，"那么多的山贼，您怎么不怕？独自一个人，怎能敌得过他们呢？"

和尚心平气和地说道："各位！见山贼而害怕的是有钱人。我是一个出家人，身无分文，我怕什么？贼所要的是钱财宝贝，我既然没有一样值钱的东西，无论住在深山或茂林里，都不会起恐惧心。"

和尚的话使众商人醒悟，他们认识到自己的凡俗，对不实在的金钱，大家肯舍命去取得，而对真实自由自在的平安生活，反而视若无睹。这就是不懂得从容淡定的表现。

人生需要淡定从容。当你驾驭生命之舟行进时，遇到滚滚激流或惊涛骇浪，这就需要从容把舵，战胜艰难险阻。在成功的过渡中，不张狂；在失败的恢复中，不抱怨，淡然面对百味人生。淡定从容就是一种个性，也就是一种人生境界，是一种成熟美、智慧美。淡定从容在乌云笼罩、惊涛骇浪中也能“稳坐钓鱼船”，坦然处之。

淡定从容是一种人生和人品的修炼。要从容就要努力修炼各方面的素养，要有主见而不沉溺于主观，重条件而不被条件拘泥，奋发努力而不盲目蛮干，刚毅果断而不刚愎自用，随大众而不流于世俗，知足常乐又常知不足。

从容者，有志向，有信念，有德行，有常识，有经验，有毅力，能躬行。失也好，得也罢，不以物喜，不以物悲。何必为一失一得而耿耿于怀，彻夜难眠？患得患失，徒然耗精劳神，百害而无一益。以从容的心看生活，天地自宽，以感恩的心待世界，左右逢源。

一个人赤条条来到人间，原本就一无所有。名誉、财富、权势这般俗物，原本也就身外之物，生不带来，死不带去，何必怜惜？当你在一片哭声里，撒手西去，什么功名，什么利禄，什么学识，什么财富，取之于人间，必将一一归还人间。生前纵然赢得千世功名如何？纵然富甲天下，江山归我，又能如何？佛家说得好：你生于尘土，必然归于尘土，世间诸多事情莫不如此。

而在我们活着的时候，为一职称，同事之间，明争暗斗，尔虞我诈；为一荣誉，朋友之间，钩心斗角，唇齿相讥；为一蝇头微利，兄弟刀枪相争，亲人相斗。还有沽名钓誉，还有邀功请赏，还有诽谤诬陷，打击报复，甚至置之死地而后快。当你两眼一闭，一把黄土覆身，所有 ·切烟消云散，你还争什么劲？

从容来自看透名利之外的一种简单欲望。因为欲望简单，满足感，成就感，幸福感常常包围着我们，我们的心里常常盈满喜悦。“喜悦”两字，当是幸福的本源。它来自我们心灵的成熟与饱满。

总之，平平淡淡才是真。淡定从容是人性和人品中最闪光的魅力所在。

淡泊以明志，宁静以致远。一切都是这么的云淡风轻，平静宁和。在青春的脚步声中，迎来从容淡定与人为善的美。在人生的长河里沉积一份睿智的从容和达观；在走过的年年季季的时光中，学会与人为善的美德，寻求一份心的平和淡定。这便是有品行的人生。

待人处世以和为贵

明宪宗朱见深曾经画过一幅漫画，题目是《一团和气图》。画面上的人物由于开怀大笑，身体缩成了一个滚圆的大球。但仔细分辨则会看出，这幅人物画虽只有一副面孔，实际上却是三个人的身体合在一起的。一个皇帝画这样一幅画是什么意思呢？

原来，它取材于一则著名的典故：晋朝的陶渊明、陆修静和惠远法师分别是儒、道、佛三家的门徒，三人私交甚好，经常在一起切磋学问。惠远法师有个不成文的规矩，送客绝不超过山下的虎溪。但有一天，三人边走边谈，不知不觉竟越过了这个界线，于是相顾开怀大笑。这就是著名的“虎溪三笑”。于是，朱见深借这个典故作了《一团和气图》。

“和为贵”，这是古今中外成功者最推崇的处世哲学。《菜根谭》里这样写道：“天地之气，暖则生，寒则杀。故性气清冷者，受享亦凉薄。唯气和暖心之人，其福必厚，其泽亦长。”

和为贵是中华民族的传统美德，“将相和”只是其中一个典型事例。以和为贵的处世哲学，要求为人要有仁和之心、谦和之德、温和之气、慈和之容，与博爱、向善等其他宗教教义是并行不悖的。其实，不论古往今来，人生在世与人相处是无法逃避的现实。人生要掌握的最基本也是最重要的学问就是如何与人相处。相处得好坏，对自己的学习、工作、生活以及思想情感、行为方式甚至生命安危都有很大的影响。与人相处的方式方法很多，以和为贵便是其中最实际和可行的。

和能形成合力。大至一国，小至一家，上下团结，左右和谐，就会无攻不克、无坚不摧、无往而不胜。“团结就是力量”“家和万事兴”，这些都是家喻户晓的真理，全都归功于一个“和”字。

和能化解矛盾。俗话说：笑口一开泯恩仇。生活中的许多矛盾，只要用和善的办法去处理，就能迎刃而解。矛盾双方各让一步，就能大事化小、小事化无。

和能以守为攻。当你失礼于人或是无意中给人以损害，你就处于被动的地位，和与不和的结果将会截然不同。如果你能以和善的态度待人，你将会由被动变为主动，以守为攻，息事宁人，从而得到他人的理解和尊重。如果你固执己见、毫无和善之意，将会扩大事态，甚至两败俱伤，难以收拾。

和能以柔克刚。有些事情硬来是办不好的，用软的办法却可以办好。和，有时候是至刚的表现。水滴石穿，绳锯木断。

生活中以和为贵的事例是举不胜举，如人们常说的“和气生财”，便是其中的一个重要方面。

正所谓“和气生财”“和气致祥”“以和为贵”，那么，如何才能做到“和”呢？古人云：“海纳百川，有容乃大；山高万仞，无欲则刚。”我们应该做到“有容”“无欲”，像大海那样笑纳百川，像高山那样巍巍矗立。当然，包容之心的形成，并非一日之功，还要靠长期的修养。

生活中有许多这样或那样的磕磕碰碰的事情，这就需要一“和”了之。“和”“合”以为贵，就是社会学中所说的“异质整合”。包罗万象的自然万物，能和谐有序地排列在一起，为人类所利用，都离不开异质整合之功。为人处世以和为贵，能息事宁人，或化干戈为玉帛，其妙也在于此。

生活中懂得以和为贵的人，总比与“和”不投缘的人受欢迎。俗话说：巴掌不打笑面人。能够如此，我们何乐而不为呢？当然，“和”并不是包医百病的灵丹妙药，也不是无原则的忍让和迁就，更不是软弱无能。和为贵并不是凡事都做和事佬，其中的度要把握好。

做人不能太精明

做人不能浑浑噩噩，糊里糊涂，应该精明些。但不能太精明。太精明的人总是提着一杆秤，今天称这个重了，明天称那个轻了，今天我占了便宜沾沾自喜，明天我吃了点亏不甘心，总想着要把那点亏给补回来，斤斤计较。殊不知在斤斤计较的过程里，自己的太精明犹如一面镜子把自己的缺点无限度放大，表面是占了点便宜实际上是吃亏了。可笑的是自己还为此扬扬得意。

试想，谁愿意和以上这类过于精明的人打交道呢？

在生意上，太精明的人只允许自己占对方的便宜，而自己却滴水不漏。谁愿意和你做生意上的伙伴？谁愿意和你建立长期的合作关系？

在工作上，太精明的人工作上能一顶千军万马吗？既然不能给予肯定的答案，又无法融合到工作环境中处理好与同事关系，想想是不是一种失败呢？

在友情上，太精明的人带给朋友的总是失望，一次次因为自己的精明而让朋友们渐渐离你而去，失去了友谊等于失去了朋友。如果还有朋友的话也许那只是面子上的朋友，是还需要你帮助的所谓的朋友。那样的朋友只是一个名词已经完全失去了朋友的意义。

家庭亲情是人生至关重要的，也是最基本的。如果对家人和亲人都抱着太精明的态度，或者斤斤计较，总在计较得与失，那么太精明就会变成一种伤害。它伤害的不仅仅是自己的家庭自己的亲人，同时也会无情地摧毁了自己。

日常生活中，有一些非常精明的人。他们处处要显得比别人更加神机妙算，更加取巧投机。他们总在算计着别人，以为别人都不如他们聪明，而可以从中揩点油，讨点便宜。好像他们这样做就会过得比别人好。这种人功利心太重，把功利当作人际关系的首要，他们日子过得很累，很紧张，过得很缺乏乐趣，最终往往适得其反。

生活毕竟是生活，总需要温情和睦，所以就没有必要过于斤斤计较、精打细算，还不如随遇而安的好。过于精明，处处显得精明，甚至在人际关系中也会玩这一套，其实要的都是一些自认为聪明的小伎俩，当然在交往中就会显得非常失当。这样的人很难与别人搞好人际关系，也很难讨人喜欢，即使别人和他交往，也不会和他做那种交心的朋友。这种人往往会因为某一件事，某一个人而失去一个交往的大圈子，这样的人就很失败了。即使他在物质上比别人多享受一些，然而在精神上面所付出的代价则一定会更大一些。

一个人如果想要把自己的日子过得好一点，单靠东捞一点，西占一点，靠算计别人是徒劳的。要想日子过得轻松愉快，很大程度上要靠真诚、信赖、友好，碰到难处互相帮助，有了好处大家分享。大家相互谦让，相互奉献，相互让利，关系融洽和睦比什么都好。人在生活中，大多数并非真的糊里糊涂过日子，而是不想为过于精明所累。一个品行良好的人不会患得患失，也不会困在鸡毛蒜皮的小事之中无法自拔。

做人不要太精明，太精明露骨会遭人讨厌。因为人与人情感的沟通和交流是心的交流，如果做人过于精明露骨，就不能在交际方面获得人心。对人，吃点亏好；对朋友，傻点更好。交际中的精明容易把应该纯朴真挚的关系，人为地弄复杂，使人感到刁钻奸猾，敬而远之。这样精明的结果，只能以自己成为孤家寡人而告终。

吃亏未必不是福

从前，有位老汉住在与胡人相邻的边塞地区，来来往往的过客都尊称他为“塞翁”。塞翁生性达观，为人处世的方法与众不同。

有一天，塞翁家的马不知什么原因，在放牧时竟迷了路，回不来了。邻居们得知这一消息以后，纷纷表示惋惜。可是塞翁却不以为意，他反而释怀地劝慰大伙儿：“丢了马，当然是件坏事，但谁知道它会不会带来好的结果呢?”

果然，没过几个月，那匹迷途的老马又从塞外跑了回来，并且还带回了一匹胡人骑的骏马。于是，邻居们又一齐来向塞翁贺喜，并夸他在丢马时有远见。然而，这时的塞翁却忧心忡忡地说：“唉，谁知道这件事会不会给我带来灾祸呢?”

塞翁家平添了一匹胡人骑的骏马，使他的儿子喜不自禁，于是就天天骑马兜风，乐此不疲。终于有一天，儿子因得意而忘形，竟从飞驰的马背上掉了下来，摔伤了一条腿，造成了终身残疾。善良的邻居们闻讯后，赶紧前来慰问，而塞翁却还是那句老话：“谁知道它会不会带来好的结果呢?”

又过了一年，胡人大举入侵中原，边塞形势骤然吃紧，身强力壮的青年都被征去当了兵，结果十有八九都在战场上送了命。而塞翁的儿子因为是个跛腿，免服兵役，所以他们父子得以避免了这场生离死别的灾难。

这个故事在世代相传的过程中，渐渐地浓缩成了一句成语“塞翁失马，焉知非福”。它说明人世间的好事与坏事都不是绝对的，在一定的条件下，坏事可以引出好的结果，好事也可能会引出坏的结果。

由此可见，生活中吃点亏，未必不是福。

今湖南洪江古商城青石板巷塘冲1号的古窨子屋墙壁上，有一处现为省级保护文物的壁联。这个壁联写的是清代扬州著名的书法家郑板桥的一段赠语。题头写的是：“吃亏是福。”其内容写的是：“满者损之机，亏者盈之渐。损于己则利于彼，外得人情之平。内得我心之安，既平且安，福即是矣。板桥郑燮题。”这句话是在告诫人们，要有一颗平常心，吃亏便是福运的开始。

虽然这句话道理透彻，浅显易懂，但生活中的很多人还是喜欢讨便宜，而不喜欢“吃亏”，宁可让别人吃亏自己也不能吃亏。既然没有人愿意吃亏，那么，经常占人便宜的人，毋庸置疑的，必然是不受欢迎的人。因此，处世做人要肯得吃亏，吃亏不但是待人处世最讨巧的方式，也是做人处世能够成功的窍门。

佛教讲：吃亏的真实意义在于，吃亏可以消灾免祸，化祸为福。闽南语有一句俗谚说：“佛祖疼憨人。”中国古代还有一则故事，述甲乙两个小鬼要到人间投胎，阎罗王要他们选择过“接受”或“付出”的人生，结果选择“付出”的甲，投生在一个富贵人家，终其一生乐善好施；希望过“接受”人生的乙，却投生在一个以乞丐为生的人氏，终其一生皆以乞讨为业。这则故事说明：一个人如果懂得付出，不计较“吃亏”，才能拥有一个富有的人生；相反的，如果锱铢必较，只知道接受，却吝于付出，必定是一个贫穷的人生。所以，讨便宜的，未必真讨便宜；吃亏的，也未必真吃亏，真正说来，吃亏才是在讨便宜，是讨一个“善良人性”的便宜。

吃亏，并不是轻易能做到的，需要有容忍雅量。能吃亏，是宽容大度、忍辱负重、能屈能伸的象征，是一个人优良品行的标志。

古时有一位林退斋尚书，他福德颇多，子孙满堂。在他临终的时候，子孙跪在面前请求训示，林退斋道：没有别的话，你们只要学吃亏就行了。自古以来，许多的英雄，只因为不能够吃亏，而损害了许多的事啊！然而从古以来，也有许多的英雄，只因为他能够忍辱吃亏，而成就了许多的事啊！例如韩信忍受胯下之辱，可以说是吃亏吃到了极点，后来韩信才能够登坛拜将，被刘邦册封为三齐王；而当时侮辱他的淮阴少年们，后来都成为他的部下了。大禹治水，三过家门而不入，因为他为民谋福，宁愿自己吃亏，但到最后，大家公推他为帝；著名的"管鲍之交"，旁人都说管仲在占鲍叔牙的便宜，但是鲍叔牙却处处为管仲说话，后来还推荐他做宰相，然而正因为鲍叔牙肯"吃亏"，所以不但交到一个好朋友，而且为国举才，利益了全国人民。

能否吃亏，以至于成为古人区分君子和小人的标准之一。被称为"清初三大家"之一的散文家魏禧，他曾经说道："我不识何等为君子，但看每事肯吃亏的便是。我不识何等为小人，但看每事好便宜的便是。""用'学吃亏'一语律己；以'怪不得'三字待人。"这也是明朝儒士薛敬轩所奉行的。

吃亏之于人生，犹如磨石之于锋刃。任何一个有作为的人，都是在不断吃亏中成熟和能干起来，并从而变得更加聪慧和睿智。倘若有谁一旦吃亏便愁肠百结，郁郁寡欢，甚至捶胸顿足，一蹶不振，受伤者只能是自己。这种伤害，服用任何宫廷秘方都无济于事，诊治的特效药方只有四个字：吃亏是福。

当然，我们所说吃亏是福，只限于正常的社会交际范畴。因此必须注意，这世上也有一些亏是绝对不能吃的，对于当今某些不逞之徒的巧取豪夺，对于假冒伪劣商品的肆虐横行等，我们可万万不能瞎吃亏，务必奋起，维护自己的正当权益。

学会吃亏，善于吃亏，乐于吃亏，这并不说明一个人无能、无用、无知，很大程度上这也是一个人的品行端正与否、思想高尚与否、行为善良与否的写照。一般的人不吃亏，聪明的人甘于吃亏，智慧的人乐于吃亏。把吃亏当作一种福气，是一个人思想的最高境界。